Springer-Lehrbuch

Hans-Jürgen Warnecke

Der Produktionsbetrieb 3

Betriebswirtschaft, Vertrieb, Recycling

Dritte, unveränderte Auflage
mit 108 Abbildungen

Springer-Verlag
Berlin Heidelberg NewYork
London Paris Tokyo
HongKong Barcelona Budapest

Prof. Dr. h.c. mult. Dr.-Ing. Hans-Jürgen Warnecke
Präsident der Fraunhofer-Gesellschaft
Leonrodstraße 54
80636 München

Die erste Auflage ist 1984 als einbändige Monographie erschienen.

ISBN-13:978-3-540-58396-7 e-ISBN-13:978-3-642-79240-3
DOI: 10.1007/978-3-642-79240-3

Softcover reprint of the hardcover 3rd edition 1995

Satz: Reproduktionsfertige Vorlage des Autors
SPIN: 10478687 60/3020 5 4 3 2 1 0 Gedruckt auf säurefreiem Papier

Vorwort

Der Produktionsbetrieb, wie wir ihn heute kennen, ist im Wandel begriffen. Damit zeichnet sich nach heutigem Kenntnisstand die 3. industrielle Revolution ab, da bisher gültige Leitsätze zum Gestalten einer Produktion in Frage gestellt werden und nach neuen Leitlinien und Paradigmen gesucht wird. Die Notwendigkeit schneller Änderungen ergeben sich aus dem zunehmenden Wettbewerbsdruck, insbesondere ausgehend von japanischen Industrieunternehmen sowie aus der Fähigkeit etlicher Schwellenländer, als Anbieter industrieller Produkte auftreten zu können. Diese können dann aufgrund niedrigeren Aufwandes für die Produktion die Kostenführerschaft übernehmen. Somit sind die Anbieter aus den hochindustrialisierten Ländern noch mehr gefordert, die Qualitätsführerschaft zu behalten.

Dieses kommt im Streben nach totaler Qualität und nach Null-Fehlern in Produkten und Produktionen zum Ausdruck. Der Wandel wird zudem erzwungen durch sich ausbildende Überkapazitäten und damit eines Käufermarktes. "Der Kunde ist König" ist nicht nur ein Schlagwort, sondern bedingt die Marktorientierung aller Bereiche eines Produktionsbetriebes. Neben Kosten und Qualität tritt die Geschwindigkeit als dritter Wettbewerbsfaktor, um möglichst schnell einen Kundenwunsch zu erfüllen oder eine neue Erkenntnis in ein Leistungsangebot umzusetzen. Dadurch sind in den letzten Jahren die Zahl der angebotenen Produkte und Varianten und damit auch die Entwicklungs- und Produktionskosten je Leistungseinheit stark angestiegen. Die Kostendegression durch Mengeneffekt kann vielfach nicht mehr genutzt werden, insbesondere wenn ein Produktionsbetrieb in eine Marktnische abgedrängt wird. Infolge dieser Tendenz ist die innerbetriebliche Komplexität außerordentlich angestiegen und die Informationsverarbeitung zu einem Engpaß in Kosten und Zeit geworden. Es ist deshalb richtig, heute einen Produktionsbetrieb als ein informationsverarbeitendes System zu betrachten. Als Allheilmittel wurde dafür in den vergangenen Jahren die rechnerintegrierte Produktion betrachtet. Sie ist auch teilweise durch das Bilden von sogenannten Prozeßketten gekennzeichnet; d. h. Informationen werden von der Konstruktion direkt in die Steuerung von Bearbeitungsmaschinen umgesetzt. Insgesamt aber werden die bisherigen Konzepte in Frage gestellt, da man Gefahr läuft, einen zu hohen Aufwand in der Datenverarbeitung zu installieren und noch schlimmer, bestehende Organisationsstrukturen in Rechnerhierarchien abzubilden und zu zementieren.

Zweifellos wird die Automatisierung durch die steigende Leistungsfähigkeit der Informationsverarbeitung weiter vorangetrieben werden. Wir dürfen aber nicht mehr den Produktionsbetrieb als eine komplexe Maschine betrachten, die früher oder später vollautomatisiert sein wird, sondern als einen lebenden Organismus, in dem die Mitarbeiter die entscheidende Rolle spielen. Gerade mit zunehmender Automatisierung rückt der Mensch wieder in den Mittelpunkt, da nur er in der Lage ist, Automaten effizient zu nutzen sowie einen Produktionsbetrieb an die sich schnell ändernden Anforderungen anzupassen. Bisherige Führungs- und Organisationsmethoden haben zu einer starken Trennung zwischen Informiertsein, Planen und Entscheiden einerseits sowie einfachem Ausführen auf der Produktionsebene andererseits geführt, mit entsprechender Sinnentleerung und Qualifikationsverlust auf der Produktionsebene. Diesem müssen wir entgegenwirken und versuchen, heute einen Produktionsbetrieb aus schnellen kleinen Regelkreisen unter Mitwirkung aller Mitarbeiter zu strukturieren. Dabei wird sehr stark der Dienstleistungsgedanke füreinander und letztlich dann für den Kunden verfolgt.

Ein Produktionsbetrieb ist in seiner Aufbauorganisation in Hierarchie-Ebenen horizontal und in Funktionen vertikal gegliedert. Die Gliederung des Buches, das in drei Bändeaufgeteilt ist, ist entsprechend, da auf diese Weise die erforderlichen Funktionen zum Erfüllen einer Produktionsaufgabe dargestellt werden können. Gedanklich müssen wir aber davon ausgehen, daß wir gegenwärtig versuchen, mit einer stärkeren Geschäfts- und Prozeßorientierung die Zerschneidung des Ablaufes durch die funktionale Strukturierung aufzuheben oder zu mildern. Die Zahl der Hierarchie-Ebenen kann dadurch verringert werden, und die Probleme werden dort angesprochen und gelöst, wo sie entstehen. Es wird zunehmend projektgebundene Zusammenarbeit zwischen den einzelnen Bereichen und den spezialisierten Mitarbeitern notwendig.

Dem dazu erforderlichen Verständnis der Mitarbeiter für die Belange des anderen sollen diese Bücher dienen. Sie beschreiben Aufgaben, Lösungen und Methoden, die für die einzelnen Bereiche eines Produktionsbetriebes vorhanden sind, und geben den heutigen Stand der Erkenntnisse wieder.

Die Aufteilung des Buches in drei Bände erlaubt Schwerpunktsetzung für den Leser in der Beschaffung und in der Nutzung.

Im Einzelnen befassen sich

Band I - Organisation, Produkt und Planung - mit dem Beziehungsgeflecht, in dem das Unternehmen und sein Produktionsbetrieb steht, der Organisation und ihrer Gestaltung, mit den Funktionen Forschung und Entwicklung, der Materialwirtschaft, der Produktionsplanung und -steuerung.

Band II - Produktion und Produktionssicherung - mit den Funktionen Fertigung und Montage, der Qualitätssicherung und der Instandhaltung.

Band III - Betriebswirtschaft, Vertrieb und Recycling - mit den Funktionen Personalwesen, Rechnungswesen, Vertrieb und Recycling.

Dieses Werk ist im Zusammenhang mit meiner Vorlesung Fabrikbetriebslehre an der Universität Stuttgart erarbeitet worden. Erkenntnisse und Informationsmaterial aus verschiedenen Lehrgängen und Seminaren sowie aus Forschungsarbeiten, die in dem von mir geleiteten Institut für Industrielle Fertigung und Fabrikbetrieb (IFF) der Universität Stuttgart sowie dem Fraunhofer-Institut für Produktionstechnik und Automatisierung (IPA) entstanden, sind eingeflossen. Das gilt auch für Erkenntnisse und Unterlagen aus dem von meinem ehemaligen Mitarbeiter, Herrn Professor Dr.h.c. Dr.-Ing. habil. Hans-

Jörg Bullinger, geleiteten Institut für Arbeitswissenschaft und Technologiemanagement (IAT) an der Universität Stuttgart und dem Fraunhofer-Institut für Arbeitswirtschaft und Organisation (IAO). Ich danke ihm herzlich für seine Mitwirkung und für die seiner Mitarbeiter.

Diese drei Bände haben durchaus den Charakter eines Lehrbuches, sind aber sicher nicht nur für Studenten und junge Ingenieure von Nutzen, sondern auch für den schon länger im Beruf stehenden, der sich über den neuen Stand der Erkenntnisse informieren will und Anregungen sowie Methoden für Verbesserungen in den verschiedenen Bereichen des Produktionsbetriebes sucht.

An den drei Büchern haben viele Kollegen mitgewirkt. Mein herzlicher Dank gilt ihnen, die teilweise in der Zwischenzeit nicht mehr als Mitarbeiter an den genannten Instituten tätig sind und andere Aufgaben übernommen haben oder aber weiterhin als Wissenschaftler hier in Stuttgart wirken.
In alphabetischer Reihenfolge seien genannt:

Prof. Dr.-Ing. Hans-Jörg Bullinger, Prof. Dr.-Ing. Wilhelm Dangelmaier, Dipl.-Psych. Walter Ganz, Dipl.-Psych. Gerd Gidion, Dipl.-Ing. Manfred Hueser, Dipl.-Ing. Hans-Friedrich Jacobi, Prof. Dr.-Ing. Klaus Kornwachs, Dr.-Ing. Josef R. Kring, Dipl.-Ing. Wieland Link, Dipl.-Ing. Herwig Muthsam, Dipl.-Soz. Jochen Pack, Dipl.-Ing. Thomas Reinhard, Dr.-Ing. Manfred Schweizer, Dipl.-Kfm. Georg Spindler, Dr.-Ing. Rolf Steinhilper, Dipl.-Ing. Hartmut Storn.

Die zeitraubende und schwierige Arbeit der Koordination und Redaktion hat Herr Dipl. Wirtsch.-Ing. Siegfried Stender übernommen, zusätzlich zu seiner Projektarbeit. Nur wer bereits einmal ein Buch geschrieben und redigiert hat, insbesondere wenn es von verschiedenen Autoren zusammenzutragen und abzustimmen ist, kann ermessen, welchen Arbeitsumfang er bewältigt hat. Ich danke ihm ganz besonders, da das Buch ohne seinen Einsatz sicher in absehbarer Zeit nicht hätte überarbeitet werden können.

Das Manuskript wurde in druckreifer Form erstellt. Für die umfangreiche Schreibarbeit möchte ich Frau S. Kahr danken. Die Tabellen und Grafiken wurden von Frau M. Koptik gezeichnet. Ferner danke ich Herrn M. Eberle für die Layoutgestaltung und Endredaktion, Frau U. Benzinger für die Textformatierung sowie Frau S. Freitag und Herrn O. Freitag, die als wissenschaftliche Hilfskräfte an der Gestaltung mitgearbeitet haben.

Stuttgart, im März 1995 Hans-Jürgen Warnecke

Verantwortlich für die einzelnen Kapitel sind:

Band I - Organisation, Produkt und Planung

Kapitel 1	
- Das Unternehmen	Prof. Dr.-Ing. Hans-Jürgen Warnecke
- Organisationsentwicklung	Prof. Dr.-Ing. Hans-Jörg Bullinger
Kapitel 2, 3, 4	Prof. Dr.-Ing. Wilhelm Dangelmaier
Kapitel 5	
- Arbeitsvorbereitung	Dr.-Ing. Rolf Steinhilper
- Fertigungssteuerung	Prof. Dr.-Ing. Wilhelm Dangelmaier

Band II - Produktion und Produktionssicherung

Kapitel 6	
- Produktion	Dr.-Ing. Rolf Steinhilper
- Montage	Dr.-Ing. Manfred Schweizer
Kapitel 7	Dr.-Ing. Josef R. Kring
Kapitel 8	Dipl.-Ing. Hans-Friedrich Jacobi

Band III - Betriebswirtschaft, Vertrieb und Recycling

Kapitel 9	Prof. Dr.-Ing. Hans-Jörg Bullinger
Kapitel 10	
- Personalwesen	Prof. Dr.-Ing. Hans-Jörg Bullinger
- Arbeitsschutzrecht	Dipl.-Ing. Wieland Link
Kapitel 11	Prof. Dr.-Ing. Hans-Jürgen Warnecke
Kapitel 12	Dr.-Ing. Rolf Steinhilper

Inhaltsverzeichnis Band 3

Inhaltsverzeichnis Band 1

Inhaltsverzeichnis Band 2

9 Vertrieb

9.1 Vorbemerkungen

Innerhalb der betrieblichen Wertschöpfungskette ist der Absatz der Unternehmensleistungen die logische Schlußphase und umfaßt mehr als nur den eigentlichen Vertrieb und Verkauf. Unternehmensleistung ist die Summe der Nominal- und Realgüter, wobei im folgenden Unternehmensleistung und Produkt synonym verwendet werden. Durch die Dynamik der nationalen und internationalen Märkte sind marktorientierte Unternehmungen immer mehr gezwungen, auf etwaige Änderungen schnellstmöglich zu reagieren.

Veränderungen des Konsumentenverhaltens, hohes Sättigungsniveau auf vielen Märkten sowie der rasche technologische Wandel sind nur einige Faktoren, aus denen Anforderungen für eine erfolgreiche Unternehmensführung erwachsen.

Dieses Ziel kann aber nicht mit den Verkaufsmethoden von Verkäufermärkten erreicht werden. Der Anbieter muß stattdessen auf die speziellen Bedürfnisse und Vorstellungen, die der Anwender an die Unternehmensleistung hat, eingehen. An die Stelle der Verkaufskonzeption früherer Zeiten tritt die Marketing-Konzeption als marktorientiertes Handeln einer Unternehmung.

Die Zielsetzung dieses Kapitels besteht darin zu vermitteln, welche Möglichkeiten ein Unternehmen hat, die erwarteten Absatzziele im Rahmen der gesamten Unternehmenszielsetzung zu erreichen. Dazu wird der Grundgedanke des Marketings herausgestellt und auf die einzelnen Marketinginstrumente wie "Marketingforschung" und "Instrumente der Marktgestaltung", wie z. B. Produktpolitik, Preispolitik, Absatzpolitik usw. näher eingegangen. Ein Überblick über den optimalen Einsatz der Marketinginstrumente (Marketing-Mix) beschließt das Kapitel.

9.2 Einleitung

Der Absatz von Produkten schließt den betrieblichen Wertkreislauf, indem er über die Verwertung der Betriebsmittelleistungen, also durch Verkauf von Sachgütern und Dienstleistungen, den Rückfluß der im Betriebsprozeß eingesetzten Geldmittel einleitet und damit die Fortsetzung der Produktion ermöglicht (Bild 9.1) [9.1].

Um den Absatz von Unternehmensleistungen zu gewährleisten, ist es notwendig, daß die Unternehmung mit ihrer Umwelt durch vielfältige Leistungsverflechtungen verbunden ist. Diese Leistungsverflechtungen lassen sich nach güter-, finanz- und informationswirtschaftlichen Transaktionen klassifizieren.

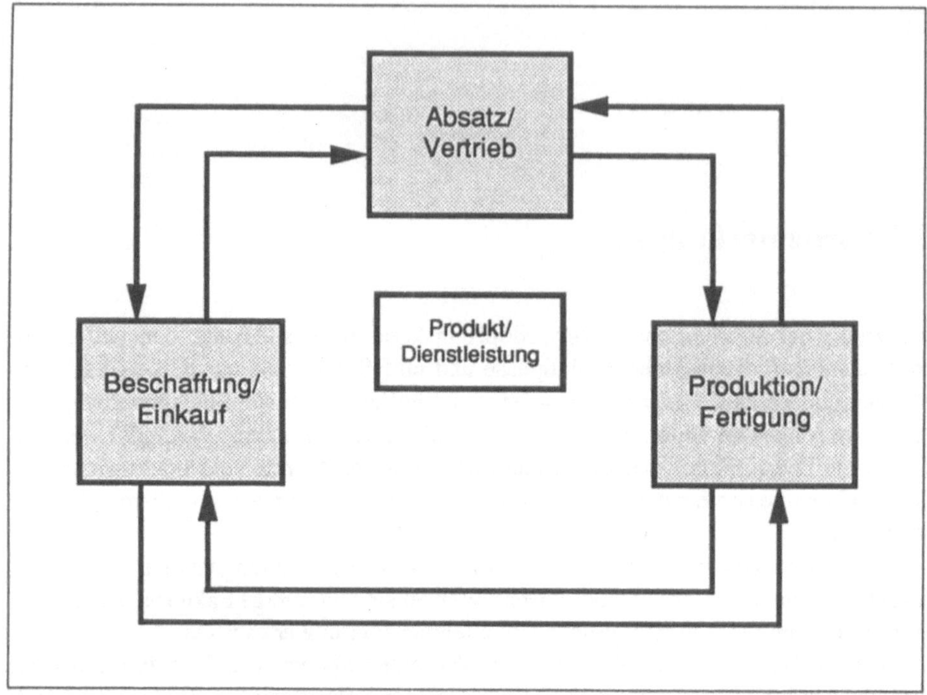

Bild 9.1 Grundfunktionen des Betriebsprozesses

Bild 9.2 macht den betrieblichen Wertekreislauf sichtbar. Dem Leistungsstrom (Güter- und Dienstleistungen) steht ein Geldstrom (Erlös der abgesetzten Güter- und Dienstleistungen) gegenüber.

Obwohl der Absatz von Unternehmensleistungen die Schlußphase der betrieblichen Wertschöpftungskette ist, bedeutet dies nicht, daß Absatzfragen zeitlich als letzte zu klären sind. Gerade der Wandel von der Knappheitsgesellschaft zur Gesellschaft des Überflusses läßt für die marktorientierten Unternehmungen unter dem Gesichtspunkt der langfristigen Existenzsicherung die Absatzfrage zum dominierenden Problem werden. Entsprechend dem von Gutenberg formulierten "Ausgleichsgesetz der Planung" müssen sich die Unternehmensaktivitäten und die damit verbundenen Entscheidungsprozesse an dem Engpaßsektor orientieren. Trotz der Bedeutung des Absatzes von Unternehmensleistungen ist es aber offensichtlich, daß alle funktionalen Bereiche einer Unternehmung zum Engpaßsektor werden können [9.27]. Die langfristigen Absatzziele sind deshalb unter Berücksichtigung eines genau definierten Einsatzes absatzpolitischer Mittel durch eine entsprechende Absatzplanung im Rahmen der gesamten Unternehmensplanung festzulegen (vgl. Abschnitt 2.2.1).

Neben dem Begriff Absatz werden in der Praxis häufig die Begriffe Vertrieb, Verkauf, Umsatz verwendet, die wie folgt abgegrenzt werden können [9.2]:

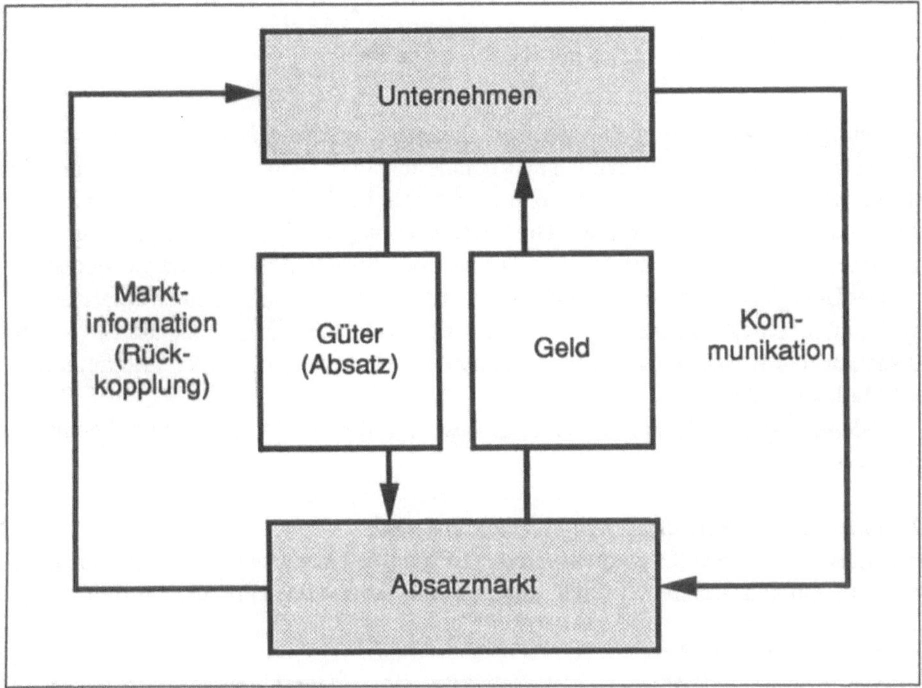

Bild 9.2 Transaktionen zwischen Unternehmen und Markt

Vertrieb, im betriebswirtschaftlichen Sinne als Distribution bezeichnet, ist die technische Durchführung des Absatzes, insbesondere die Überführung der Unternehmensleistungen vom Hersteller zum Kunden.

Verkauf ist eine Teilfunktion des Absatzes und umfaßt die kommerzielle Abwicklung des Absatzes, z. B. Verkaufsverhandlungen usw.

Umsatz kann entweder als Umsatzerlös oder als Umsatzprozeß interpretiert werden. Umsatzerlös ist eine wertmäßige Größe, die aus den Mengen und Preisen abgesetzter Unternehmensleistungen resultiert (Begriff des betrieblichen Rechnungswesens).

Umsatzprozeß ist der betriebswirtschaftliche Umformungsvorgang, und zwar die Umwandlung von Nominal- und Realgütern zu Zwischen- bzw. Endprodukten und die Umwandlung wieder in Geld durch den Verkauf.

Absatz ist weiter gefaßt und beinhaltet die "Vorbereitung, Anbahnung, Durchführung und Abwicklung der vertriebs- und absatzorientierten Tätigkeiten".

9.3 Übergang von der Vertriebskonzeption zur Marketingkonzeption

Der heutige Markt nimmt nicht mehr bedingungslos jedes angebotene Produkt ab. Für die Unternehmungen ist damit eine Veränderung ihrer Denkhaltung eingetreten; der Absatz wird gegenüber der Produktion zur entscheidenden Einflußgröße für den Fortbestand der Unternehmung. Die Unternehmungen sind gezwungen, für ihre vorhandenen Produktkapazitäten Absatzmöglichkeiten und neue Märkte zu suchen.

Der Übergang von der Produktion- zur Absatzwirtschaft führte zu einer Veränderung der inhaltlichen Schwerpunkte des Marketings (Bild 9.3) [9.25]. An die Stelle der Absatzpolitik im traditionellen Sinne tritt nun das Marketing mit seinen Erkenntnissen und Methoden [9.4].

Es lassen sich zwei Hauptentwicklungsphasen des Marketings voneinander abgrenzen, und zwar

- *Traditionelles Marketingkonzept (Verkaufskonzept):*

Ausgangspunkt dieses Konzeptes waren die Produkte einer Unternehmung. Für diese Produkte mußten Kunden, primär durch den Einsatz von Verkauf, Werbung und

Merkmal	Verkäufermarkt	Käufermarkt
Wirtschaftliches Entwicklungsstadium	Knappheitswirtschaft	Überflußgesellschaft
Verhältnis Angebotsmenge zur Angebotsnachfrage	Nachfrage > Angebot (Nachfrageüberhang) Nachfrager aktiver als Anbieter	Nachfrage < Angebot (Angebotsüberhang) Anbieter aktiver als Nachfrager
Engpaßbereich des Unternehmens	Beschaffung und/oder Produktion	Absatz
Primäre Anstrengungen des Unternehmers	Rationelle Erweiterung der Beschaffungs- und Produktionskapazität	Weckung von Nachfrage und Schaffung von Präferenzen für eigenes Angebot
Langfristige Gewichtung der betrieblichen Grundfunktionen	Primat der Beschaffung/ Produktion	Primat des Absatzes

Bild 9.3 Kennzeichen von Verkäufer- und Käufermärkten

Verkaufsförderung gefunden werden. Diese Phase war dadurch gekennzeichnet, daß sich jedes gute Produkt von selbst verkauft. Die Unternehmungen handelten nach der Maxime "Produziere Produkte und verkaufe sie". Das Marketingkonzept wurde als Verkaufskonzept integriert. Eine Erhebung von Kundenbedürfnissen über Marktforschungen wurde nicht durchgeführt.

- *Modernes Marketingkonzept:*

Im Mittelpunkt dieses Konzeptes steht die Erforschung der Kundenbedürfnisse oder -wünsche am Beginn des betrieblichen Leistungsprozesses. Zu den spezifischen Erscheinungen des modernen Marketings gehört die wachsende Rolle der Marktforschung mit der bewußten und systematischen Erforschung der Problemstellungen, der Bedürfnisse und Wünsche der Kunden. Marketing wird als Konzeption der Unternehmsführung integriert.

Durch die Befriedigung der Kundenwünsche können Gewinne erzielt und der Fortbestand der Unternehmung gesichert werden. Dieses Konzept basiert auf der Maxime "Finde Wünsche und erfülle sie" (in Anlehnung an [9.26]).

Um Effizienzsteigerungen im Marketing zu realisieren, bedarf es aber eines integrierten Marketingansatzes. Dabei haben sich alle betrieblichen Funktionen am Marketing zu orientieren. Marketing wird dann als Unternehmensphilosophie aufgefaßt, die sich durch ein Höchstmaß an Anpassungsfähigkeit an schnell verändernde Marktbedingungen kennzeichnen läßt.

In den 90er Jahren wird der inhaltliche Schwerpunkt des Marketing u.a. durch ökologische Faktoren (Umweltschutz), gesellschaftliche Veränderungen (Wertewandel) und technologische Tendenzen (Technologiedynamik) beeinflußt.

Dies hat eine Veränderung des Marketinggedankens zur Folge, die ihren Ursprung im Konsumgüterbereich hat, dort vor allem bei den Verbrauchsgütern. Jedoch sind inzwischen auch Anbieter aus dem Investitonsgüter- und aus dem Dienstleistungsbereich dazu übergegangen, das Marketing-Instrumentarium zu nutzen.

Marketing selbst kann definiert werden als *nachfrage- und marktorientiertes* Denken und Handeln, nicht nur im eigentlichen Absatzbereich, sondern bezogen auf die gesamte Unternehmenspolitik. In diesem Sinne stellt Marketing eine Führungsaufgabe dar, die der laufenden Rationalisierung, der Verbesserung der Erzeugnisse und der Konkurrenzfähigkeit sowie der langfristigen Sicherung des Absatzes dient [9.5]. Marketing bedeutet somit

- marktorientiertes (was will der Markt?),
- zukunftsorientiertes (wo sind Marktnischen?),
- wachstumorientiertes (wie kann der Unternehmenserfolg durch Marktbeeinflussungen vergrößert werden?)

Denken, Handeln und Entscheiden im Unternehmen.

Marketing ist in Abhängigkeit zu unterschiedlichen Aufgaben- bzw. Einsatzbereichen zu sehen, der Begriff muß also differenziert werden. (Bild 9.4).

Betrachtet man Marketing in Abhängigkeit zu den Objekten, so lassen sich Konsumgüter-, Investitionsgüter- und Dienstleistungsmarketing unterscheiden.

Bild 9.4 Gegenüberstellung von Verkaufs- und Marketingkonzeption (in Anlehnung an [9.6])

Wird Marketing in Abhängigkeit zu dem Vorgehen auf den verschiedenen Märkten betrachtet, so lassen sich regionales, nationales, internationales, multinationales und globales Marketing unterscheiden.

9.3.1 Arbeitsbereiche des Marketings

Aus den durchzuführenden Aktivitäten im Sinne einer marketingorientierten Unternehmensführung lassen sich die folgenden Arbeitsbereiche des Marketing bestimmen:

- Marktdurchleuchtung,
- Marktplanung,
- Markterschließung.

Marktdurchleuchtung ist Marktforschung im weitesten Sinne. Sie vermittelt dem Unternehmen Einsicht in die verflochtenen Verhältnisse des Marktes und ermöglicht es ihm, den Markt transparent zu machen. Sie bildet die Grundlage aller Marketing-Entschlüsse im Unternehmen. Die Marktdurchleuchtung umfaßt im wesentlichen folgende Komponenten: Bedarfsforschung, Produktforschung, Distributionsforschung, Werbeforschung, allgemeine Wirtschaftforschung usw.. Diese Komponenten sind in temporärer, sachlicher und regionaler Beziehung zu betrachten, d. h. in ihrer zeitlichen Folge, ihrer gegenseitigen Abhängigkeit und in ihrer regionalen Bedeutung [9.3].

Die Aufgabe der *Marktplanung* besteht darin, künftige Marktvorgänge gedanklich vorwegzunehmen und sie nach Möglichkeit auch zu optimieren, d. h. Bestlösungen zu finden. Grundlage der Marktplanung sind die Ergebnisse der Marktdurchleuchtung. Marktplanung stellt sich daher als eine Aggregation mehrerer bereichsbezogener und zeitbezogener Teilplanungen wie z. B. Produktplanung, Absatzplanung, Werbeplanung, Preisplanung usw. dar (Bild 9.5).

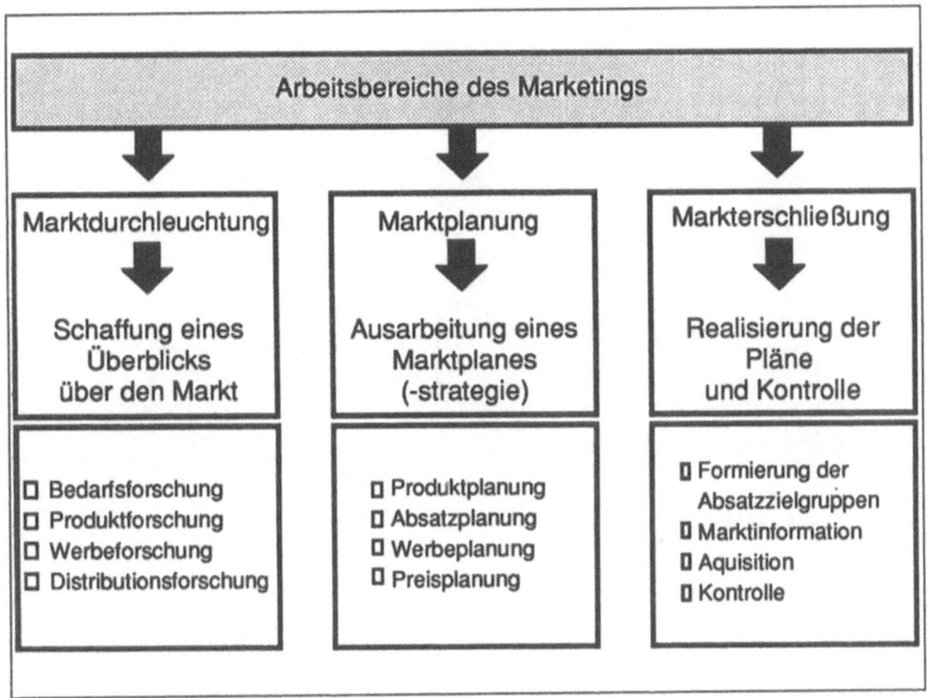

Bild 9.5 Arbeitsbereiche des Marketings

Die *Markterschließung* als letzter Arbeitsbereich des Marketings ist die Eröffnung und Erschließung eines Marktes für ein Produkt und zielt auf die Verwirklichung der in der Marktplanung festgelegten Maßnahmen. Markterschließung äußert sich in der Erfassung und Sichtbarmachung der Bedarfsträger und umfaßt die Gestaltung des Marktes durch Ansprache und Akquisition der Absatzzielgruppen. Neben der Durchsetzung von Maßnahmen bedeutet Markterschließung ebenso deren Kontrolle und Revision bei sich ändernden Marktsituationen.

9.3.2 Marketingkonzeption eines Unternehmens

Die Durchführung des Marketings im Unternehmen läuft in verschiedenen, aufeinander folgenden Phasen ab. Die zugeordneten Tätigkeiten wiederholen sich ständig im Marketing-Kreislauf (Bild 9.6).
Die *Marketing-Analyse* soll mit Hilfe der Marktforschung (vgl. Abschnitt 9.5) wichtige Informationen über den zur Diskussion stehenden Markt erfassen, wie z.B.

- Markt-Entwicklungspotential (Ist der Markt ausbaufähig?),
- eigene Marktanteile (Wo steht das Unternehmen im Markt?),

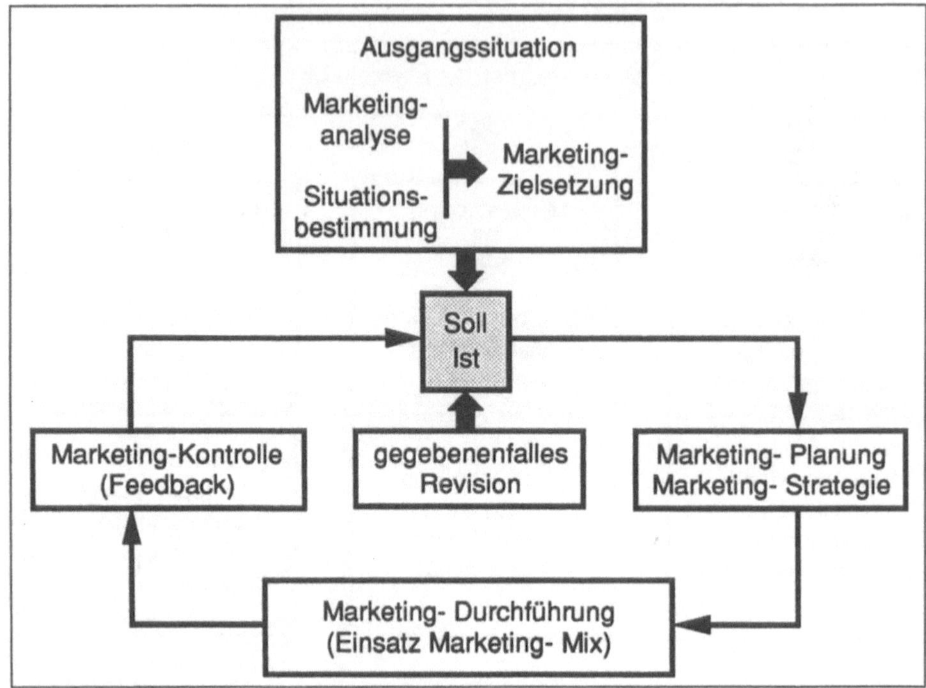

Bild 9.6 Marketingkreislauf

- Konkurrenzanalyse (Wer sind die Konkurrenten mit welchen Marktanteilen?),
- Kundenstruktur (Welcher Kundentyp wird z. Zt. angesprochen?),
- Vertriebsstruktur (Welche Vertriebswege werden genutzt?)

Die Ergebnisse der Marketing-Analyse sind Ausgangspunkt für die *Marketing-Zielsetzung*, die das zukünftige Aktionsfeld des Unternehmens festlegt, z. B.

- Welcher Marktanteil wird angestrebt?
- Welche Märkte sollen bearbeitet werden? (z. B. Deutschland, Europa, Übersee usw.)
- Welche Produkte werden in welchen Mengen produziert? (Absatzvorgaben, Produkt-innovation usw.)
- Welche Vertriebsform wird angewandt? (direkter oder indirekter Vertrieb)

Im Rahmen der *Marketingplanung* sind die Instrumente der Marktgestaltung auszuwählen, mit denen die gesetzten Marketingziele erreicht werden sollen. Weiterhin sind die einzuschlagenden Strategien zu bestimmen. Die optimale Mengen- und Intensitätskombination der Instrumente der Marktgestaltung, wie z. B. Produktpolitik, Preispolitik, Kommunikationspolitik, für einen bestimmten Anwendungsfall wird *Marketing-Mix* genannt. Sie legt die Einzelmaßnahmen fest, um die geplante Strategie zu verwirklichen und die einmal fixierten Ziele zu erreichen.

Bei der *Marketing-Durchführung* sollen die in der Marketing-Zielsetzung fixierten Ziele mit dem in der Marketingplanung festgelegten Marketing-Mix realisiert werden. Hierbei kommen die absatzpolitischen Mittel an aufeinander abgestimmten Zeitpunkten zum Einsatz.

In der letzten Phase des Marketingkreislaufes, der *Marketing-Kontrolle*, ist die Wirksamkeit der eingesetzten absatzpolitischen Mittel, d. h. ob und mit welchem Erfüllungsgrad die formulierten Marketing-Ziele erreicht wurden, festzustellen.

Die Marketing-Kontrolle muß permanent durchgeführt werden, um bei Abweichungen möglichst früh, korrigierende Eingriffe vornehmen zu können. Nur so kann auf Aktionen und Reaktionen des Marktes und der Konkurrenz elastisch reagiert werden.

9.3.3 Unterschiedliche Anforderungen an die Marketing-Konzeption bei Konsum-/Investitionsgütern und Dienstleistungen

Neben der Vielfalt der Wirtschaftsgüter erschweren auch die Eigenschaften der industriellen Anbieter und Nachfrager eine einheitliche, allen Möglichkeiten gerecht werdende Betrachtung des Marketings.

Stellt man einige wesentliche Charakteristika der Konsumgüter-, der Investitionsgüterindustrie und der Dienstleistungsindustrie einander gegenüber, so werden Unterschiede offenbar, die nicht ohne Konsequenzen für die Marketing-Konzeption der jeweiligen Unternehmung bleiben.

Stehen im Konsumgütersektor (der den Begriff "Marketing" geprägt hat) anonyme Kunden als Käufer einem Warenangebot gegenüber, so nehmen dagegen im Investitionsgüterbereich Organisationen unterschiedlichster Größe, Organisationsstruktur und Branchenzugehörigkeit die Rolle von Käufern und Verkäufern ein. An die Stelle von Verkäufern bzw. Einkäufer treten dann Repräsentanten aus allen Hierarchieebenen der beteiligten Organisationen.

In der *Investitionsgüterindustrie* kommt es angesichts eines relativ begrenzten Abnehmerkreises einerseits und einer großen Bedeutung bzw. einem hohen Wert des einzelnen Auftrages andererseits entscheidend darauf an, sich jeweils weitgehend auf die einzelnen Kunden und deren spezielle Bedürfnisse und Absichten einzustellen. Durch laufende Kontaktgespräche und gezielte Analysen ist zu klären, ob und gegebenenfalls mit welchen Details Angebote für einen potentiellen Kunden erarbeitet werden können. Dabei gewinnen neben den eigentlichen Produktleistungen zusätzliche Serviceleistungen wie z. B. Installation der Anlage, Wartungsservice usw. eine besondere Bedeutung. Neben dem Preis sind noch spezielle Konditionen, wie z. B. Liefertermin, Finanzierungs- und Garantiefragen in direktem Kontakt zwischen Hersteller und Kunden auszuhandeln.

Preiskämpfe sind beim Kauf von Investitionsgütern selten. Ob durch die Hersteller die Form des Direktvertriebs gewählt wird, ist abhängig von der Art des Investitionsgutes. Demgegenüber handelt es sich in der *Konsumgüterindustrie* um einen vom Hersteller permanent induzierten und in diesem Sinne einseitigen Prozeß der Kundenansprache, der sich über Marketing-Mix-Faktoren wie Werbung, Produktbild bzw. -erscheinung und

Verkaufsförderung vollzieht und dabei häufig in nicht unerheblichem Umfang durch psychologisch-emotionale Elemente geprägt ist.

Gegenüber dem System des vorrangigen Direktabsatzes in der Investitionsgüterindustrie haben hier zwischengeschaltete autonome Absatzmittler eine große und ständig steigende Bedeutung [9.8].

Durch den zunehmenden Wettbewerb werden Preiskämpfe gelöst. Ebenfalls ist in der Konsumgüterindustrie ein mehrstufiger Vertrieb unter Berücksichtigung von unterschiedlichen Vertriebskanälen vorzufinden.

Marketing im Dienstleistungssektor wird maßgebend durch die Heterogenität der Dienstleistungsarten geprägt. Der Qualifikation, Schulung und Motivation der Mitarbeiter kommt durch die Nichtsubstituierbarkeit der menschlichen Leistungsfähigkeit bei dem Generierungs- und Gestaltungsprozeß eine entscheidende Rolle zu. Ein weiteres Merkmal ist die Immaterialität der Dienstleistung, d. h., sie ist nicht lagerfähig. Da für den Kunden die Leistungsmerkmale oft nicht objektiv nachprüfbar sind, wird die Kaufentscheidung durch Faktoren wie z. B. Seriosität, Vertrauens- und Glaubwürdigkeit des Anbieters bzw. dessen Mitarbeiter beeinflußt. Zentrales Marketingproblem ist die Gewährleistung einer gleichbleibenden Produktqualität. Wie im Konsumgüterbereich sind auch Bestrebungen bei Dienstleistungsanbietern festzustellen, Dienstleistungsmerkmale aufzubauen [9.26].

9.3.4 Die Instrumente des Marketing als Grundlage der Marketing-Konzeption

Das Ziel jeder Marketing-Konzeption ist es, den Produkten eines Unternehmens am Markt zum Erfolg zu verhelfen. Um dieses Unternehmensziel zu erreichen, können von Fall zu Fall ganz verschiedene Werkzeuge eingesetzt werden, so daß für eine Unternehmung eine Vielzahl von denkbaren Verhaltensweisen besteht, den Markt in seinem Sinne zu beeinflussen [9.4].

Diese Mittel werden "Instrumente des Marketing" genannt. Sofern sie direkt auf die eventuellen Kunden einwirken, z. B. Preispolitik, Produktpolitik, Absatzpolitik usw. werden sie als Instrumente der Marktgestaltung bezeichnet. Bevor diese aber eingesetzt werden können, müssen zunächst Informationen wie z. B. abnehmerspezifische Daten, Konkurrenzsituationen, Absatzwege, Wettbewerbsprodukte usw. gewonnen werden. Der Bereich des Marketing, der sich damit befaßt, wird Absatzforschung oder Marketingforschung genannt (Bild 9.7).

Bild 9.7 Instrumente des Marketings

9.4 Der Markt

Alle Aktivitäten einer Unternehmung sind auf den Markt bzw. Märkte gerichtet.

Mit Markt wird die Gesamtheit der ökonomischen Beziehungen zwischen Anbietern und Nachfragern hinsichtlich einer Unternehmensleistung innerhalb eines bestimmten Gebietes und eines bestimmten Zeitraumes bezeichnet. Um von einem Markt zu sprechen, müssen die Elemente

- Unternehmensleistung,
- Anbieter, d. h. private bzw. öffentliche Betriebe,
- Nachfrager, d. h. Konsumenten, private Produktionsbetriebe, Handelsbetriebe und öffentliche Institutionen,
- ökonomische Interdependenzen,
- gesetzliche Rahmenbedingungen,
- Gebiet und
- Zeitraum

definiert sein. Für die Unternehmung ist der relevante Markt entscheidend. Unter *relevantem Markt* ist der Markt bzw. Teilmarkt zu verstehen, auf den die anbietende Unternehmung ihre Aktivitäten konzentriert.

9.4.1 Marktformen

Stellt man die Anzahl der Anbieter der Anzahl der Nachfrager gegenüber, so lassen sich neun verschiedene Marktformen unterscheiden (Bild 9.8).

Typische Marktformen auf Anbieterseite sind das Monopol, das Oligopol und das Polypol. Das Teiloligopol ist die gegenwärtig vorherrschende Marktform, bei der wenige

Zahl der Marktteilnehmer und Marktform			
Nachfrageseite / Angebotsseite	viele ("atomistisch")	wenige	einer
viele ("atomistisch")	bilaterales Polypol	Nachfrage-oligopol	Nachfragemonopol (Monopson)
wenige	Angebots-oligopol	bilaterales Oligopol	beschränktes Nachfragemonopol
einer	Angebots-monopol	beschränktes Angebotsmonopol	bilaterales Monopol

Bild 9.8 Marktformenschema

Betriebe einen hohen Marktanteil innerhalb eines Marktes haben und viele kleine Betriebe sich den Restmarkt teilen. Marktformen der Nachfrage sind das Monopson und das Oligopson, bei denen eine große Anzahl von Anbietern einem bzw. wenigen Nachfragern gegenüberstehen. Die Marktmacht resultiert aus der Positionierung einer Unternehmung innerhalb des Marktformenschemas. Für die Messung der Marktmacht kann der Marktanteil herangezogen werden. Unter dem Marktanteil versteht man den prozentualen Anteil am Gesamtvolumen eines Marktes bzw. Teilmarktes, den eine Unternehmung mit ihrer Unternehmensleistung erreicht.

9.4.2 Modelle des Käuferverhaltens

Aufgrund des Wandels vom Verkäufer- zum Käufermarkt bemühen sich die marktorientierten Unternehmungen, Kenntnisse über die Kaufentscheidungsprozesse ihrer avisierten Kundenzielgruppen zu gewinnen. Jeder Versuch aber, Kaufentscheidungsprozesse modellmäßig zu erfassen, sieht sich der Schwierigkeit ausgesetzt, daß nur Teile dieses Prozesses beobachtbar sind.

Allgemein läßt sich der Kaufentscheidungsprozeß als "black-box" charakterisieren, der zwischen dem Input und dem Output den eigentlichen Kaufentscheidungsprozeß abbildet. Der Input wird sowohl durch endogene Faktoren, d. h. demographische Merkmale und personenspezifische Charakteristika, als auch durch exogene Fakoren, d. h. Umwelteindrücke, die auf kontrolliertem Wege (Mediawerbung) bzw. über Mund-zu-Mund-Kommunikation an den Konsumenten herangetragen werden, beschrieben. Um den Kaufentscheidungsprozeß für den Beobachter zu erhellen, werden zwei Modellansätze unterschieden, und zwar Strukturmodelle und stochastische Modelle. Bei den Strukturmodellen wird der Prozeß der Kaufentscheidung im Detail strukturiert und abgebildet. Stochastische Modelle ersetzen die black-box durch einen Zufallsmechanismus. Daneben existieren eigenständige Simulationsmodelle des Nachfrageverhaltens, auf die hier nicht eingegangen wird.

Des weiteren lassen sich Partialmodelle und Totalmodelle unterscheiden. Die Differenzierung beruht auf dem Kriterium, wieviel Einflußfaktoren gleichzeitig im Modellansatz berücksichtigt werden [9.27].

- *Strukturmodelle des Kaufentscheidungsprozesses (Partialmodelle):* Strukturmodelle sind in Abhängigkeit der Einflußfaktoren zu betrachten. Grundsätzlich lassen sich ökonomische, psychologische und soziale Einflußfaktoren des Kaufentscheidungsprozesses unterscheiden. Auf der Grundlage dieser Einflußfaktoren haben sich verschiedene theoretische Erklärungsansätze bezüglich der Einflußfaktoren gebildet:

- *Ökonomische Partialmodelle:* Das ökonomische Partialmodell basiert auf dem Grundmodell der Hauhaltstheorie. Ausgehend von einem rational handelnden Konsumenten wird bei gegebenem Haushaltsbudget (Unternehmensbudget) und bei gegebenen Preisen eine Nutzenmaximierung unterstellt. Für das Marketing lassen sich insoweit Aussagen herleiten, als daß eine Preisvariation zu einer Veränderung der Nachfragemengen führt. Der auf dem Grundmodell weiterentwickelte Ansatz von Lancaster unterscheidet zwischen Produkten und Gütern. Lancaster setzt voraus, daß die Haushalte (Unternehmungen) am Markt verschiedene Produkte kaufen, um sie im Haushalt (in der Unternehmung) zur Herstellung von Gütern zu verwenden. Die erstellten Güter lassen sich durch verschiedene Eigenschaftsarten beschreiben. Im Gegensatz zum Grundmodell der Haushaltstheorie werden nicht Produktmengen, sondern die Eigenschaftsmengen der Güter vom Haushalt (bzw. der Unternehmung) bewertet. Über die individuelle Nutzenfunktion lassen sich die Herstellmengen der Güter bzw. die Beschaffungsmengen der Produkte ermitteln. Das Lancaster-Modell hat eine größere Aussagefähigkeit, da u. a. mögliche Auswirkungen distributionspolitischer Maßnahmen aufgezeigt werden können.

- *Psychologische Partialmodelle:* Aus einer Vielzahl der psychologischen Modelle soll das Modell der "Theorie der kognitiven Dissonanz" dargestellt werden.Unter einer kognitiven Dissonanz versteht man eine psychologische Spannung, die als unbequem empfunden wird. Der Konsument wird bestrebt sein, eine neue Harmonie zu erhalten bzw. herzustellen, was zu entsprechenden Handlungen führen kann. Kognitive Dissonanzen können nach Kaufentscheidungen auftreten. Die Hauptursachen hierfür sind ein nachträgliches Bedauern der Kaufentscheidung oder neue Informationen über das gekaufte Produkt bzw. Konkurrenzprodukt etc.. Auf der Grundlage der kognitiven Dissonanz lassen sich im Prinzip drei Marketingstrategien ableiten, und zwar der Abbau der Dissonanz, die Vermeidung der Dissonanz und die Erzeugung von Dissonanzen.

- *Soziologische Modelle*: Kaufentscheidungsprozesse werden auch durch soziologische Faktoren beeinflußt. Soziologische Faktoren gelten zum einen für die nähere Umwelt, z. B. Familienmitglieder, zum anderen für die weitere Umwelt, z. B. soziale Schicht. Betrachtet man die soziologischen Modelle in Abhängigkeit der beeinflußbaren Gruppen, so lassen sich u.a. die Modellvarianten Kaufentscheidung in Familien bzw. Kaufentscheidungen in Referenzgruppen unterscheiden. Unter Referenzgruppen werden

Personengruppen verstanden, mit denen sich der Konsument identifiziert. Für das Marketing ergeben sich daraus Rückschlüsse, inwieweit ein Gruppeneinfluß auf den Nachfrager festzustellen ist. Gerade für Kollektiventscheidungen im Investitionsgüterbereich können soziologische Modelle Erklärungsansätze liefern.

- *Totalmodelle:* Bei den Totalmodellen werden sämtliche Determinanten des Kaufentscheidungsprozesses gleichzeitig berücksichtigt. Dabei können der Systemansatz und der Entscheidungsnetzansatz unterschieden werden. Der Systemansatz stellt auf der Grundlage des gesamten Wissens über das Konsumentenverhalten ein idealtypisches Modell des individuellen Kaufentscheidungsprozesses dar. Beim Systemansatz steht im Mittelpunkt der Betrachtung der Ablauf des Kaufentscheidungsprozesses. Der Kaufentscheidungsprozeß wird dann ausgelöst, wenn physische oder soziale Stimuli auf den Nachfrager einwirken. Der Prozeß gliedert sich in mehrere Phasen : Erkennen des Problems, Suche nach Alternativen, Bewerten der Alternativen, Kaufakt und nachträgliche Bewertung des Kaufes. Bei innovativen Kaufentscheidungen werden alle Prozeßphasen durchlaufen; bei Routineentscheidungen wird nach der Problemerkennung die Kaufentscheidung programmgemäß herbeigeführt. Das Ergebnis des Prozesses ist abhängig von der Art der Problemerkennung, dem Informationsverhalten, dem Beschaffungsprozeß sowie der Bewertung nach dem Kauf. Der Entscheidungswertansatz registriert das tatsächliche Kaufverhalten in konkreten Kaufentscheidungssituationen. Der tatsächlich abgelaufene Kaufentscheidungsprozeß wird in einem Netzplan dargestellt.

- *Stochastische Modelle:* Während der Strukturmodellansatz eine Fülle von Hypothesen über das Zustandekommen von Kaufentscheidungen liefert, kann er keine konkreten Angaben darüber machen, wie Änderungen im Modellinput den Modelloutput, d. h. das Kaufverhalten eines Individuums bzw. die Gesamtnachfrage beeinflussen. Aber gerade diese Informationen werden im Marketing benötigt. Die Vertreter dieses Ansatzes setzen bei der Überlegung an, wesentliche Zusammenhänge zwischen Input und Output darzustellen. Die vernachlässigbaren Zusammenhänge und Faktoren werden durch eine Zufallskomponente berücksichtigt.
Stochastische Modelle lassen sich in ökonometrische und vollstochastische Modelle differenzieren, von denen hier ökonometrische Modelle näher betrachtet werden.

- *Ökonometrische Modelle:* Auf der Grundlage von Überlegungen bzw. empirischen Erhebungen wird ein vermuteter Zusammenhang zwischen den Inputvariablen und den Outputvariablen in einer Regressionsgleichung formuliert, in die auch eine stochastische Zufallskomponente aufgenommen wird. Bei diesem Ansatz wird auf jeden Einblick in die Vorgänge innerhalb der black-box verzichtet. Da der eigentliche Kaufentscheidungsprozeß in diesem Modellansatz unberücksichtigt bleibt, stellen diese Modelle keine wirklichen Kaufentscheidungsmodelle dar. Ebensowenig erlauben sie es, Rückschlüsse auf das Verhalten des Konsumenten zu ziehen, da ausschließlich der Gesamtmarkt Untersuchungsobjekt ist.

9.5 Marketingforschung

Der Bereich des Marketings, der sich mit der Sammlung, Aufbereitung, genauen Untersuchung und Auswertung von Daten über die Märkte, über die Verbraucher, über Absatzweg, Werbemittel, Verkaufsmethoden, Handelsstrukturen und dergleichen mehr befaßt, wird Absatzforschung oder Marketingforschung, häufig auch etwas vereinfacht Marktforschung, genannt. Während die *Marktforschung* im eigentlichen Sinne sich mit [9.4]

- dem Erfassen der quantitativen Daten einzelner Märkte (z. B. Zahl der Abnehmer, regionale Verteilung, Bedarfsentwicklung usw.) und
- dem Erforschen der Konkurrenzsituation (z. B. Anzahl der Konkurrenten, deren Kapazität, Umsatz, Marktanteil usw.)

befaßt, ist *Marketingforschung* weiter gefaßt und beschäftigt sich auch mit

- dem Untersuchen der Produkte (z. B. Qualität, Ausstattung usw.),
- der Analyse der Absatzwege und
- dem Feststellen der Werbewirkung.

Die Marketingforschung beinhaltet die Marktforschung, die sich auf Tatbestände der Gegenwart bezieht, und die Marktprognose, die sich auf Tatbestände der Zukunft richtet.

Welche absatzmarktbezogenen Tatbestände über die Marktforschung erreicht werden sollen, ist von den Fragestellungen abhängig, für die Informationen benötigt werden. Das Ziel der Marktforschung soll nicht die Bestätigung bereits getroffener Entscheidungen sein, sondern zur Fundierung zukünftiger Entscheidungen dienen [9.26].

In der Marktforschung existieren eine Vielfalt von Formen, die sich in zwei großen Kategorien zusammenfassen lassen, und zwar:

- *Ökoskopische Marktforschung:*
  Der ökoskopischen Marktforschung liegen objektive beobachtbare Sachverhalte von Märkten zugrunde, d. h., die Marktforschung erfolgt auf der Grundlage ökonomischer Marktgrößen.

- *Demoskopische Marktforschung:*
  Die demoskopische Marktforschung erfaßt die Erforschung der Wirtschaftssubjekte hinsichtlich ihrer äußeren Merkmale, z. B. Verhaltensweisen und ihrer psychischen Merkmale, z. B. Wahrnehmung, Einstellung, Motiv.

9.5.1 Planung des Marktforschungsprozesses

Jede Marktforschungsstudie bedingt einen Problemlösungsprozeß bzw. Planungsprozeß, der sich in Phasen untergliedern läßt. Fehler und Versäumnisse, die auf einer nicht umfassenden und genauen Planung basieren, sind innerhalb der Studie nur schwer revidierbar und führen häufig zu qualitativen bzw. quantitativen Beeinträchtigungen des Ergebnisses. Die idealtypische Abfolge einer Marktforschungsstudie läßt sich in folgende Phasen untergliedern:

- *Problemformulierung:*
  In dieser Phase erfolgt die Definition von operationalen Erhebungszielen, die aus formulierten Fragestellungen eines Entscheidungsträgers abgeleitet wurden. Auf der Grundlage dieses Zielsystems wird ein Modell der Problemsituation entworfen, in dem die bedeutsamen betriebsinternen bzw. -externen Variablen festgelegt sind, sowie deren funktionale Beziehungen untereinander.

- *Auswahl der Untersuchungsmethode:*
  In dieser Phase wird festgelegt, mit welcher Methode die benötigten Informationen erhoben werden sollen. Die Auswahl der Methode(n) erfolgt nach vorher ausgewählten Kriterien, z. B. Zeitbedarf für die Untersuchung, Eignung der Methode für die Fragestellung usw. Neben der Festlegung der Methode für die Informationsbeschaffung sind konzeptionelle Überlegungen, z. B. Sichtprobenumfang, zu betrachten. Aus dieser Entscheidung werden die Gesamtkosten für die Marktforschungsstudie ermittelt.

- *Durchführung der Marktforschung:*
  Neben taktischen Überlegungen zur Durchführung der Studie, z. B. Vorgabe von Antwortalternativen, Reihenfolge der Fragen usw. steht die Datengewinnung im Vordergrund. Mit der Konzipierung des Fragebogens ist auch das spätere Vorgehen bei der Datenanalyse, d. h. die Aufbereitung und statistische Auswertung des Datenmaterials determiniert.

- *Dokumentation und Analyse der gewonnenen Daten:*
  In der letzten Phase erfolgt eine Datenanalyse und Dateninterpretation, in der u. a. Gründe für die Abhängigkeiten im Datenmaterial untersucht und verschiedene Einzelergebnisse in kumulierte Größen zusammengefaßt werden. Mit der Datenpräsentation und der Diskussion der Ergebnisse ist die Marktforschung abgeschlossen.

9.5.2 Marktdaten

Ein Ziel der Marktforschung ist zunächst immer das Erfassen von Marktdaten.

Diese können zwar sehr unterschiedlich sein, lassen sich aber in zwei große Gruppen gliedern:

- Daten, mit deren Hilfe eine Messung des "Marktvolumens" möglich ist. Sie werden deshalb als *quantitative* oder *objektive Daten* bezeichnet.
- Daten, mit deren Hilfe der Einfluß von subjektiven Faktoren wie z. B. Image oder Motiv sichtbar gemacht werden sollen. Sie werden entsprechend als *qualitative* oder *subjektive Daten* bezeichnet.

Marktdaten aus Vergangenheit und Gegenwart kommt eine Bedeutung im Rahmen der Beurteilung der einzel- oder gesamtwirtschaftlichen Entwicklung zu, während Daten über die zukünftige Entwicklung von Märkten für das einzelne Unternehmen von existenzieller Wichtigkeit sind [9.2].

- *Quantitative Marktdaten [9.7]:*
Beispiele für quantitative Marktdaten sind:

Die *Abnehmerstruktur* eines Produktes bzw. eines Unternehmens ist die Klassifizierung der Kunden nach Merkmalen wie z. B.

- Branchenzugehörigkeit,
- Unternehmensgröße,
- regionale Verteilung,
- potentielle Kunden.

Ein wesentliches Ergebnis der Analyse der Abnehmerstruktur stellen Adressenlisten für jeden Verkaufsbereich dar, in denen die potentiellen Kunden erfaßt sind.

Eine weitere, wichtige Aufgabe ist das Ermitteln des momentanen und zukünftigen *Marktbedarfs*, wobei dieses sowohl für den Gesamtmarkt (z. B. Inland, Ausland usw.) als auch für Teilmärkte (Marktsegemente) geschehen kann.

Die *Konkurrenzanalyse* ist eine wichtige Informationsquelle, die die systematische Untersuchung der Konkurrenzunternehmen, deren Produkte und Aktivitäten umfaßt. Das Ergebnis der Untersuchung von Konkurrenzunternehmen sollte eine Liste aller möglichen Konkurrenten (derzeitiger und evtl. zukünftiger) sein, ggf. nach Produkten bzw. Produktgruppen untergliedert.

Eine Analyse der Konkurrenzprodukte besteht in erster Linie in einer technischen Untersuchung, ist also ein unmittelbarer Vergleich der Konkurrenzfabrikate mit den eigenen Produkten. Sie zeigt die Bereiche, in denen das eigene Produkt den Wettbewerbern unter- bzw. überlegen ist und bietet einen Ansatz für die Verbesserung des eigenen Angebotes.
Die Untersuchung der Konkurrenzaktivitäten soll Antwort auf folgende Fragestellungen geben:

- Welche Preis- oder Werbepolitik verfolgt die Konkurrenz?
- Wie werden die Produkte abgesetzt?

- Wie ist der Außendienst organisiert?

Rückschlüsse auf Konkurrenzaktivitäten lassen sich nur aus dem Marktverhalten der Wettbewerber ziehen.

Aus dem Gesamtbedarf einerseits und der Konkurrenzanalyse andererseits läßt sich das *Absatzpotential* als eine weitere quantitative Marktinformation ableiten. Darunter ist jener Teil des Marktes zu verstehen, der vom eigenen Unternehmen bereits befriedigt wird, zuzüglich eines Anteils, der bei entsprechendem Bemühen noch hinzugewonnen werden kann. Der Vergleich zwischen Absatzpotential und dem tatsächlich erreichten Absatzvolumen (Marktanteil) läßt gegebenenfalls Rückschlüsse auf Marktreserven zu, die bei entsprechender Bearbeitung noch erschlossen werden könnten (vgl. auch Bild 9.9).

- *Qualitative Marktdaten [9.7]:*

Neben den quantitativen bestimmen auch qualitative Marktdaten die Absatzsituation eines Unternehmens. Sie äußern sich in einem irrationalen Verhalten der Käufer. Erfahrungsgemäß ist der Anteil solcher irrationaler Faktoren an einer Kaufentscheidung um so größer, je "konsumnäher" ein Produkt ist. Aber auch Kaufentscheidungen für Investitionsgüter sind nicht frei von solchen subjektiven Einflüssen.

Zunächst sind die Anforderungen der Käufer an das Produkt zu nennen. Durch den Vergleich der kundenspezifischen Anforderungen und deren Rangfolge mit der betrieblichen Rangfolge der einzelnen Teilaspekte ist die Möglichkeit gegeben, die betriebliche Produktkonzeption zu überprüfen und ggf. zu ändern.

Neben den Anforderungen des Verwenders an das Produkt spielt bei Kaufentscheidungen das Image in Form des *Firmen-* und *Produktimage* eine wesentliche Rolle, wobei mit dem Begriff Image das Bild umschrieben wird, das sich der potentielle Verwender von einem Produkt oder einem Unternehmen macht (z. B. Zuverlässigkeit, hohes technisches Know-how, Vertrauen usw.). Es ist unbestritten, daß zwischen Image und Absatz enge Zusammenhänge, gerade auch im Investitionsgüterbereich, bestehen. Die Verbesserung eines schlechten Images ist kurzfristig nicht zu erreichen und bedarf eines

Bild 9.9 Gliederung der Marktdaten

sehr langen Zeitraumes. Weitere qualitative Marktdaten wären Marktabsichten der Konkurrenten, Wirtschaftspolitik des Staates usw..

9.5.3 Informationsgewinnung

Neben der Bestimmung der interessierenden Marktinformationen muß festgelegt werden, woher und mit welchen Verfahren die benötigten Informationen gewonnen und wie handlungsrelevante Aussagen für das Unternehmen abgeleitet werden können. Dazu werden in der Praxis folgende Vorgehensweisen angewandt:

- Markterkundung
- Marktforschung (Marktanalyse, Marktbeobachtung).

Im Gegensatz zur mehr oder weniger exakten, intuitiven und planlosen Markterkundung ist die Marktforschung eine mit Hilfe wissenschaftlich-systematischer Verfahren betriebene Marktuntersuchung [9.2].

Die Informationsgewinnung kann einerseits durch das Unternehmen selbst, andererseits aber auch durch eigens darauf spezialisierte Fremdunternehmen (Marktforschungsinstitute) vorgenommen werden. Die Einschaltung von Marktforschungsinstituten erfolgt meist dann, wenn ein Unternehmen im Zuge seiner Auswertung in neue Märkte eindringt, über die bis zu diesem Zeitpunkt nur sehr spärliche Informationen im eigenen Unternehmen vorhanden sind [9.4]. Unabhängig davon, ob die Informationsgewinnung durch eine betriebsinterne Marktforschungsabteilung allein oder in Zusammenarbeit mit einem Marktforschungsinstitut erfolgt, kann sie in die beiden Bereiche

- quantitative Marktforschung und
- qualitative Marktforschung

gegliedert werden.

Unter *quantitativer Marktforschung* versteht man die möglichst exakte, objektive und zahlenmäßig erfaßbare Darstellung der Verhältnisse und Entwicklungen auf dem Markt (quantitative Marktdaten). Das Erfassen der *qualitativen Marktdaten*, wie z. B. Firmen-/Produktimage, Kundenverhalten usw. ist Ziel der qualitativen Marktforschung.

Bei der Beschaffung von Informationsmaterial wird jedes Unternehmen aus Zeit- und Kostengründen versuchen, schon vorhandene Unterlagen über die interessierenden Tatbestände auszunutzen. Da diese Daten nicht neu erhoben werden müssen, wird deren Verwendung und Aufbereitung *Sekundärforschung* bzw. *sekundäre Marktforschung* genannt. Reichen diese Sekundärinformationen nicht aus, so sind zusätzliche Informationen zu beschaffen. Die Beschaffung dieser speziellen, bis zu diesem Zeitpunkt noch unbekannten Daten, die direkt auf dem Markt erhoben werden, bezeichnet man als

Primärforschung bzw. *primäre Marktforschung*. Die Marktforschung kann also nach den Quellen der Informationen in

- Primärforschung und
- Sekundärforschung

gegliedert werden (Bild 9.10).

9.5.3.1 Sekundärforschung

Sekundärinformationen können sowohl interner wie externer Art sein. Beispiele für *interne Sekundärmaterial* sind:
- Angebots- und Auftragseingangsstatistiken,
- Statistik über Reklamation und Garantieleistung,
- Auszeichnungen des Außendienstes,
- Produktions- und Lagerhaltungsstatistiken,
- Umsatzstatistik (evtl. nach Verkaufsregionen).

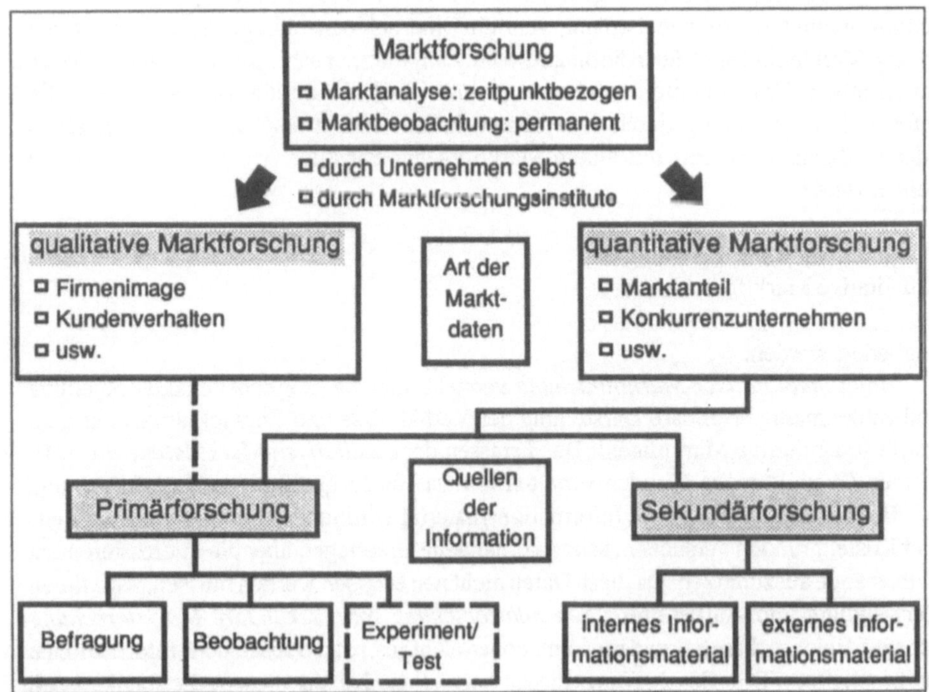

Bild 9.10 Gliederung der Marktforschung

Dem Umfang nach wesentlich bedeutender ist die Informationsbeschaffung durch die Auswertung von *externem Sekundärmaterial*, wie z. B.

- Zeitungsmeldungen,
- Veröffentlichungen von Wirtschaftsverbänden,
- amtliche Statistiken, z. B. Statistisches Jahrbuch,
- Jahresberichte und Bilanzen von Konkurrenzunternehmen.

Die Grenzen der sekundären Marktforschung liegen dort, wo die Fragestellungen so speziell werden, daß die allgemeinen Unterlagen darauf keine Antwort mehr geben. Grundsätzlich sind zunächst alle Sekundärquellen auszuwerten. Die Beschaffung von Primärinformationen ist wesentlich aufwendiger als die Auswertung von Sekundärquellen [9.7].

9.5.3.2 Primärforschung

Insbesondere bei der Entwicklung und Markteinführung von Produkten, die bislang unbekannt sind oder hinsichtlich einiger Eigenschaften völlig Neues bieten, kann das Unternehmen sich nicht auf Daten der Sekundärforschung verlassen. Meist gibt es zu der angesprochenen Problematik noch keine Untersuchungen, sowohl hinsichtlich quantitativer als auch qualitativer Marktdaten.

Zur Durchführung der Primärforschung können grundsätzlich folgende Methoden angewandt werden:
- Befragung,
- Beobachtung,
- Experiment bzw. Test
- Panel.

- *Befragungen:*

Die größte Bedeutung innerhalb der Primärforschung kommt der systematischen Befragung bzw. Umfrage zu. In der Regel werden mit ihrer Hilfe die tatsächlichen oder potentiellen Abnehmer befragt, um Aufschlüsse über Kaufverhalten, Produktvorstellungen der Käufer, Beurteilung des Kundendienstes, Beurteilung der eigenen Produkte im Vergleich zur Konkurrenz, Firmenimage usw. zu erhalten. Erfolgt die Befragung auf nur einem Gegenstand, so spricht man von Einthemenbefragung; bezieht sich die Frage auf mehrere Fragenkomplexe, so handelt es sich um eine Omnibusbefragung (Mehrthemenbefragung). Nach dem Anteil der in die Befragung einbezogenen an der Gesamtzahl der in Frage kommenden Gesprächspartner wird zwischen

- Vollerhebung und
- Teilerhebung

unterschieden.

Im Investitionsgüterbereich hat ein Hersteller, der seine Produkte in der Regel an einen überschaubaren Kundenkreis absetzt, die Möglichkeit, eine Vollerhebung bei allen Abnehmern bzw. potentiellen Kunden durchzuführen, weil sie beispielsweise 85 % des Umsatzes repräsentieren.

Ein Hersteller im Konsumgüterbereich hat diese Wahl nicht; er kann nicht alle Kunden befragen, weil deren Zahl möglicherweise in die Millionen geht.

Infolgedessen muß er einen Teil aus den tatsächlichen und potentiellen Abnehmern auswählen, der jedoch den Gesamtmarkt zutreffend repräsentieren muß.

Die Auswahl kann auf zweierlei Weise erreicht werden:

- Die Gesamtheit aller Kunden wird nach bestimmten Kriterien, z. B. Alter, Geschlecht, Einkommen usw. aufgegliedert. Die ausgewählte Teilmenge muß dann die Merkmale im gleichen Verhältnis wie die Grundgesamtheit aufweisen. Solche Verfahren werden als *Quotenverfahren* bezeichnet.
- Das zweite Verfahren geht davon aus, daß auch eine zufällige Auswahl repräsentativ sein kann, wenn die Stichprobe nur groß genug gewählt wurde. Solche Erhebungsmethoden, die alle auf dem "Gesetz der großen Zahl" beruhen, werden als *Random-Verfahren* bezeichnet (in Anlehnung an [9.7]).

Die Befragung kann sowohl schriftlich, persönlich oder auch in Form eines Telefongespräches erfolgen. Eine schriftliche Umfrage, bei der den Befragten ein Fragebogen zugeschickt wird, bringt häufig nur eine geringe Rücklaufquote. Man versucht in der Praxis die Rücklaufquote z. B. durch persönliche Adressierung der Briefe oder durch Angabe eines "interessanten Absenders" zu erhöhen. Diese Befragungsform ist dann weniger problematisch, wenn die Befragten ein persönliches Interesse an einem Sachverhalt haben. Die schriftliche Befragungsform kommt bei Anbietern von Investitionsgütern und langlebigen Konsumgütern zum Einsatz.

Bei einer Befragung durch das Telefon ist der Kontakt zu dem Gesprächspartner schon sehr viel besser. Diese Befragungsart hat jedoch den Nachteil, daß sie sehr kostspielig ist und zudem nur eine Antwort auf einige wenige Fragen bringt.

Die mündliche Befragung, wobei der Interviewer den Befragten persönlich aufsucht, ist am kostenintensivsten, liefert aber die besten Ergebnisse.

Verzerrungen durch den Interviewer (sog. Interviewer-Bias) können weitestgehend durch gezielte Schulung der Interviewer vermieden werden .

Bei dieser Art der Befragung ist zu klären, in welcher Form das Gespräch zwischen Frager und Befragtem ablaufen soll. Bei dem Ablauf des Interviews gibt es grundsätzlich zwei Möglichkeiten:

- das freie Interview und
- das standardisierte Interview.

Bei dem *freien Interview* ist dem Fragenden freigestellt, wie, in welcher Reihenfolge und in welcher Weise er die Fragen stellt. Eine solche Vorgehensweise eignet sich besonders bei sogenannten Expertengesprächen und wird vorrangig in der Investitions-Marktforschung angewandt.

Handelt es sich bei den Befragungsthemen mehr um allgemeine Tatbestände, so könnten die Interviews standardisiert werden. Bei einem derart *standardisierten Interview* ist dem Fragenden die Reihenfolge der Fragen durch einen schriftlich festgelegten Fragebogen exakt vorgegeben. Dadurch wird die Auswertung der Interviews erheblich erleichtert (in Anlehnung an [9.4]).

Eine Spezialform der Befragung stellen die *Skalierungsfragen* dar. Eine Reihe gegensätzlicher Begriffe (Polarität) werden einander gegenübergestellt und jeweils mit Punkteskalen versehen. Der Befragte bringt durch seine Punktvergabe für jede einzelne Fragestellung seine subjektive Meinung zum Ausdruck. Durch Zusammenfassung aller gewonnenen Werte läßt sich ein Polaritätsprofil erstellen, aus dem entsprechende Rückschlüsse gezogen werden können (Bild 9.11).

- *Beobachtung:*

Der zweite klassische Bereich zur Gewinnung von Informationen ist die Beobachtung. Objekt einer Beobachtung ist das Verhalten von Menschen/Unternehmen bezogen auf einen bestimmten Sachverhalt. Sie ist unabhängig von der Auskunftsbereitschaft der zu Beobachtenden.

Begriffe	Scalierung							(Polaritäten)
	+3	+2	+1	0	-1	-2	-3	
fortschrittlich dynamisches Unternehmen		X						statisch konservatives Unternehmen
bewegliche Organsation		X						schwerfällige Organisation
relativ preiswerte Produkte						X		relativ teure Produkte
qualitativ führende Produkte			X					qualitativ nicht überzeugende Produkte
umfangreiches aktuelles Verkaufsprogramm			X					veraltetes, nicht aktuelles Verkaufsprogramm
starkes Eingehen auf Kundensonderwünsche		X						kein Eingehen auf Kundensonderwünsche
hohes technisches Know- How			X					geringes technisches Know- How
führend in der technischen Beratung					X			schwach in der technischen Beratung
Einhalten von Lieferterminen				X				häufiger Lieferverzug
hervorragend im Kundendienst						X		mangelnder Kundendienst

Bild 9.11 Polaritätsprofil zur Beurteilung des Firmenimages (spontane Bewertung)

Die Beobachtung dient also der Erfassung eines Sachverhaltes durch Verhaltensinterpretation, wie z. B.

- Aufmerksamkeitswirkung von Plakaten, Firmenprospekten usw.
- Beobachten von Kauf-/Verkaufsverhalten.

Nachteile der Beobachtung sind:

- Beobachtungen ermöglichen keine Information über subjektive Sachverhalte - bei der teilnehmenden Beobachtung kann der Beobachtende durch sein Verhalten den Beobachtungsprozeß beeinflußen (Beobachtungseffekt).

In der Praxis ist keine eindeutige Trennung von Befragung und Beobachtung möglich. Häufig werden Beobachtung und Befragung miteinander verknüpft.

- *Experiment (Test):*

Eine weitere Erhebungsmethode im Rahmen der Primärforschung ist das Experiment, allgemein als Test bezeichnet. Als Experiment bezeichnet man den Vorgang, bei dem durch Veränderung der Wirkung einer bzw. mehrerer Größe(n) die Auswirkungen aus diesen Veränderungen auf andere Größen aufgezeigt werden soll (Ursache-Wirkung-Zusammenhang). Eine typische Fragestellung wäre z. B.: Wie wirken sich Preisveränderungen auf die Absatzmenge aus?
In den letzten Jahren haben sich zwei Spezialformen des Experiments entwickelt:

- Kontrollierter Markttest (Store-Test): Bei dem Store-Test wird ein Produkt in mehreren Geschäften in Verbindung mit speziellen Marketingmaßnahmen zum Verkauf angeboten. Gleichzeitig werden (Kontroll-)Geschäfte beobachtet. Der Vorteil dieses Tests ist, daß er relativ kostengünstig ist und keinen langen Durchführungszeitraum benötigt. Der Nachteil ist die Nicht-Repräsentativität des Testes.
- Lokaler Testmarkt (Mini-Markt): Bei dem lokalen Testmarkt werden in einem regional begrenzten Raum marketingpolitische Maßnahmen ergriffen und die Wirkungen gemessen. Innerhalb des Testmarktes können nach Zielgruppen unterschiedliche Marketingmaßnahmen eingesetzt werden, um die Wirkungen zu messen.

- *Panel:*

Mit einmaligen Marktforschungsstudien lassen sich natürlich noch keine Konsumänderungen der Konsumenten feststellen. Um der Dynamik des Marktes aber Rechnung zu tragen, versucht man, ausgewählte Personengruppen bzw. Organisationen mehrfach und sogar in regelmäßigen Abständen zu befragen bzw. zu beobachten. Diese Methode der Marketing-Forschung wird als Panelerhebung bezeichnet. Der Vorteil dieser Methode ist u. a. die Kostenreduktion, die Vergleichbarkeit der Auskünfte sowie die relativ schnelle Informationsgewinnung. Betrachtet man Panels in Abhängigkeit der jeweiligen Stufe im Absatzweg, so lassen sich Hersteller/Großhandel- und Verbraucherpanel unterscheiden. Da die Panelerhebung u. a. über Berichtsbögen erfolgen kann, besteht hier der Nachteil der auftretenden Routine beim Ausfüllen der Berichtsbögen durch die Befragten und damit eine mögliche Verfälschung der Ergebnisse.

9.5.3.3 Datenanalyse

Mit Hilfe von statistischen Methoden der Datenanalyse werden die erhobenen Daten auf die interessierende Fragestellung ausgewertet, d. h., Einzeldaten werden verdichtet, Zusammenhänge und Abhängigkeiten aufgedeckt. Nach der Anzahl der gleichzeitig betrachteten Variablen können folgende Datenanalysemethoden unterschieden werden:

- *Univariate Datenanalyse:*

Bei der univariaten Datenanalyse erfolgt die Auswertung einer einzigen Variablen für die Fragestellung. Dabei werden Häufigkeitsverteilungen hergeleitet und statistische Maßzahlen (Median, Varianz) errechnet. Der Vorteil dieser Methode ist, daß ein enger Bezug zum Datenmaterial besteht und damit ein geringer Informationsverlust bei der Datenreduktion auftritt. Das Marketing wird aber mit Fragen konfrontiert, die sich nur in den seltensten Fällen mit der isolierten Betrachtung einzelner Variablen beantworten lassen. Als Beispiel für univariate Datenanalyse lassen sich Zeitreihen- und Trendanalyse anführen.

- *Bivariate Datenanalyse:*

Die bivariate Datenanalyse untersucht die Beziehungen zwischen (nur) zwei Variablen aus einer Vielzahl von untersuchten Variablen. Die Auswertung erfolgt auf der Grundlage von Fragestellungen, die die Art bzw. die Stärke des Zusammenhanges zwischen den beiden Variablen zum Gegenstand haben. Für die im Marketing auftretende Komplexität der Fragestellungen kann die bivariate Datenanalyse nicht zur Entscheidungsunterstützung beitragen. Die bivariate Datenanalyse ist ein Spezialfall der multivariaten Datenanalyse. Zweidimensionale Häufigkeitsanalysen und nichtlineare Regression bzw. Korrelation sind typische Vertreter der bivariaten Datenanalyse.

- *Multivariate Datenanalyse:*

Bei dieser Methode erfolgt die Auswertung von mehreren Variablen sowie der gegenseitigen Beziehungen untereinander. Innerhalb der multivariaten Datenanalyse kann nach zwei Analysemethoden klassifiziert werden, und zwar

  - *Dependenzanalyse*, d. h. Untersuchung der Abhängigkeiten z. B. einer Variablen von anderen Variablen (z. B. multiple Regressionsanalyse bzw. Varianzanalyse).
  - *Interdependenzanalyse*, d. h. Untersuchung der Wechselbeziehungen der Variablen untereinander (z. B. Clusteranalyse, Conjoint Measurement).

9.5.4 Marktprognose

Die mit Hilfe der Marktanalyse und Marktbeobachtung gewonnenen Informationen sind Grundlage für die in die Zukunft reichenden Entscheidungen. Als Marktprognose soll der bewußte und systematische Versuch einer Vorausschätzung zukünftiger Marktgegebenheiten wie z. B.

- Marktpotential (Aufnahmefähigkeit eines Marktes für bestimmte Produkte)
- Marktvolumen (realisierte(r) oder prognostizierte(r) Absatzmenge bzw. Umsatz einer Branche)
- Absatzpotential (prognostizierte(r) Absatzmenge bzw. Umsatz des Unternehmens),
- Absatzvolumen (tatsächliche(r) Absatzmenge bzw. Umsatz des Unternehmens)

unter Berücksichtigung technologischer und gesamtwirtschaftlicher Veränderungen verstanden werden (Bild 9.12).

Während bei Konsumgütern besondere Sorgfalt auf die Beobachtung der Nachfrageentwicklung der Endverbraucher gelegt werden muß, ist bei Investitionsgütern die Entwicklung des Angebotes von Bedeutung. In diesem Stadium spielen technischer Fortschritt, Preistrend und Verhaltensweisen des mittelbaren und unmittelbaren Wettbewerbs eine wichtige Rolle.

Die Komponenten, von denen eine Absatzschätzung getragen wird, sind sehr vielschichtig. Bei den meisten Unternehmen ist die Prognose eine Fortrechnung erreichter Absatz- bzw. Umsatzzahlen. Dabei betrifft die Abschätzung die drei folgenden Zeiträume:

- *Vergangenheit:*
Sie spiegelt sich zunächst in der eigenen Absatzstatistik wider. Bei der Interpretation der Zahlen des Kurvenverlaufs in der graphischen Darstellung sind der Konkurrenzdruck und andere Einflüsse der Vergangenheit auf die Produkte mit heranzuziehen. Erfolge,

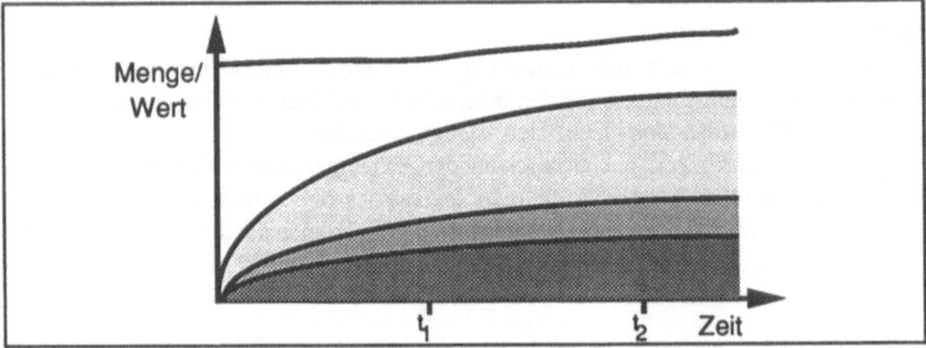

Bild 9.12 Marktprognose hinsichtlich Marktpotential, Marktvolumen, Absatzpotential und Absatz volumen

Mißerfolge und deren Ursachen in der Vergangenheit können nur durch Marktanalysen exakt ermittelt werden.

- *Gegenwart:*

Hierunter ist die jüngste Vergangenheit von etwa einem Jahr zu verstehen, d. h. die Wirkung von produktbezogenen Maßnahmen einerseits und meßbare Reaktionen bei den Abnehmern andererseits. In der Gegenwart ist das Produktergebnis so früh, daß es begründet in die Zukunft projektiert werden kann.

- *Zukunft:*

Für die Planung von Maßnahmen in der Zukunft muß die Gegenwartsanalyse ebenso wie die Vergangenheitsforschung alle verfügbaren Informationsquellen, z. B. eigene Absatzstatistik, Sekundärdaten der öffentlichen Statistiken, Analysen über Bekanntheitsgrad und Image der Produkte usw. berücksichtigen.

Aus der Verbindung von Vergangenheit und Gegenwart produktbezogener Marktdaten wird die Voraussetzung für die Beurteilung von Chancen und für die Erstellung einer realisierbaren Absatzprognose geschaffen [9.5].

Die Methoden, mit denen *Absatzprognosen* erstellt werden, sind sehr vielfältig und zum Teil auch sehr kostspielig und erstrecken sich von groben, einfachen bis zu hochentwickelten, komplizierten Verfahren. Die Auffassungen über die zu wählenden *Prognosemethoden* sind durchaus nicht einheitlich und gehen zum Teil recht weit auseinander. Welchen Prognoseverfahren (vgl. auch Kap. 1) in welchem Anwendungsfall der Vorzug zu geben ist, hängt vorrangig von der zugrundeliegenden Problemstellung und der subjektiven Einstellung des Anwenders ab.

9.5.4.1 Planung der Marktprognose

Für die Durchführung der Marktprognose sind planerische Überlegungen anzustellen, deren formaler und materieller Aufbau mit der Planung der Marktforschung identisch ist. Danach lassen sich folgende Phasen unterscheiden:

- *Formulierung des Prognoseproblems:* Hier erfolgt eine Determinierung der Prognoseform (z. B. mittelfristige Prognose) sowie die Aufbereitung der bereits zur Verfügung stehenden Daten und der noch benötigten Daten.
- *Auswahl der Prognosegröße sowie der Einflußfaktoren*: In dieser Phase erfolgt eine Kennzeichnung der abhängigen Variable (Prognosegröße) und der Einflußgrößen (unabhängige Variablen).
- Auf der Basis des Prognosemodells sowie des relevanten Prognosezeitraumes erfolgt die Hochrechnung der Prognosegröße.

9.5.4.2 Prognoseverfahren

Grundsätzlich lassen sich die Prognosetechniken in zwei Klassen unterteilen (siehe Bild 9.13).

- *Qualitative Prognosetechniken:*
Die qualitativen Prognosemethoden werden verwendet, wenn z. B. ein Erzeugnis neu auf dem Markt eingeführt werden soll. Die zukunftsgerichteten Informationen werden durch Anwenden unterschiedlicher Befragungstechniken, wie z. B. Interviewmethode oder Fragebogenmethode gewonnen. Derartige qualitative Prognosetechniken eignen sich besonders für Prognosen bis zu einem Zeitraum von einem Jahr. Bei richtiger Fragestellung lassen sich z. B. Trendwendepunkte usw. rechzeitig und brauchbar erkennen.

Soll eine Prognose eine möglichst hohe Sicherheit haben, oder liegen komplizierte technische Problemstellungen vor, so wird in der Praxis die *Delphi-Methode* angewandt. Sie besteht in der gesuchten Übereinstimmung von Auffassungen verschiedenartiger Expertengruppen innerhalb und außerhalb des Unternehmens. Die Delphi-Methode hat drei herausragende Merkmale [9.9]:

- *Anonymität*: Die Teilnehmer kennen sich nicht; die erste Stellungnahme (Expertise) der Experten wird anonym angefertigt.
- *Kontrollierte Rückkopplungen*: Der mehrmalige Austausch der anonymen Expertisen untereinander soll die Teilnehmer zur Auseinandersetzung mit Fremdmeinungen anregen.
- *Abschließende Gruppendiskussion:* Herbeiführung einer nach Möglichkeit von allen beteiligten Experten getragenen Stellungnahme als Kompromiß der Einzelmeinungen.

Die Ergebnisse der Delphi-Methode spiegeln also die rational und gegenseitig entwickelten Auffassungen von Experten wider.
Zunehmend gewinnt die Szenario-Technik an Bedeutung. Die Grundüberlegung besteht

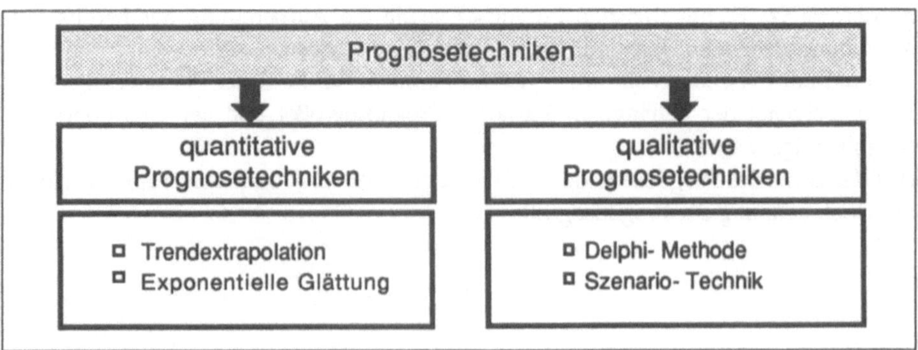

Bild 9.13 Gliederung der Prognosetechniken

darin, Einflußgrößen für die Prognosegröße zu identifizieren, die Interdependenzen zwischen unterschiedlichen Einflußfaktoren zu untersuchen und die Auswirkungen der einzelnen Faktoren im Hinblick auf die prognostizierende Größe zu analysieren. Die Prognoseerstellung erfolgt zum einen in Form eines optimistischen Szenario, d. h., es wird eine positive Entwicklung für die Einflußgrößen unterstellt, zum anderen in Form eines pessimistischer Szenario, d. h., es wird eine gegenläufige Entwicklung zum optimistischen Szenario angenommen. Durch die Szenario-Technik werden zwei Extrema ermittelt, die die Spannweite der möglichen Entwicklung aufzeigen und die Entscheidungsträger für zukünftige Entwicklungen sensibilisieren.

- *Quantitative Prognosetechniken:*
Die Methoden beruhen auf der Auswertung von mathematisch-statistischen Unterlagen und versuchen, über einen Lösungsalgorithmus möglichst exakte Prognosewerte zu erhalten. Die quantitativen Prognosemethoden lassen sich nach der Art der unabhängigen Variablen (Variable aus Datenmaterial) unterscheiden in

- Entwicklungsprognosen, d. h., auf der Basis von vergangenheitsorientierten Daten erfolgt eine Prognose.
- Wirkungsprognosen, d. h., die durch den zukünftigen Einsatz der Marketing-Instrumente eintretende Wirkungen werden prognostiziert.

Für Entwicklungsprognosen existieren unterschiedliche Methoden, von denen zwei näher dargestellt werden.

- *Trendextrapolation:*
Die am häufigsten angewendete Methode geht von der Entwicklung der Vergangenheitswerte aus, die in die Zukunft extrapoliert werden. Die Methode basiert auf der Annahme, daß die in der Vergangenheit festgestellten Gesetzmäßigkeiten sich auch in der Zukunft fortsetzen, die Annahme ist um so bedenklicher, je dynamischer die Entwicklung auf dem jeweiligen Markt abläuft und je langfristiger die Prognose gelten soll.

- *Methode der exponentiellen Glättung:*
Die in diese Trendberechnung einfließenden Vergangenheitswerte werden durch eine differenzierte Gewichtung insoweit berücksichtigt, als der Einfluß der in jüngster Vergangenheit eingetretenen Ereignisse eine höhere Bedeutung für die Prognosegröße hat als der älterer Beobachtungen. Infolgedessen werden die Vergangenheitswerte exponentiell fallend gewichtet. Der Gewichtsparameter liegt zwischen 0 und 1 und wird entsprechend der individuellen Einschätzung der Entwicklung festgelegt.
Auch bei Wirkungsprognosen existieren zahlreiche Methoden, auf die hier nicht näher eingegangen werden soll. Stellvertretend sei nur die Regressionsanalyse angeführt.
Wirkungsprognosen haben den entscheidenden Vorteil gegenüber Entwicklungsprognosen, daß sie mit Zukunftswerten arbeiten und auf die Aktivitäten des Marktes konzentriert sind. Erhebliche Probleme treten jedoch bei der Schätzung der Parameterwerte auf.

Als prinzipielle, die Zuverlässigkeit einer Marktprognose einschränkende, Faktoren seien hier genannt:

- *Die Machtkomponente:*
Die Machtstrukturen bestimmen ganz entscheidend die wirtschaftliche Zukunft von Branchen und letztlich auch von Produkten, weil hoheitliche Maßnahmen die politischen Rahmenbedingungen der Wirtschaft ganz entscheidend prägen.

- *Der Erwartungshorizont:*
Der Erwartungshorizont wird in keiner Prognose erwähnt, trotzdem beeinflußt er ganz entscheidend deren Resultate. So wurden z. B. fast alle vor 1973 erstellten Vorhersagen auf der Basis eines weitgehend optimistischen Erwartungshorizonts gemacht. Der erste Erdölschock hat die Erwartungen und damit die Prognosen gravierend verändert. Es trat ein Bruch in der Entwicklung auf, obwohl sich quantitativ nur der Erdölpreis geändert hatte.

- *Die technischen Faktoren:*
Bei der nichtlinearen Projektion für die Bestimmung komplexer wirtschaftlicher Prozesse, wie sie z. B. bei Innovationen im Energiesektor zu berücksichtigen sind, muß eine Vielzahl von Entwicklungen in ihrem zeitlichen Verlauf vorherbestimmt und gewichtet werden. Dies ergibt komplizierte mathematische Modelle, die durch Schätzungen modifiziert oder durch Abstraktion so vereinfacht werden, daß die Genauigkeit stark reduziert wird.

- *Innovation:*
Prognosen können nur realisierte oder absehbare Entwicklungen sowie erwartete Ereignisse einschalten. Das Unerwartete, das z. B. in Form einer Innovation auftritt, kann nicht einbezogen werden. Durch Neuerungen wurden bereits fundierte Prognosen widerlegt [9.10].

9.6 Instrumente der Marktgestaltung

Die Informationsseite des Marketings (Marketing-Forschung) bildet die Grundlage für eine Marketing-Konzeption. Die Aktionsseite, d.h. der Bereich der Marktgestaltungsinstrumente (absatzpolitisches Instrumentarium) dient der Durchsetzung der gefundenen Marketing-Strategie (Bild 9.14).

Die absatzpolitischen Instrumente sind natürlich nicht für jedes Unternehmen von gleichrangiger Bedeutung. So ist z. B. im Konsumgüterbereich (z. B. Zigarettenhersteller) und im Dienstleistungsbereich (z. B. Versicherungen) das Gewicht der Werbung ungleich stärker als im Investitionsgüterbereich (z. B. Werkzeugmaschinenhersteller) [9.4].

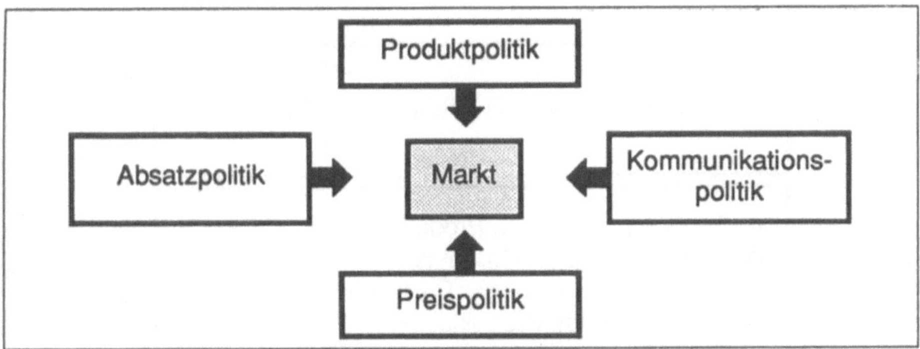

Bild 9.14 Instrumente der Marktgestaltung

9.6.1 Produktpolitik

Der Markterfolg eines Unternehmens ist primär abhängig von der angebotenen Leistung. Zentrales Anliegen im Rahmen der Produktpolitik ist der Kundennutzen, auf den die Gestaltung des Leistungsprogrammes einer Unternehmung abgestimmt werden muß. Die Zusammenstellung des Leistungsprogrammes fließt neben den Maßnahmen der Einzigartigkeit und Unverwechselbarkeit des Produktes aus Kundensicht, den Maßnahmen der Produktgestaltung (Produktstyling, Markenbezeichnung, Verpackung) und weiteren Leistungsmerkmalen (Kundendienst, Lieferbedingungen usw.) mit ein.

Die Produktpolitik bestimmt die Marktposition eines Unternehmens unmittelbar und am stärksten. Ziel der Produktpolitik ist es demnach, solche Produkte zu schaffen und anzubieten, die in die bestehende bzw. aufzubauende Bedarfsstruktur des jeweiligen Marktes passen und von diesem auch gewünscht werden. Dabei lassen sich unterschiedliche Aufgabenschwerpunkte innerhalb der Produktpolitik feststellen (Bild 9.15).

Nur ein attratives und gleichbleibend gutes Produktangebot sichert dem Unternehmen einen festen Kundenstamm. Die Produktpolitik als wirksames Marketing-Instrument muß dabei so ausgelegt sein, daß sie der allgemeinen Unternehmenspolitik, den Möglichkeiten der Entwicklungsabteilung, den technischen Einrichtungen der Fertigung und den Erfordernissen des Verkaufsprogramms des Unternehmens entspricht.

9.6.1.1 Lebenszyklus und Altersstruktur von Produkten

Alle Produkte durchlaufen einen bestimmten Lebenszyklus, der sich von der Ideenfindung bis zur Ablösung des Produktes aus dem Erzeugnisprogramm erstreckt. Die Kenntnis der Lebenszyklen der Produkte ist sowohl bei der Beurteilung des momentanen Produktverhaltens als auch bei der Abschätzung zukünftiger Erfolgsaussichten von eminenter Bedeutung [9.11]. Unter dem Lebenszyklus eines Produktes versteht man den zeitlichen Verlauf des Umsatzes bzw. des Produktgewinns.

AUFGABEN DER PRODUKTPOLITIK

- Suchen nach neuen Produkten
- Entwickeln neuer Produkte
- Markteinführung neuer Produkte
- Gestaltung des Produkts
- Qualitätsveränderung von Produkten
- Variation und Differenzierung von Produkten
- Vereinheitlichung von Produkten
- Elimination von Produkten
- Überwachung bereits eingeführter Produkte
- Diversifikation (Programmerweiterung)
- usw.

Bild 9.15 Aufgaben der Produktpolitik

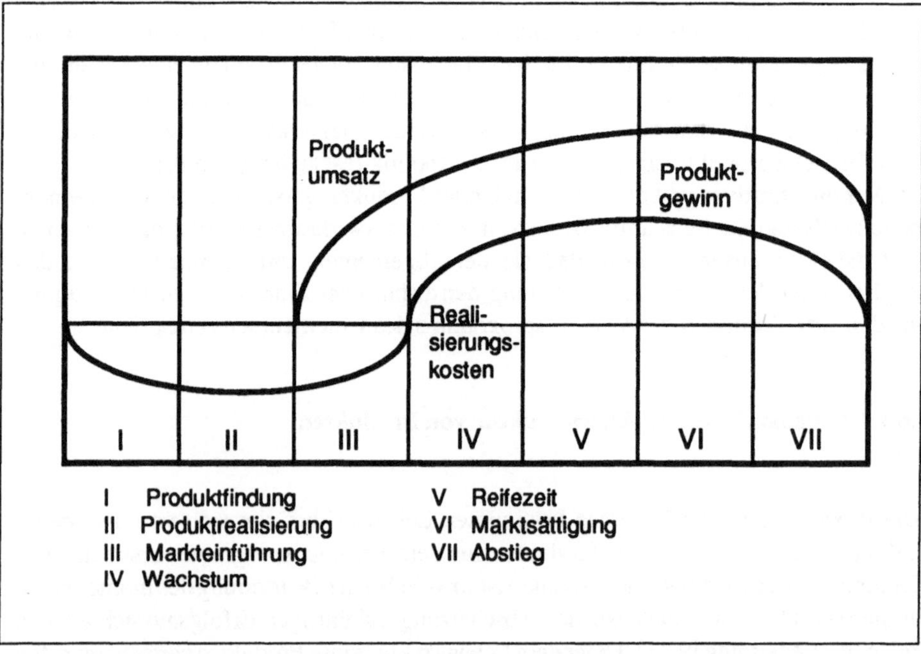

Bild 9.16 Lebenszyklus eines Produktes (idealisierter Verlauf) [9.12]

Bild 9.16 zeigt den idealisierten Verlauf der *Lebenskurve* eines Produktes. Diese läßt sich wie folgt in 7 charakteristische Phasen einteilen:

- Produktfindung (Entstehung der Produktidee)
- Produktrealisierung (Entwicklung des Produktes bis zur Marktreife)
- Markteinführung (Einführen des Produktes in den Markt)
- Wachstum (das Produkt erweist sich als marktgerecht und wird vom Kundenkreis akzeptiert)
- Reifezeit (leichtes, weiteres Ansteigen des Umsatzes durch Konkurrenzprodukte und Substitutionsvorgänge)
- Marktsättigung (konstanter Umsatz bei Erschöpfung der Aufnahmefähigkeit des Marktes)
- Abstieg (starke Abnahme der Verkaufszahlen, des Umsatzes und des Gewinns).

Den tatsächlichen Verlauf der Lebenskurven eines Produktbereichs aus der Werkzeugmaschinenindustrie zeigt Bild 9.17. Selbstverständlich ähnelt der Verlauf der Lebenskurve eines Einzelproduktes nicht in jedem Fall der idealisierten Kurve (Bild 9.16). Betrachtet man jedoch die eingetragene Umhüllungskurve der Lebenskurven aller in diesem Produktbereich zum Absatz gelangten Maschinen, so zeigt sich, daß ihr Verlauf der idealisierten Kurve sehr nahe kommt (Bild 9.17).

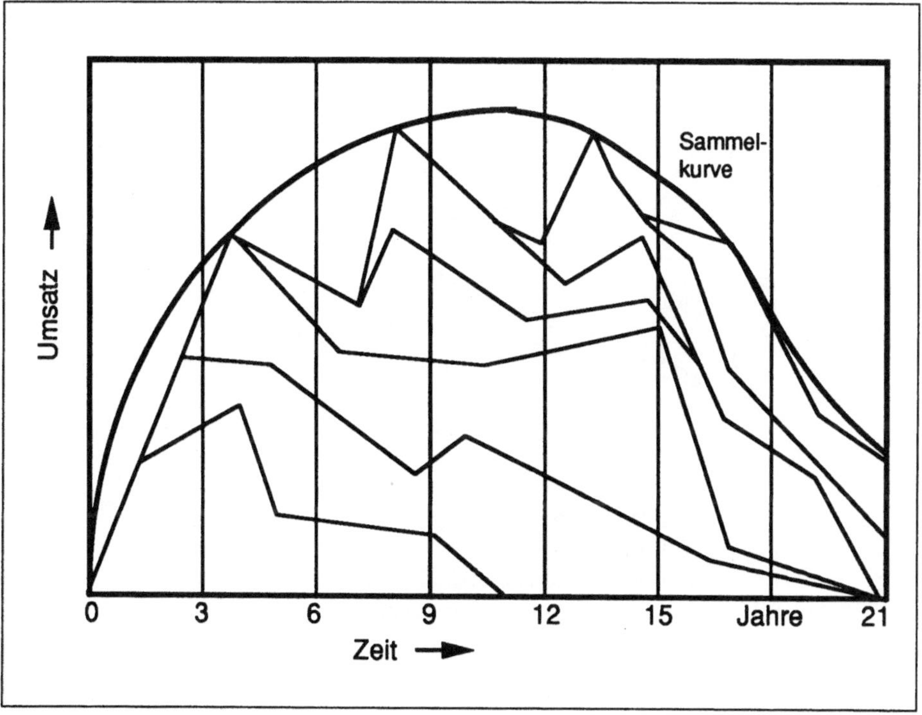

Bild 9.17 Lebenskurven eines Produktbereiches [9.11]

Die langfristige Existenz eines Unternehmens kann nur dann gesichert werden, wenn es gelingt, immer wieder und rechtzeitig neue Produkte ins Programm aufzunehmen. Diesen Zusammenhang verdeutlicht Bild 9.18, in dem die Umsatzzielsetzung des Unternehmens über der Zeit aufgetragen ist [9.13].

Deutlich zeigt Bild 9.18 die Notwendigkeit zur konstanten Arbeit an Neuentwicklungen, um zu vermeiden, daß aufgrund der sonst entstehenden Planungslücke das Unternehmensziel nicht erreicht werden kann bzw. die Existenz des Unternehmens bedroht ist.

Ein Maßstab zur Beurteilung des Erzeugnisprogramms ist dessen Altersstruktur. Dazu ist es notwendig, die voraussichtliche Lebenserwartung der Einzelprodukte abzuschätzen und sie anzahl- und umsatzmäßig in Abhängigkeit zur Lebenserwartung aufzutragen. Ein "gesundes" Erzeugnisprogramm liegt dann vor, wenn mit steigender Lebenserwartung die Zahl der Produkte zunimmt (Bild 9.19).

Weitere strategische Analyseinstrumente sind Portfolioanalysen, die auf dem Konzept der strategischen Geschäftseinheiten (SGE) basieren. Strategische Geschäftseinheiten sind gedankliche Konstrukte, die voneinander abgegrenzte heterogene Tätigkeitsfelder (Produkte) einer Unternehmung repräsentieren. Die einzelnen SGE werden in einer Portfoliomatrix positioniert.

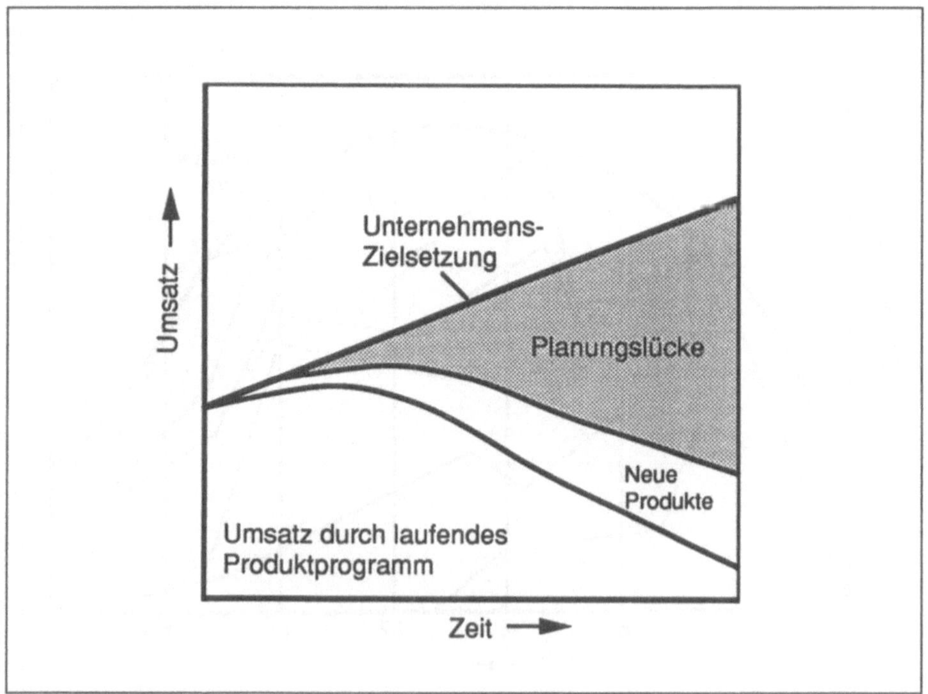

Bild 9.18 Umsatzentwicklung in Relation zur Unternehmenszielsetzung

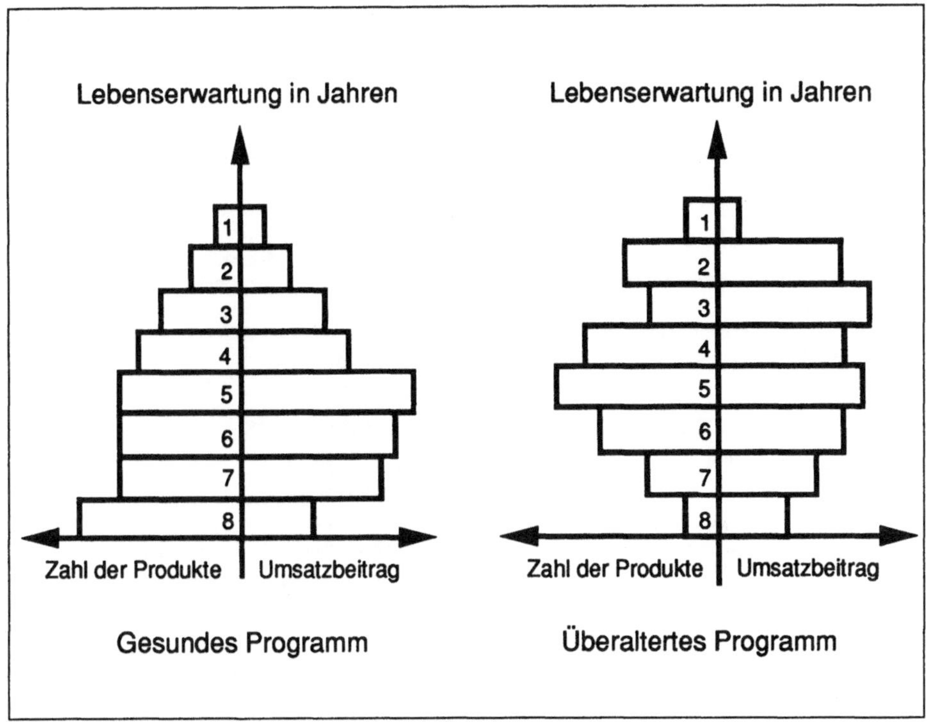

Bild 9.19 Alterspyramiden von Erzeugnisprogrammen

9.6.1.2 Produktpolitische Alternativen

Im Rahmen der Produktpolitik stehen dem Unternehmen mehrere produktpolitische Alternativen zur Auswahl (Bild 9.20).

Erkennt das Unternehmen, daß die Unternehmensziele mit den bestehenden Produkten und deren Veränderung nicht erfüllt werden können, müssen rechtzeitig geeignete Maßnahmen ergriffen werden. Dabei hat sich aufgrund des zunehmenden Konkurrenzkampfes das Hauptgewicht vornehmlich auf die Produktentwicklung verlagert. Neue Produkte verschaffen dem Unternehmen für eine gewisse Zeit eine Alleinstellung am Markt und damit eine verbesserte Gewinnsituation. Vor allem dann, wenn es gelungen ist, die Konkurrenz mit einem neuen Produkt zu überraschen

Durch Modifikation bestehender Produkte soll verhindert werden, daß der "absterbende Ast des Produktlebenszyklus" zu schnell erreicht wird; es soll die Aktualität des Produktes am Markt und seine Ertragskraft erhalten bleiben.
Derartige Produktmodifikationen können sowohl in der Anpassung der angebotenen Problemlösung an den technischen Fortschritt als auch in einer Anhebung der Qualität liegen.

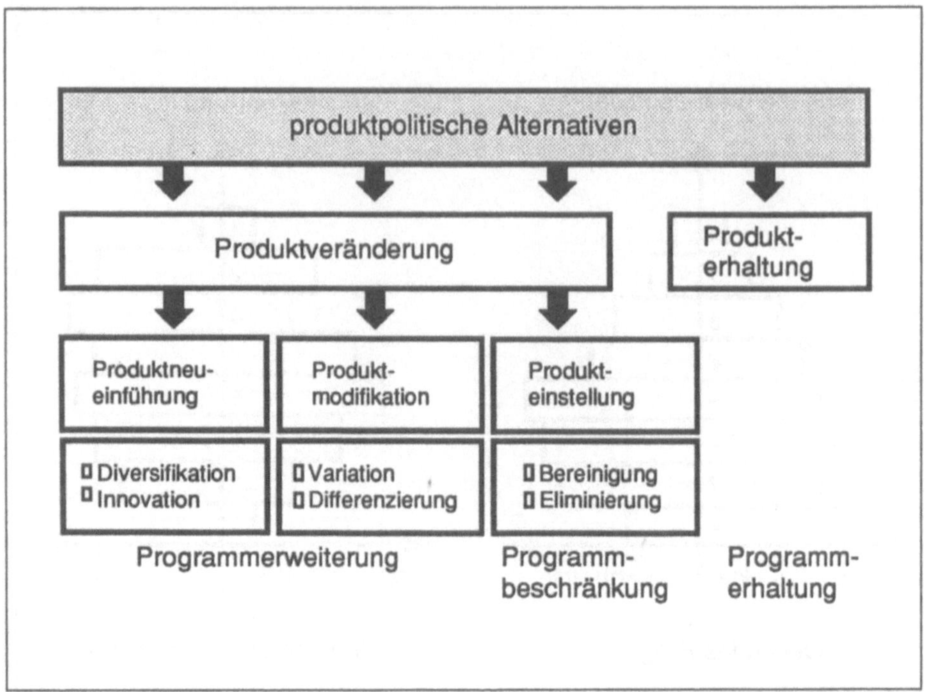

Bild 9.20 Produktpolitische Alternativen

Die Produktgestaltung kann auch dazu führen, daß das veränderte Produkt zusätzlich in das bisherige Leistungsprogramm aufgenommen wird. Dadurch vergrößert sich die Zahl der angebotenen Varianten eines Grundtyps.

Die Gefahr liegt darin, daß eine unkontrollierte Produktvariation zu einer großzügigen Ausweitung des Leistungsprogramms und damit häufig zu unwirtschaftlichen Losgrößen führt. Produktmodifikationen sind meistens nicht so riskant wie Neuprodukteinführungen, weil intern und am Markt bereits Erfahrungen vorliegen.

Produkte, die aufgrund ihrer unbefriedigenden Ertragskraft keinen ausreichenden Beitrag zum Unternehmensziel leisten, sind auf ihre Eliminierung hin zu überprüfen. Da es sich bei der Eliminierung eines Produktes um einen weitreichenden betrieblichen Prozeß handelt, kann er je nach Produkt und Branche nur über Jahre hinweg vollzogen werden. Ebenso müssen beim Eliminieren von Produkten Kundenreaktionen berücksichtigt werden [9.15].

9.6.1.3 Diversifikation

Die strukturelle Verkürzung der Lebenszyklen erfordert die ständige Entwicklung von Nachfolgeprodukten. Die Produktmodifikation stellt eine Weiterentwicklung bestehender

Erzeugnisse dar. Verlieren solche Produkte endgültig ihren Markt, so müssen rechtzeitig neue, bisher nicht bearbeitete Produktbereiche erschlossen werden. Diese Ausweitung auf fremde Märkte wird als Diversifikation bezeichnet.

Aus der Kombination zwischen Produkt- und Marktsituation lassen sich 4 grundsätzliche *Marktsstrategien* nennen (siehe Bild 9.21):

- Soweit das vorhandene Marktpotential (noch) nicht ausgeschöpft ist, kann das Unternehmen die Strategie der *intensiven Marktbearbeitung* wählen.
- Suchen nach neuen Märkten für bestehende Produkte; es handelt sich um die Strategie der *Marktausweitung*.
- Sind diese Strategien nicht (mehr) möglich, so besteht zunächst die Möglichkeit der *Produktmodifikation*.
- Schließlich können neue Produkte für neu zu erschließende Märkte entwickelt werden; in diesem Falle handelt es sich um die Strategie der *Diversifikation* [9.7].

Je nachdem, in welcher Richtung die Suche nach neuen Produkten verläuft, lassen sich verschiedene *Formen der Diversifikation* unterscheiden:

Markt-situation / Produkt-situation	alter Markt	neuer Markt
altes Produkt	Intensivierung der Marktbearbeitung A_1 A_2 A_3 B_1 B_2 B_3	Marktausweitung A_1 A_2 A_3 B_1 B_2 B_3
neues Produkt	Produktmodifikation (Produktentwicklung) A_1 ~~A_2~~ A_3 A_{2neu} B_1 B_2 B_3 B_4 B_5	Diversifikation A_1 A_2 A_3 B_1 B_2 B_3 C_1 C_2

Bild 9.21 Marktstrategien

- *Horizontale Diversifikation:*
Aufnahme von Produkten in das Angebotsprogramm, die auf der gleichen Produktionsstufe wie das bestehende Angebot stehen. Der Vorteil besteht darin, daß sowohl die Fertigungs- als auch die Vertriebsprobleme nicht wesentlich von denen des bisherigen Sortiments abweichen. Der Nachteil ist darin zu sehen, daß benachbarte Branchen in der Regel mit ähnlichen Schwierigkeiten wie die eigene Branche zu kämpfen haben, so daß mit der horizontalen Diversifikation kaum eine Risikostreuung erreicht werden kann.

- *Vertikale Diversifikation:*
Aufnahme von Produkten für vor- und nachgelagerte Märkte. Beispiele für vertikale Diversifikation lassen sich vorwiegend im Grundstoffbereich finden, so z. B. bei den Herstellern der chemischen Grundstoffe, die sich in den letzten Jahren stark in der Verarbeitung engagiert haben. Dem Vorteil einer möglichen stärkeren Marktposition steht als Nachteil gegenüber, daß aus bisherigen Kunden und Lieferanten Wettbewerber werden.

- *Laterale Diversifikation:*
Bei dieser Möglichkeit der Diversifikation besteht zwischen dem bisherigen Leistungsprogramm und dem neuen Produkt eines Unternehmens kein sachlicher Zusammenhang. Man versucht, mit einem neuen Produkt in völlig fremde Märkte einzudringen. Der Vorteil der lateralen Diversifikation ist ganz eindeutig in der Risikostreuung zu sehen. Die Unternehmen versuchen, sich ein "zweites oder drittes Bein" zuzulegen, um von Branchenkrisen oder Rezessionen nicht so stark getroffen zu werden. Die Nachteile liegen in den hohen Produktentwicklungs- und Markterschließungskosten.

Zusammenfassend kann gesagt werden, daß bei horizontaler Diversifikation die neuen Produkte in parallele, bei vertikalen in vor- oder nachgelagerte und bei lateraler Diversifikation in völlig fremde Märkte eingeführt werden [9.7].

Von den Formen der Diversifikation sind die *Methoden* zu unterscheiden, mit deren Hilfe die Diversifikation durchgeführt werden soll (Bild 9.22):

- *Eigenentwicklung von neuen Produkten:* Sie kann von einer unternehmenseigenen Entwicklungs- und Forschungsabteilung oder als Auftragsentwicklung von einem Entwicklungsbüro durchgeführt werden.

- *Lizenznahme von neuen Produkten:* Verminderung des Risikos der Eigenentwicklung neuer, fremder Produkte. Dabei kann sich die Linzenznahme nur auf den Vertrieb, meist aber auf Produktion und Vertrieb erstrecken.

- *Erwerb von Fremdfirmen:* Der Vorteil dieser Methode ist darin zu sehen, daß damit nicht nur neue Produkte, sondern auch eine funktionsfähige Organisation mit dem entsprechenden Know-how erworben wird. Auch spielen zeitliche Vorteile gegenüber der Eigenentwicklung und finanzielle Gründe eine wesentliche Rolle.

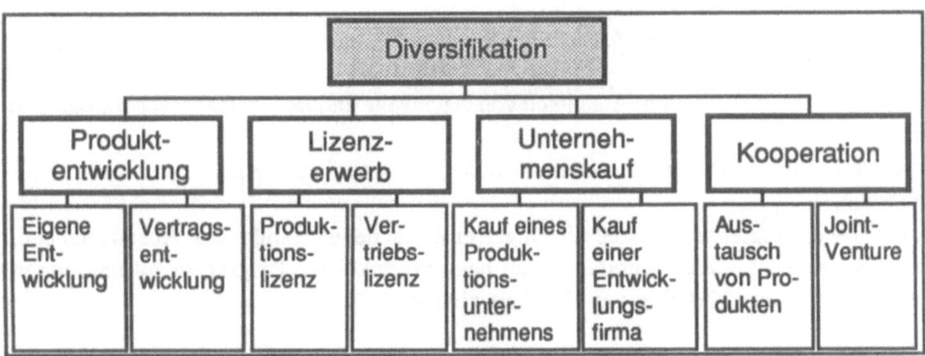

Bild 9.22 Durchführung der Diversifikation

- *Kooperation:* Darunter ist die Zusammenarbeit von Konkurrenzunternehmen zu verstehen, um ein gemeinsames Ziel zu erreichen. Diese Zielsetzungen können vielschichtig sein und reichen von der Produktionsspezialisierung mit gegenseitigem Austausch von Know-how bis hin zur Zusammenarbeit bei Großprojekten.

Die Triebfeder aller Diversifikationsvorhaben ist dabei das Streben der Unternehmen nach Wachstum und Risikominderung.

9.6.1.4 Produktplanung

Neben der Festlegung der produktpolitischen Alternativen eines Unternehmens ist es notwendig, die produktbezogenen Voraussetzungen im Unternehmen zu schaffen. Diese permanente Aufgabe wird durch die Produktplanung wahrgenommen, worunter alle Maßnahmen zu verstehen sind, um

- bestehende Produkte am Markt zu pflegen und weiterzuentwickeln und
- neue Produkte zu schaffen.

Die Produktplanung umfaßt also hiernach - auf der Grundlage der Unternehmensziele - die systematische Suche und Auswahl zukunftsträchtiger Produktideen und deren Umsetzung.

Erste Impulse für die Produktplanung werden in Betrieben, in denen die Produktplanung bisher nicht institutionalisiert ist, vom bisherigen Produktprogramm oder von der Marktsituation und innerbetrieblichen Faktoren ausgelöst. Impulse, ausgehend vom Produkt, sind:

- Das Produkt ist technisch gealtert, es kann fertigungstechnisch nicht mehr rationell hergestellt werden und weist funktionell Mängel auf.
- Das Produkt ist wirtschaftlich überholt.

Impulse, ausgelöst von der Marktsituation oder von innerbetrieblichen Faktoren, sind:

- ein neues Produkt soll zum Ausgleich von Nachfrage und Beschäftungsschwankungen führen,
- das Produktprogramm muß aus marktstrategischen Gründen ergänzt oder verkleinert werden,
- neue Technologien und Problemlösungen eröffnen neue Produkt- und Absatzchancen,
- aus innerbetrieblichen Gründen sollen neue Produkte ins Programm aufgenommen werden, z. B. zur Nutzung von Überkapazitäten.

Aus der Analyse der möglichen Impulse läßt sich ein Aufgabenkatalog für die Produktplanung ableiten. Allgemein gesagt wird es Aufgabe der Produktplanung sein, mittel- bis langfristig das Produktangebot des Unternehmens zu bestimmen [9.16]. Die Produktplanung hat in Abstimmung mit den beteiligten Bereichen dafür zu sorgen, daß Produkte auf den Markt kommen, die im Gesamtkonzept die Realisierung der Unternehmensziele sichern.

Dabei geht es bei der Produktplanung primär um das Aufspüren von Ideen im Rahmen der sogenannten *Produktfindung*, die zu neuen Produkten und damit zur Sicherung bzw. Steigerung des Unternehmensertrages führen soll.

Damit es aber nicht nur bei aussichtsreichen Ideen bleibt, ist es ebenso Aufgabe der Produktplanung, den Umwandlungsprozeß von der Idee zum Produkt im Rahmen der sogenannten *Produktplanungsverfolgung* zu unterstützen, bis ein auf dem Markt lebensfähiges Produkt entstanden ist.

Neben dem Finden neuer Produkte sollen auch die vorhandenen Produkte im Rahmen der *Produktüberwachung* laufend einer kritischen Prüfung anhand der neuesten Erkenntnisse aus Markt, Technik und Unternehmen unterzogen werden.
Bild 9.23 zeigt den Zusammenhang der Hauptaufgaben der Produktplanung mit den Phasen des Produktentstehungsprozesses.

9.6.1.4.1 Produktinnovation

In den 50er Jahren war es in den USA üblich, daß erfolgreiche Unternehmen in ihren Jahresberichten auf den hohen Anteil neuer Produkte hinwiesen. Das las sich dann z. B. so: "65 % unseres derzeitigen Verkaufsvolumens bestehen aus neuen Produkten, die es vor 5 Jahren noch gar nicht gab" [9.16].

Es stellt sich hier dem Betrachter die Frage, was (alles) unter dem Begriff "neues Produkt" zu verstehen ist:

- Eine relativ geringfügige Änderung der äußeren Erscheinung?
- Eine zusätzliche Variante in einer Produktfamilie?
- Eine grundlegende Überarbeitung des Produktes auf der Basis unveränderter Technik oder schließlich eine neue Produktgeneration unter Verwendung neuer Technologien?

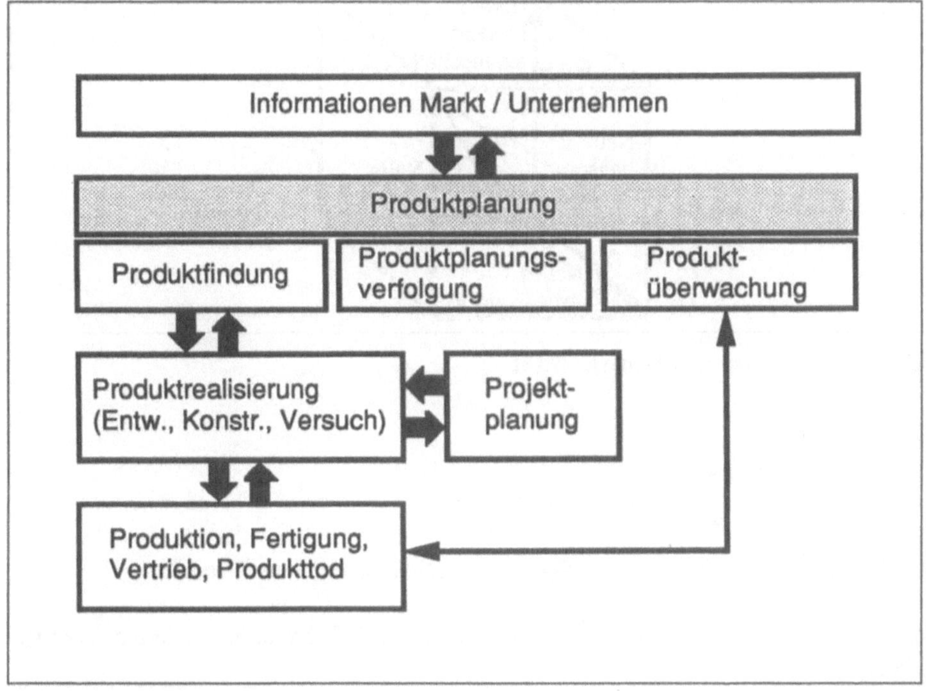

Bild 9.23 Hauptaufgaben der Produktplanung [9.17]

Zwei grundsätzlich verschiedene Ansätze zur Definition des Begriffes "neues Produkt" können genannt werden:

- Das "neue Produkt" wird entweder generell zutreffend oder aus einer ganz bestimmten Perspektive definiert oder
- das "neue Produkt" wird aus der Sicht des Herstellers und des Marktes differenziert.

Der erste Ansatz geht davon aus, daß man nicht global von einem neuen Produkt sprechen kann. Je nach Ausprägung der Neuheit der drei Komponenten Funktion, Arbeitsprinzip und Eigenschaft kann ein bestimmter Neuheitsgrad eines Produktes definiert werden (Bild 9.24).

Der Neuheitsgrad ist am höchsten, wenn alle drei Komponenten dem Anwender vollkommen neu erscheinen. Dieser Fall kommt in der Praxis jedoch kaum vor; hier handelt es sich in der Regel um Mischformen.

Im zweiten Ansatz werden die Voraussetzungen für ein neues Produkt aus zweierlei Blickrichtungen betrachtet. Aus der Sicht des Herstellers kann ein Produkt als neu gelten aufgrund

- seiner Fertigungsanforderungen,
- seines physikalischen oder chemisch-technischen Prinzips,

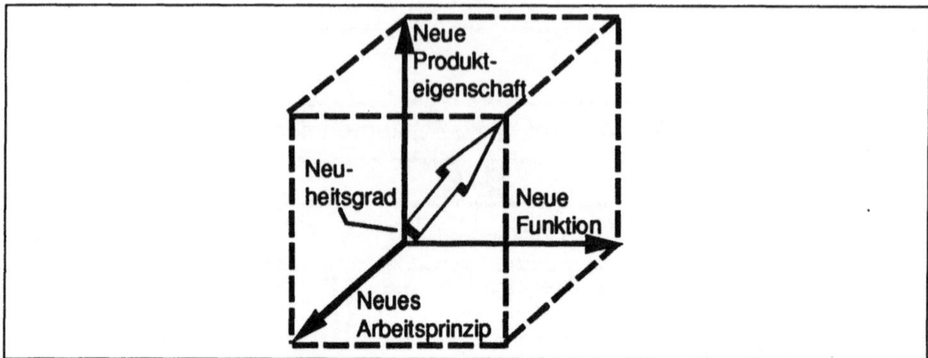

Bild 9.24 Neuheitsgrad eines Produktes [9.18]

- seiner Form,
- seines Leistungsgrades oder
- seiner veränderten konstruktiven Auslegung.

Hinsichtlich des Marktes gelten folgende Kriterien für ein neues Produkt:

- die Funktion des Produktes, d. h. die Anwendungsmöglichkeit, die es dem Anwender bietet,
- das Arbeitsprinzip, d. h. die physikalisch- oder chemisch-technische Lösung der Funktion,
- die Eigenschaften, d. h. die Beschaffenheitsmerkmale, die das Produkt aufweist.

Bild 9.25 zeigt eine entsprechende graphische Darstellung und drei Möglichkeiten, die den Begriff "neues Produkt" rechtfertigen:

- ein für den Hersteller bekanntes Produkt wird als neu in einen bisher nicht erschlossenen Markt eingeführt,

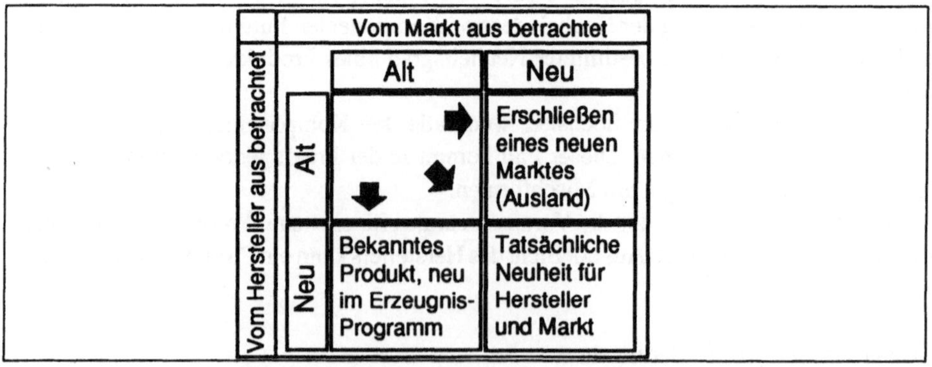

Vom Hersteller aus betrachtet	Vom Markt aus betrachtet: Alt	Neu
Alt		Erschließen eines neuen Marktes (Ausland)
Neu	Bekanntes Produkt, neu im Erzeugnis-Programm	Tatsächliche Neuheit für Hersteller und Markt

Bild 9.25 Neues Produkt aus der Sicht des Marktes und des Herstellers

- ein in Art und Funktion dem Markt bekanntes Produkt wird als neu in das Produktionsprogramm des Unternehmens aufgenommen,
- das Produkt ist sowohl für das Unternehmen als auch für den Markt neu.

9.6.1.4.2 Produktfindung

Die Produktfindung ermittelt, welche Produkte unter Berücksichtigung der unternehmerischen Zielsetzung zukünftig entwickelt und realisiert werden sollten.
Dazu ist es erforderlich, neue Produktideen zu finden und diese nach einer zweckmäßigen Vorgehensweise zu selektieren. Bild 9.26 zeigt die Strukturierung des Prozesses der Produktfindung, ausgehend von aussichtsreichen Aktionsbereichen des Unternehmens (z. B. vorhandene Technologie, vorgegebene Marktverhältnisse usw.) und der Analyse des Unternehmenspotentials (z. B. Fertigungsmöglichkeiten usw.).

Aussichtsreiche Aktionsbereiche, innerhalb derer nach neuen Produktideen gesucht werden soll, werden Suchfelder genannt.

Je kurzfristiger sich die Ergebnisse der Produktfindung auswirken sollen, desto eher sind die vorzugebenden Suchfelder zu konkretisieren, wohingegen im langfristigen

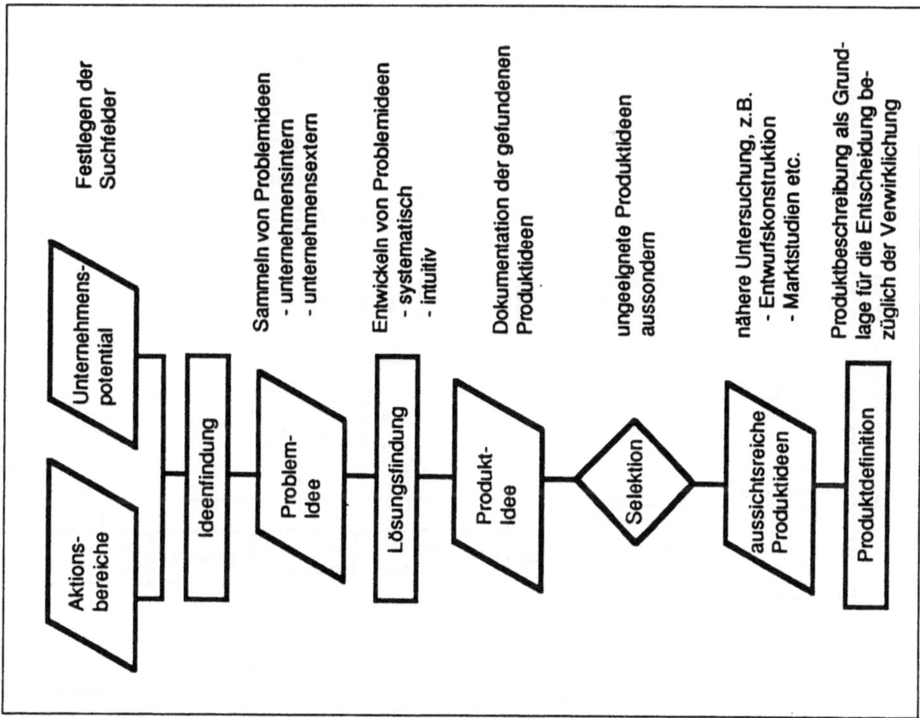

Bild 9.26 Prozeß der Produktfindung

Bereich eine zu starke Detaillierung der Suchfelder vermieden werden soll [9.12].

Die Auswahl aussichtsreicher Suchfelder hängt dabei primär von den Markterfordernissen und unternehmensinternen Voraussetzungen ab (Bild 9.27). Nach der Analyse des Unternehmenspotentials und der Festlegung der aussichtsreichen Aktionsbereiche besteht nun die Aufgabe, neue Produktideen zu finden. Dazu bieten sich mehrere Möglichkeiten für das Unternehmen an. Die Ergebnisse einer Untersuchung [9.18] zeigen, daß nur 11 % der Produktideen im eigenen Unternehmen erarbeitet werden (Bild 9.28).

Die Methoden der Ideenfindung lassen sich in zwei Gruppen aufteilen:

- Sammeln von Ideen und
- Entwickeln von Ideen.

Die Methoden der Ideensammlung sind als kontinuierlich durchzuführende Aufgaben anzusehen und bei jeder sich bietenden Gelegenheit vorzunehmen.
Demgegenüber sind die Methoden der Ideenentwicklung zu vom Unternehmen festzulegenden Zeitpunkten bzw. im Bedarfsfall anzuwenden. Sie sind je nach

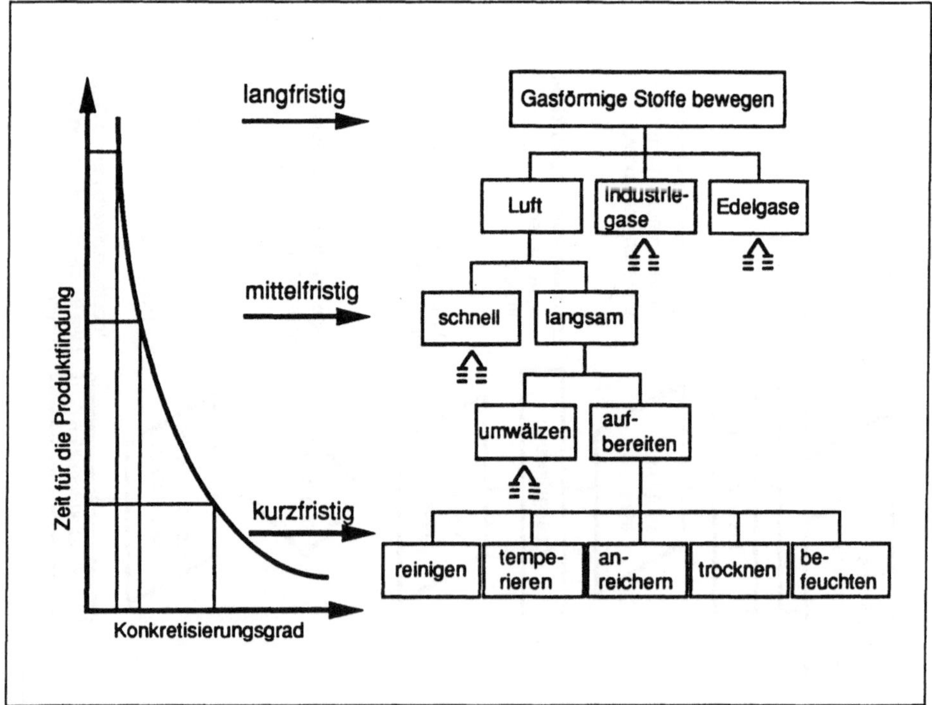

Bild 9.27 Zusammenhang zwischen Suchfeldhierarchie und Produktkonkretisierung

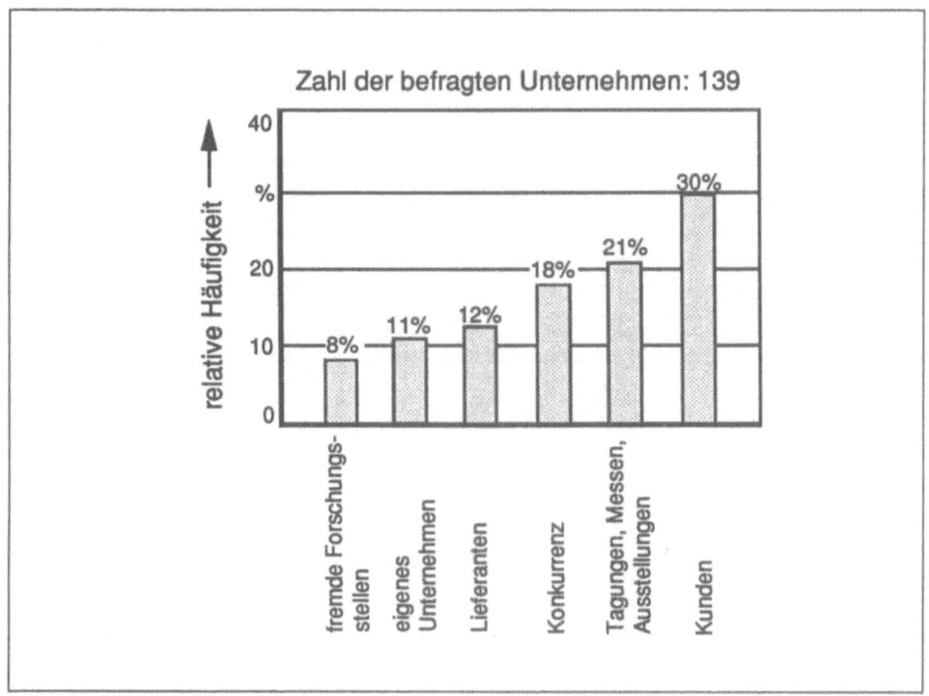

Bild 9.28 Herkunft neuer Produktideen [9.18]

Aufgabenstellung und sonstigen vorliegenden Randbedingungen unterschiedlich für die Ideenfindung geeignet (Bild 9.29).

Neue Produktideen müssen in der anschließenden Phase selektiert werden, um z. B. das finanzielle und technische Risiko, das mit der Aufnahme neuer Produkte in das Erzeugnisprogramm des Unternehmens entsteht, zu verringern. Da die Kosten für Produktplanung und Entwicklung mit zunehmender Produktkonkretisierung progressiv steigen, müssen die ungeeigneten Produktideen möglichst in einer frühzeitigen Phase ausgesondert werden. Da während des eigentlichen Selektionsprozesses ebenfalls ein erheblicher Aufwand entstehen kann, z. B. für Marktstudien usw., ist eine mehrstufige Bewertungs- und Auswahlsystematik anzuwenden, in deren Verlauf die Menge der zu bewertenden Ideen von Stufe zu Stufe reduziert wird, so daß nur für die aussichtsreichsten Produktideen umfangreiche Analysen erforderlich sind (in Anlehnung an [9.12]).

In Stufe 1 empfiehlt sich ein einfaches Punktbewertungsschema, bei dem die Bewertungskriterien einer Produktidee nur in negativ, neutral oder positiv ohne weitere Gewichtung bewertet werden. Für die Bewertungsstufe 2 und 3 soll die Nutzwertanalyse herangezogen werden. Basis dafür sind in Stufe 2 Ergebnisse von Grobrecherchen und in Stufe 3 Ergebnisse von detaillierten Untersuchungen [9.17] (Bild 9.30).
Für aussichtsreiche Produktideen erfolgt die Produktentwicklung, die unterschieden werden kann in:

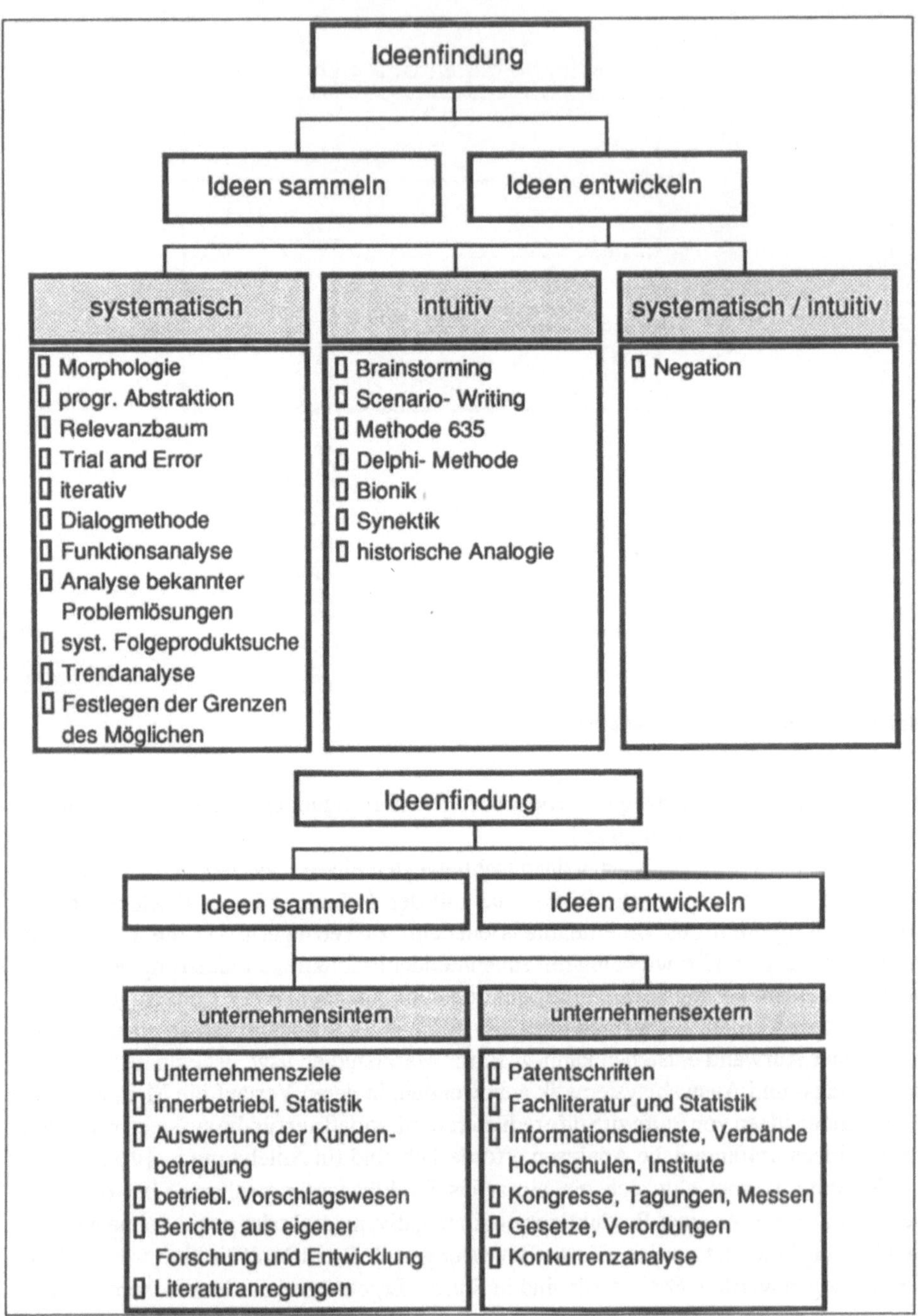

Bild 9.29 Methoden der Ideenfindung

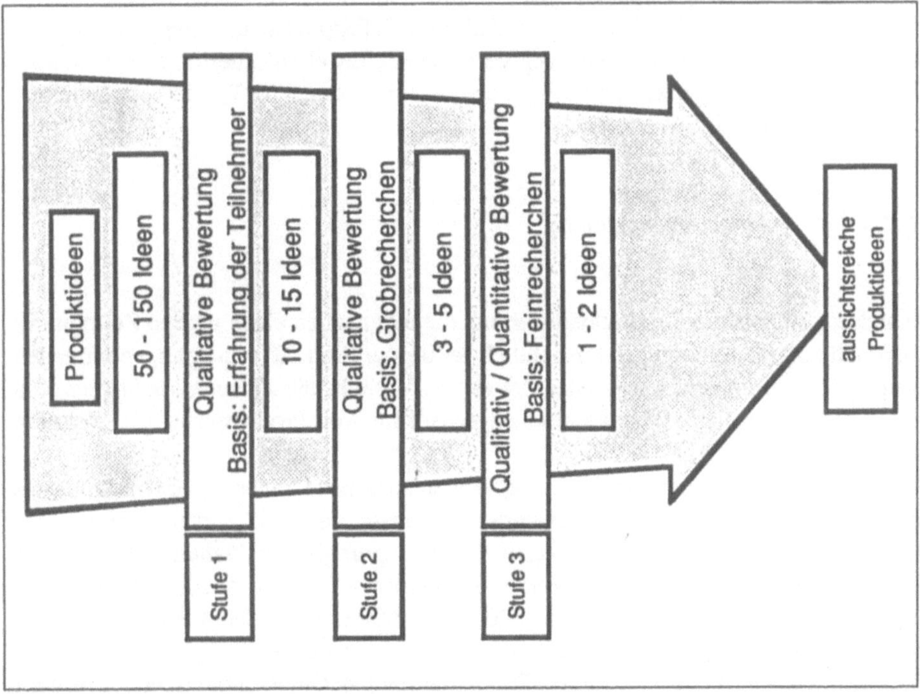

Bild 9.30 Vorgehensweise zur Ideenselektion

- *Technische Produktentwicklung:*

Herstellung eines Prototyps für das neue Produkt, um die funktionellen Anforderungen zu ermitteln. Die funktionellen Anforderungen müssen sich danach richten, möglichst viele Aspekte der Bedürfnisse der Zielgruppe zu befriedigen.

- *Marktentwicklung:*

Die Marktentwicklung umfaßt die Aufgaben der

- Produktgestaltung: Von der Produktgestaltung sollen kaufbeeinflussende Impulse ausgehen. Die Gestalt (Design), Farbe, Qualität usw. sollen den ersten Eindruck eines Produktes vermitteln, lange bevor die Funktionsfähigkeit beurteilt wird. Aus der Produktgestaltung gehen spätere Verkaufsargumente hervor.
- Marke: In der jüngsten Zeit nimmt die Markenpolitik ein zentrales Element im Marketing ein, denn aus Kundensicht ist der Markenname ein Synonym für die Leistungsfähigkeit des Produktes bzw. der Unternehmung. Der Markenname trägt zur Realisierung des Zusatznutzens für den Kunden bei und erleichtert die Kommunikation zwischen Anbieter und Nachfrager, insbesondere auf Massenmärkten.

- Verpackung: Die Verpackung hat heute die Funktion eines warenwirtschaftlichen Informationsträgers übernommen, das durch Selbstpräsentation den Verkaufsvorgang erleichtert und fördert. Die verstärkten Umweltanforderungen führen aber auch in der Verpackungspolitik zu einem Umdenken, z. B. Wiederverwendungsmöglichkeiten.

9.6.1.4.3 Produktplanungsverfolung

Da sich im Verlauf der Produktrealisierung, die nicht selten einen großen Zeitraum in Anspruch nimmt, Änderungen hinsichtlich der bei der Produktfindung angenommenen Planungsprämissen ergeben können, ist es erforderlich, die *Zukunftsträchtigkeit* des neuen Produktes in dieser Produktentstehungsphase durch die Produktplanungsverfolgung zu kontrollieren [9.14].

Die Produktplanungsverfolgung ist dementsprechend unter der Zielsetzung zu verstehen, mit geeigneten Überwachungsmaßnahmen die markt-, unternehmens- und produktseitigen Abweichungen gegenüber der ursprünglichen Planung, die sich im Verlauf der Produktrealisierung ergeben, zu ermitteln und - falls notwendig - entsprechende Anpassungsvorschläge aufzustellen (Bild 9.31). Marktseitige Ist-Werte und Trends müssen durch ständige Marktbeobachtungen gewonnen werden.
Unternehmens- und produktseitige Ist-Daten sind aus dem Unternehmensbereich, in dem das Neuprodukt jeweils in Bearbeitung ist, abzufragen. Wichtig ist dabei, daß nicht nur bereits eingetretene Abweichungen erfaßt werden, sondern auch sich abzeichnende Veränderungen rechtzeitig erkannt werden. Diese festgestellten Abweichungen müssen hinsichtlich ihres Einflusses auf die Zukunftsträchtigkeit des neuen Produktes untersucht werden.

Dazu empfiehlt es sich, einen *Produktverfolgungsplan* aufzustellen, in dem für jedes Produkt die wichtigsten Daten des Soll-Ist-Vergleichs festgehalten werden.
Die Anwendung dieses Hilfsmittels erscheint besonders dann angebracht, wenn mehrere Entwicklungsaufträge während ihrer Realisierungsphase parallel überwacht werden müssen.
Die ursprünglichen Planwerte, die die Grundlage der Aktivitäten der Produktplanungsverfolgung darstellen, sind dem einzelnen Entwicklungsauftrag und den sonstigen Unterlagen, die für die Unternehmensleitung zur Entscheidung zusammengestellt werden, zu entnehmen. Im Hinblick auf den Soll-Ist-Vergleich sind folgende Daten interessant [9.12]:

- Kosten (Entwicklung, Fertigung und Montage, Vertrieb)
- Ecktermine (Konstruktionsendtermin, Markteinführungszeitpunkt)
- Absatzwerte (Menge, Preis, Konkurrenz)
- Amortisationskennzahlen.

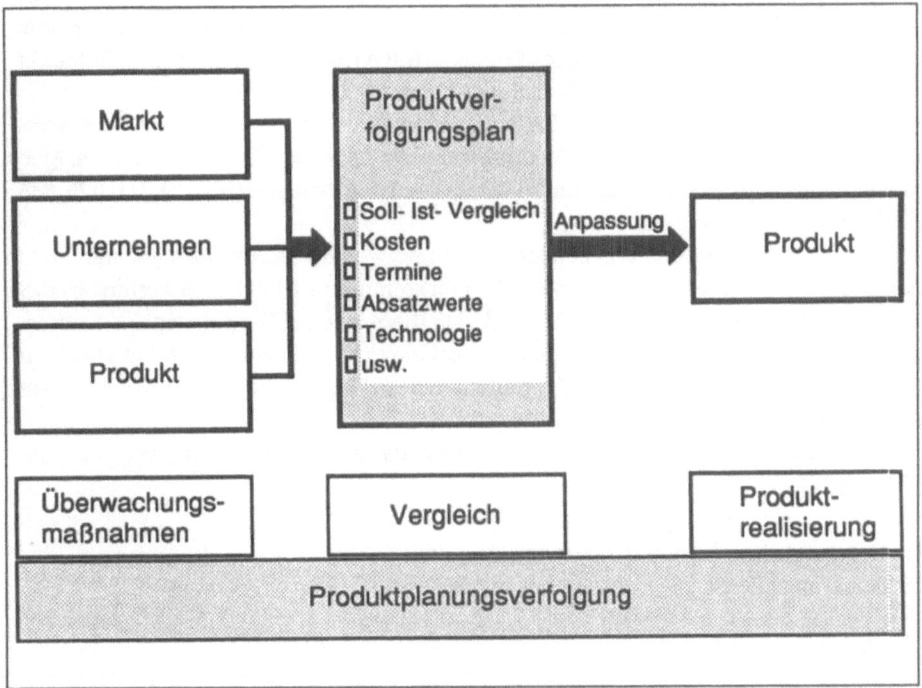

Bild 9.31 Vorgehensweise innerhalb der Produktplanungsverfolgung

Für umfangreiche Realisierungsvorhaben können diese Daten nach einzelnen Unternehmensbereichen aufgegliedert sein:

- Entwicklung
- Fertigung
- Montage
- Vertrieb
- Finanzen.

9.6.1.4.4 Produktüberwachung

Im Anschluß an die Produktrealisierung beginnt die Produktüberwachung, die sich von der Markteinführung bis zum Auslauf erstreckt. Aufgabe der Produktüberwachung ist, die Lebenskurven der Produkte zu beobachten, um Abweichungen vom geplanten oder erwarteten Kosten- und Erlösverhalten der Produkte ermitteln zu können. Ursachen dafür sind zu analysieren. Ggf. sind Verbesserungsmaßnahmen oder die rechtzeitige Eliminierung der Produkte aus dem Produktprogramm zu veranlassen. Die Wirkung von notwendigen Verbesserungsmaßnahmen hängt entscheidend von dem Zeitpunkt ab, zu dem die Maßnahmen ergriffen werden. Die Rolle, die dem richtigen Zeitpunkt des Eingreifens zukommt, wird besonders deutlich, wenn man die Auswirkungen von Korrekturmaßnahmen hinsichtlich des Produkterfolges in Abhängigkeit vom Zeitpunkt des Wirksamwerdens derartiger Maßnahmen betrachtet (Bild 9.32).

Erfolgen beispielsweise solche Maßnahmen in der Abstiegsphase eines Produktes, so wird sich in der Regel zwar eine Verlängerung der Lebensdauer erzielen lassen, eine erneute Steigerung des Umsatzes oder sogar des Deckungsbeitrages (vgl. [9.21]) läßt sich jedoch meist nicht erreichen.
Wesentlich andere Aspekte ergeben sich, wenn notwendige Korrekturmaßnahmen zu einem Zeitpunkt erfolgen, der kurz nach der Markteinführung liegt. Hier verhindert das rechtzeitige Beheben festgestellter Mängel, daß diese sich im Bewußtsein der Kunden festsetzen. Der Erfolg frühzeitig durchgeführter Korrekturmaßnahmen schlägt sich dann in höheren Umsätzen und Deckungsbeiträgen sowie in längeren Laufzeiten der Produkte nieder [9.22].

Im Rahmen der Produktüberwachung treten darüber hinaus noch zwei spezielle Probleme auf:

- das Behandeln von Kundensonderwünschen und
- der Änderungsdienst.

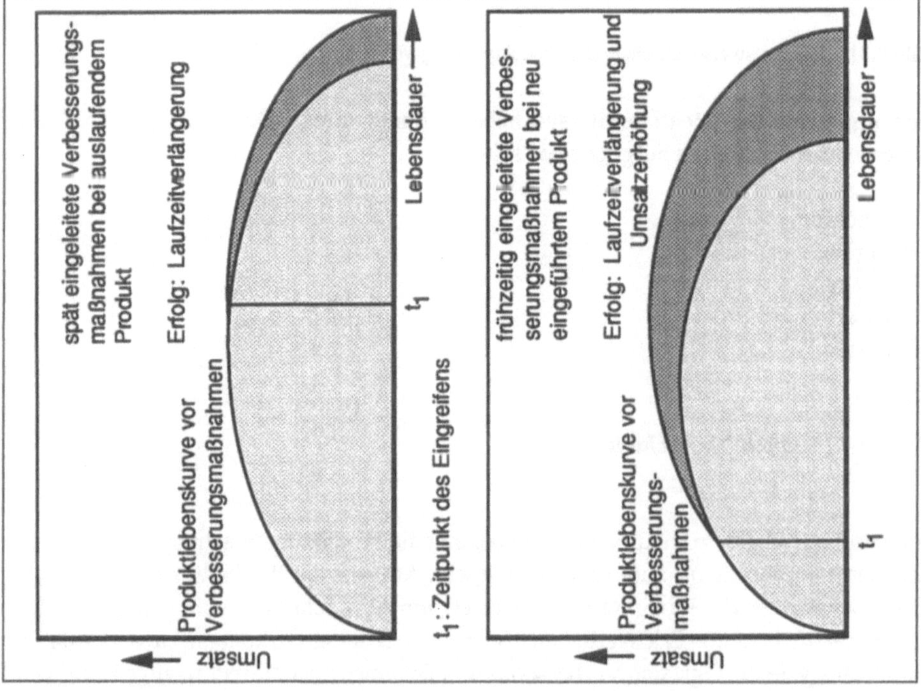

Bild 9.32 Auswirkungen von Verbesserungsmaßnahmen auf die Produktlebenskurve, abhängig vom Zeitpunkt des Eingreifens

Die bisherigen Überlegungen betrafen die Freigabe und Überwachung des standardisierten Verkaufs- bzw. Produktprogrammes. Eine Reihe von Unternehmen wie die des Maschinenbaus müssen sich auf Wünsche des Marktes einrichten, da sie meist im Rahmen von Problemlösungen anfallen, ohne die in diesem speziellen Fall kein Standardmodell verkauft werden könnte. Eine Entscheidung über einen *Kundensonderwunschauftrag* hat drei Auswirkungen: eine konstruktionstechnische, eine fertigungstechnische und eine produktpolitische. Besonders die produktpolitische Dimension eines Kundensonderwunsches kann in eine Richtung gehen, die genau entgegengesetzt zu der vom Unternehmen verfolgten Produktpolitik verläuft.

Ein besonderes Problem, von dem alle technischen Industrien mit Wiederholteilefertigung betroffen sind, sind die permanenten Serienänderungen.
Diese Änderungen haben sowohl externe als auch interne Ursachen. Der Fall der *externen Verursachung* liegt vor, wenn ein Fertigungsteillieferanten an seinem Teil etwas ändert, mit der Folge, daß es ohne konstruktive Anpassung des Endproduktes nicht mehr verwendet werden kann.
Interne Ursachen von Änderungen können in drei Gruppen aufgeteilt werden:

- Berichtigungen (z. B. Zeichnungsfehler, Stücklistenfehler usw.)
- wirtschaftliche Änderungen (z. B. Verbesserungsvorschläge aus der Fertigung, Montage, Arbeitsvorbereitung usw.)
- lebensnotwendige Änderungen (z. B. aufgrund von Reklamationen, Garantieleistungen usw.).

9.6.1.5 Kundendienstpolitik

Kundendienstpolitik ergänzt das Produktprogramm des Unternehmens und ist oft Voraussetzung für den Absatz eines Produktes. Der Kundendienst wird damit zum Schlüsselfaktor für den Markterfolg [9.30].

Ziel der Kundendienstpolitik ist die Erhöhung der Kundenzufriedenheit, der Kundenbindung bzw. Markentreue und der Profilierung gegenüber Mitkonkurrenten.
Ein Unternehmen kann eine solche Organisation entweder selbst aufbauen oder sie anderen selbständigen oder unselbständigen Unternehmen übertragen [9.3]. Bei der Kundendienstpolitik wird zwischen zentraler und dezentraler Marktbearbeitung unterschieden.

Eine *zentrale Marktbearbeitung* liegt dann vor, wenn der Hersteller vom Standort des Unternehmens aus den Markt bedient. Die übliche Praxis im Bereich der Investitionsgüterindustrie, auf Anfragen der Kunden mit entsprechenden Angeboten zu antworten, wäre ein Beispiel dafür. In der Regel wird sie das Unternehmen in eigener Regie durchführen.

Die *dezentrale Marktbearbeitung* kann wahlweise durch ein werkseigenes, ein werksgebundenes oder ein rechtlich und wirtschaftlich ausgegliedertes Vertriebssystem erfolgen. Beispiele für werkseigene Vertriebssysteme wären Verkaufsniederlassungen,

Auslieferungslager usw.. Werksgebundene Systeme sind dadurch gekennzeichnet, daß rechtlich selbständige, wirtschaftlich aber abhängige Absatzmittler eingeschaltet werden. Bei rechtlich und wirtschaftlich ausgegliederten Vertriebssystemen (z. B. Vertriebsgesellschaften) verzichtet der Hersteller ganz oder teilweise auf die Ausübung der Absatzfunktion (in Anlehnung an [9.3]).

Entscheidend für die Wahl des Vertriebssystems ist die Art des abzusetzenden Produktes. Je konsumnäher ein Produkt ist, um so stärker ist die Tendenz, das Vertriebssystem nahe beim Kunden anzusiedeln. Das entspricht in jedem Fall einer Dezentralisierung. Des weiteren ist das Vertriebssystem vom Konzept der Marktbearbeitung abhängig. Bei einer extensiven Marktbearbeitung - das Unternehmen beschränkt sich darauf, auf dem Markt vertreten zu sein, und die Geschäfte "mitzunehmen", die sich anbieten -, genügt ein zentrales Vertriebssystem. Umgekehrt läßt sich eine intensive Marktbearbeitung in der Regel nur mit einem dezentralisierten Vertriebssystem durchführen (in Anlehnung an [9.3]).

9.6.2 Absatzpolitik

Unter Verkaufs- und Vertriebspolitik (Absatzpolitik) werden alle Entscheidungen eines Unternehmens zusammengefaßt, die im Zusammenhang mit dem Weg eines Produktes zum Verwender gefällt werden müssen. Die Aufgabe besteht darin, eine marktfähige Leistung zu erbringen.

- *Vertragshändler:*
Der Vertragshändler schließt mit einem Hersteller einen Vertrag ab, der ihn verpflichtet, unter dem Namen des Herstellers dessen Erzeugnisse zu führen und dessen Marketingkonzeption zu unterstützen. Durch den Vertragshändler können daneben weitere Handelsfunktionen, z. B. Lagerhaltung, Kundendienst usw. übernommen werden [9.32].

- *Franchising:*
Das aus den USA stammende Absatzsystem basiert auf dem Konzept, daß ein Franchisegeber dem Franchisenehmer den Vertrieb seiner Produkte bzw. Dienstleistungen überträgt. Der Franchisenehmer hat das Marketingkonzept des Franchisegebers auszuführen, z. B. Vorgaben für die Gestaltung der Verkaufsräume. Der Franchisegeber verpflichtet sich, dem Franchisenehmer das benötigte Know-how zu vermitteln. Dafür zahlt der Franchisenehmer eine meistens am Umsatz orientierte Vergütung. Franchising-Systeme lassen sich in Produktfranchising, d. h. Vergabe von Produktlizenzen, und in Betriebsfranchising, z. B. Boutiquen, unterscheiden.
Welche Absatzform für ein Unternehmen optimal ist, ist u. a. von der Kostensituation abhängig. Neben den Kosten spielen die Marktverhältnisse eine wichtige Rolle. Je unübersichtlicher ein Markt ist, um so stärker ist das verkaufende Unternehmen auf

Personen mit genauer Marktkenntnis angewiesen. In aller Regel wird ein Vertreter, der u. U. mehrere Unternehmen vertreten kann, eine größere Marktkenntnis besitzen als ein Reisender (in Anlehnung an [9.7]).

Der *Handel* als Absatzorgan hat im Investitionsgüterbereich eine geringere Bedeutung als im Konsumgüterbereich. Das bedeutet nun nicht, daß der Handel hier eine bedeutungslose Rolle spielen würde. Eine Zusammenarbeit zwischen Investitionsgüterhersteller und Investitionsgüterhandel wird vielfach schon durch die Komplexität der zunehmend schwieriger werdenden Produktionsvorgänge hervorgerufen. Da der Handel Produkte mehrerer Hersteller geschlossen anbieten kann, hat er gegenüber dem einzelnen Investitionsgüterhersteller bedeutende Vorteile. Dies gilt besonders für solche Investitionsgüter, für die im Bereich der Fertigung in verschiedener und vielfältiger Weise Verwendung besteht (z. B. Werkzeuge und kleinere Werkzeugmaschinen für bestimmte Produktionszweige). So wurden beispielsweise 1970 in der Bundesrepublik Deutschland 50 Prozent der Gesamtinvestitionen an Werkzeugmaschinen und Präzisionswerkzeugen über den Fachhandel abgesetzt [9.19].

9.6.2.1 Die Absatzform

Bei der Frage nach der Absatzform (Bild 9.33) steht die rechtliche Stellung der Vertriebsorganisation im Mittelpunkt der Überlegungen. Es geht darum, ob die Organisation, mit der der Markt bearbeitet wird, in eigener Regie aufgebaut wird, oder ob fremde Absatzmittler in den Verkaufs- und Vertriebsprozeß eingeschaltet werden sollen.

Als *betriebseigene Vertriebsorgane* sind Reisende, werkseigene Verkaufsniederlassungen und u. U. Mitglieder der Geschäftsleitung zu nennen.

Reisende sind grundsätzlich Angestellte eines Unternehmens (z. B. Vertriebsingenieure). Die Vergütung besteht meistens in einem festen Gehalt (Fixum), zuzüglich Provision und Prämien für erfolgte Verkaufsabschlüsse. Größere Unternehmen haben oft werkseigene Verkaufsniederlassungen, um direkt die verschiedenen Abnehmer im In- und/oder Ausland beraten und ihre Produkte ohne Zwischenschaltung Dritter verkaufen zu können. Der Verkauf durch *Mitglieder der Geschäftsleitung* betrifft oft kleinere Unternehmen der Investitions- und Produktgüterindustrie, die sich eine eigene Verkaufsorganisation nicht leisten können, und denen das Einschalten von betriebsfremden Absatzmittlern aus Produkt- oder Marktgründen nicht möglich ist.

Als bedeutendste *betriebsfremde Absatzmittler* sind Handelsvertreter und Kommissionäre sowie der selbständige Handel zu nennen.

Handelsvertreter sind selbständig Gewerbetreibende, die damit betraut sind, für ein Unternehmen Geschäfte zu vermitteln oder in dessen Namen abzuschließen. Die Selbständigkeit erstreckt sich im wesentlichen auf die freie Gestaltung der Tätigkeit auf reiner Provisionsbasis. Der *Komissionär* unterscheidet sich dadurch vom Handelsvertreter, daß er als selbständiger Gewerbetreibender im eigenen Namen für Rechnung seines

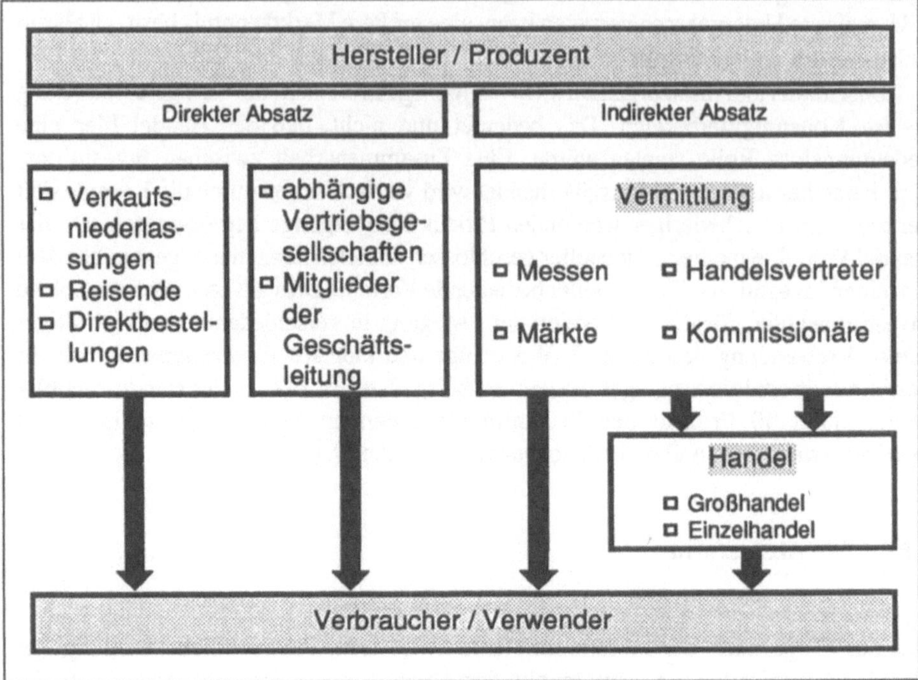

Bild 9.33 Absatzformen

Auftraggebers handelt. Für diesen verkauft er Produkte, ohne daß diese in sein Eigentum übergehen; als Vergütung erhält der Kommissionär eine umsatzabhängige Kommission Seine Aufgabe ist es, die Produkte

- zum richten Zeitpunkt,
- im richtigen Zustand,
- in der erforderlichen Menge

an den Ort der Nachfrage zu bringen. Damit sind drei Gruppen von Maßnahmen angesprochen:

- Aufbau und Ausgestaltung der Organisation, mit deren Hilfe der Markt bearbeitet werden soll. Sie wird als *Absatzorganisation* bezeichnet.
- Die Auswahl der *Vertriebs- oder Absatzwege,* über die eine Leistung zum Endverbraucher gelangt.
- Festlegung der physischen Verteilung (Distribution), die im Zusammenhang mit der Warenbewegung auftritt *(Marketing-Logistik)*.

Im Bereich der technischen Gebrauchsgüter sowie der Investitions- und Produktgüter gehört hier außerdem der technische Kundendienst (vgl. Abschnitt 9.6.1.5) dazu.

9.6.2.2 Absatzorganisation

Der Absatzorganisation obliegt es, in einer Vielfalt von Funktionen das Produkt an den Bedarfsträger zu verkaufen. Sie gliedert sich grundsätzlich in zwei Funktionsgruppen mit spezifischen Aufgabenstellungen:

- die Vertriebsinnenorganisation und
- die Vertriebsaußenorganisation.

Während der Innenorganisation die Aufgabe der Verkaufsvorbereitung und Verkaufsabwicklung zufällt, betreibt die Außenorganisation den Verkauf im weitesten Sinne (Bild 9.34).

Die Absatzorganisation ist in Größe und Organisation abhängig von der Größe des Unternehmens selbst, dessen Produktionstiefe, der Branche und der Marktstruktur. Sie kann daher nicht nach einem allgemein verbindlichen Schema beschrieben werden.

Oberste Aufgabe der Vertriebsorganisation in einem vom Wettbewerb bestimmten Markt ist es, diesen durch ihr Vertriebsnetz möglichst vollständig abzudecken [9.13]. Bei

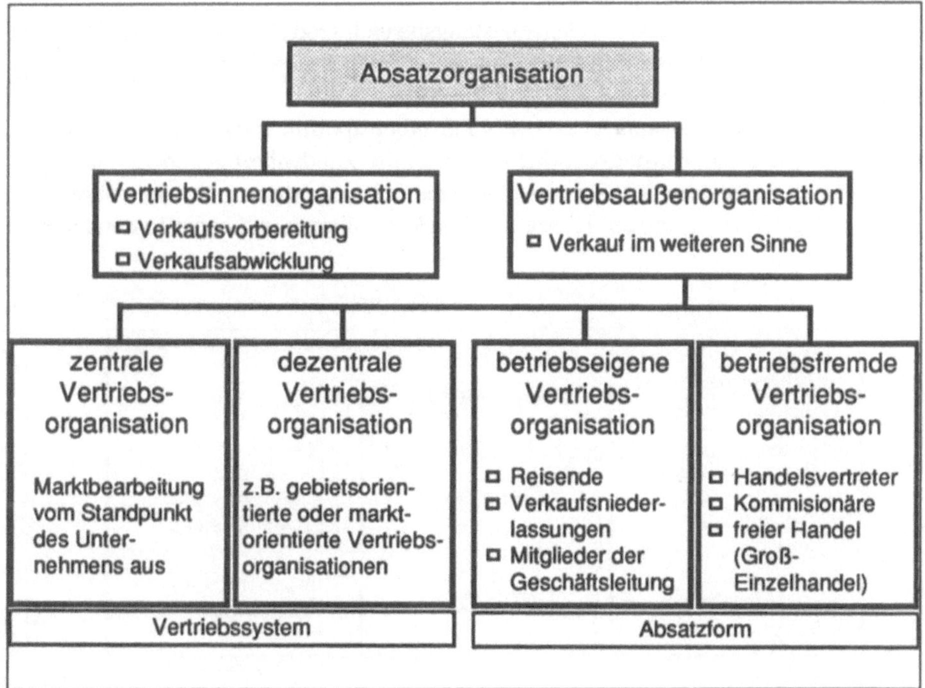

Bild 9.34 Gliederung der Absatzorganisation

der Organisation des Vertriebssystems geht es zunächst um die Frage, ob einer zentralisierten oder einer dezentralisierten Absatzorganisation der Vorzug zu geben ist.

Die Außendienstorganisation zählt zu den wesentlichsten Marketing-Instrumenten. Sie ist die "Visitenkarte" eines Unternehmens bei seinen Kunden.
Die zunehmende Bedeutung des Kundendienstes beruht im wesentlichen auf drei Ursachen [9.20]:

- dem zunehmenden Wunsch des Käufers nach Problemlösungen, die oft Produkt und Dienstleistung betreffen.
- dem steigenden Wettbewerb zwischen gleichartigen Gütern und dem sich daraus ergebenden Differenzierungsstreben des Anbieters.
- den ständig technisch komplizierter werdenden Produkten.

Die Kundendienstleistungen werden entweder mit oder ohne vertragliche Verpflichtungen gegenüber dem Kunden sowie entgeltlich oder ungentgeltlich angeboten (Bild 9.35).

Installation und Inbetriebnahme von Produkten durch den Hersteller (z. B. Werkzeugmaschinen) sind meist entgeltlich und vertraglich festgelegt.
Inspektionen, Wartung, Reparatur und der Ersatzteildienst als weitere technische Kundendienstleistungen sind von besonderer Bedeutung für viele Produkte. Gerade im Automobilbereich können neue Märkte nur erschlossen werden, wenn vor der Neueinführung von Automobilen ein Kundendienstnetz aufgebaut worden ist, welches den Anforderungen des Kraftfahrzeuges bezüglich der Inspektions-, Wartungs- und Reparaturbedürfigkeit gewachsen ist.

Auch im Konsumgüter- und Dienstleistungsbereich setzt sich die Erkenntnis durch, daß ein gezielter Kundenservice einen Beitrag zur Imagesteigerung der Unternehmung leisten kann [9.31].

Für den Hersteller kommt es bei der Kundendienstpolitik vorrangig darauf an, den Leistungsumfang so abzustecken, daß einerseits die kundenbezogenen Erwartungen erfüllt werden und andererseits der wirtschaftliche Erfolg nicht durch die Übernahme von Risiken gefährdet wird, die der Hersteller nicht kontrollieren und beeinflussen kann.

Lieferungen und Leistungen	unentgeltlich	entgeltlich
aufgrund gesetzlicher oder vertraglicher Verpflichtungen	Garantie	☐ Installation ☐ Inspektion / Wartung ☐ Ersatzteilverkauf
ohne gesetzliche oder vertragliche Verpflichtungen	Kulanz	☐ Instandsetzung ☐ Änderungen

Bild 9.35 Vertragliche Verpflichtungen bei Kundendienstleistungen

9.6.2.3 Absatzwege

Unter dem Begriff der Absatz- oder Vertriebswege sind die Wege zu verstehen, die Produkte vom Hersteller bis zum Verbraucher durchlaufen. Die Wahl des Absatzweges ist eine langfristig wirksame und deshalb für das ganze Unternehmen bedeutsame Entscheidung, da Änderungen nur mit hohem Kosteneinsatz möglich sind. Von ihr hängt nicht nur die Art der Absatzorganisation, sondern auch der Absatzerfolg eines Unternehmens ab. Grundsätzllich kann man zwischen dem direkten und dem indirekten Absatz wählen.

Direkter Absatz bedeutet, daß das Unternehmen seine Erzeugnisse selbst an die Verwender absetzt. *Indirekter Absatz* liegt dann vor, wenn zwischen Hersteller und Endverbraucher weitere Absatzmittler, wie z. B. Groß- und Einzelhandel eingeschaltet werden.
Die Wahl der optimalen Absatzwege für ein Unternehmen wird beeinflußt durch

- die Art der Produkte,
- die Struktur des Zwischenhandels,
- das Konkurrenzverhalten,
- die Kundengewohnheiten und
- die Struktur des eigenen Unternehmens.

Grundsätzlich kann festgestellt werden, daß im Konsumgüterbereich der indirekte Absatz in den meisten Fällen vorgezogen wird, während im Bereich der Investitions- und Produktionsgüter der direkte Absatz dominierend ist. Gerade bei den Investitionsgütern, die oft Großprodukte mit komplizierten, technischen Vorgängen darstellen, ist eine gründliche Aufklärung und Beratung der Kunden von seiten des Herstellers erforderlich. Neben den technischen Erfordernissen machen meist auch die Finanzierungsprobleme eine direkte Kontaktaufnahme zwischen Hersteller und Abnehmer notwendig [9.4]. Ein weiterer wesentlicher Einflußfaktor auf die Festlegung des Absatzes ist der Produktionsumfang, d. h., ob es sich um Spezialgüter (z. B. Anlagen, Kopierfräsmaschinen usw.), Erzeugnisse mittlerer Serie (z. B. Werkzeugmaschinen) oder Massengüter (z. B. LKWs, Baumaschinen usw.) handelt (Bild 9.36).

9.6.2.4 Marketing-Logistik

Zum Bereich der Absatzpolitik zählt auch die physische Distribution. Die Überbrückung der räumlichen und zeitlichen Distanzen zwischen der Erstellung und Inanspruchnahme der Unternehmensleistung ist so zu koordinieren, daß der Kunde unter der Restriktion der Kostenreduzierung bestmöglichst bedient werden kann. Die Marketing-Logistik wird damit zu einer wesentlichen Komponente der Kundendienstpolitik. Schnelle Liefermöglichkeiten - selbst bei Investitionsgütern - können beim Verkauf oft die

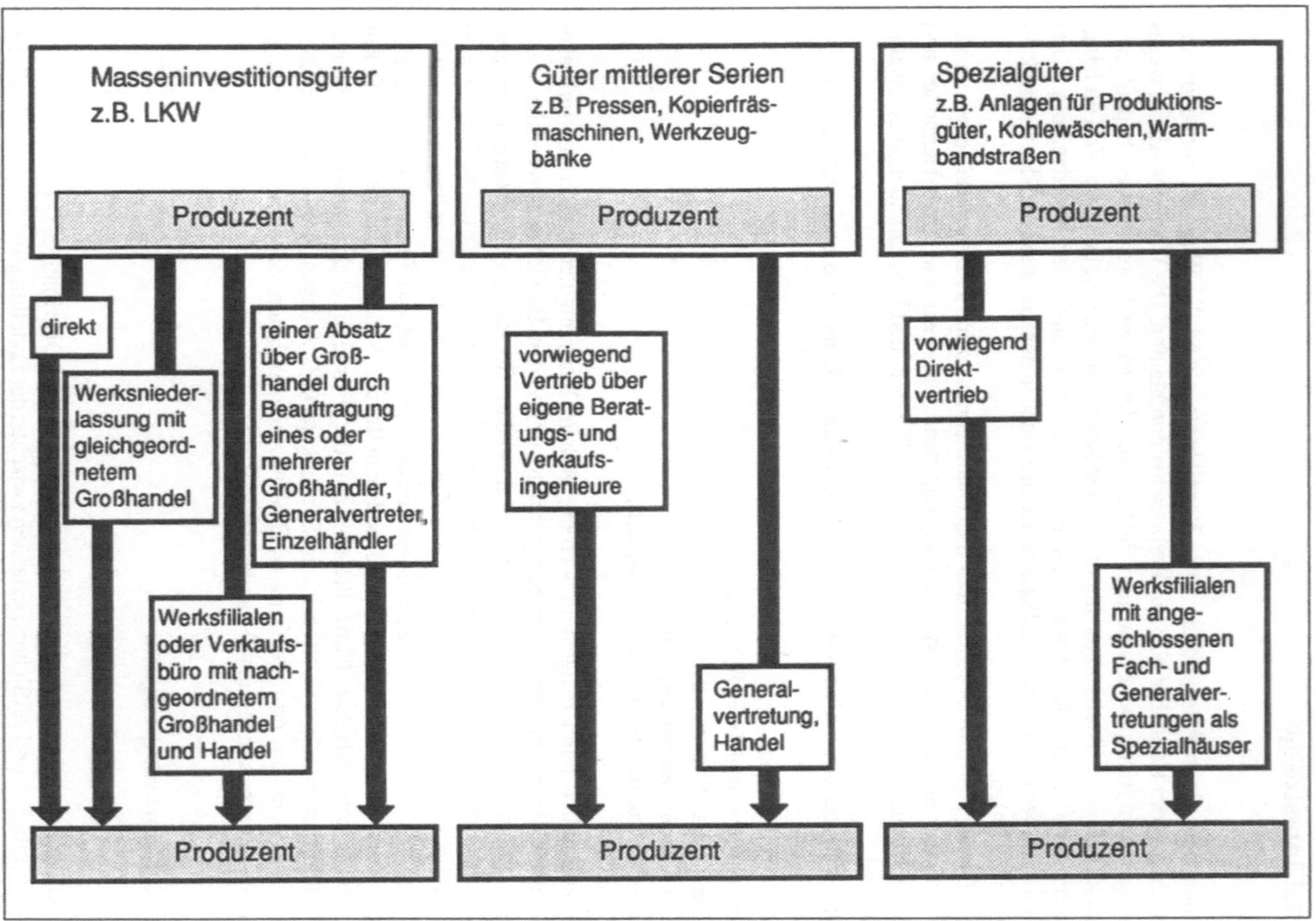

Bild 9.36 Güterform und Absatzweg

entscheidende Rolle spielen. Dabei beinhaltet der Warentransport noch erhebliche Rationalisierungsmöglichkeiten. Natürlich spielen die Transportkosten nicht in allen Branchen eine gleichbedeutende Rolle; sie können zwischen zehn Prozent vom Umsatz bei Maschinenbau und 30 Prozent vom Umsatz bei der Nahrungsmittelindustrie liegen [9.7]. Eine Rationalisierung, die auch eine entsprechende Reduzierung der Lagerhaltung beinhalten kann, kann aber nur mit einer verschlechterten Lieferbereitschaft erkauft werden.

Die Aufgabe der Marketing-Logistik besteht darin, einen Kompromiß zwischen den beiden entgegengesetzten Positionen "sofortige Lieferung" und "Kostenminimierung um jeden Preis" zu finden.

9.6.3 Preis- und Konditionenpolitik

Ein wichtiges Mittel der Markt- und Verkaufsstatistik ist die Preis- und Konditionenpolitik (Bild 9.37). Als taktische Maßnahme hängt sie von der gesamten markt- und verkaufsstrategischen Zielsetzung des Unternehmens ab. Preispolitik umfaßt dabei die Summe aller Maßnahmen, durch Veränderung der Preisforderung eine Marktanpassung oder eine Marktbeeinflussung zu erreichen.

Der für die Preispolitik notwendige Handlungsspielraum ist jedoch stark begrenzt. Auf der einen Seite wird er durch die Höhe der Kosten bestimmt; auf lange Sicht muß der geforderte Preis die Gesamtkosten decken. Die Obergrenze dieses Spielraumes wird durch den *Marktpreis* gebildet, der wesentlich durch die Preisvorstellungen der Konkurrenten und der Abnehmer bestimmt wird. Die Möglichkeiten der *passiven Preispolitik* hängen davon ab, ob zwischen Kosten und Marktpreis ein Spielraum vorhanden ist. Ist dieser Spielraum sehr klein, z. B. im Konsumgüterbereich, ist für eine *aktive Preispolitik* Voraussetzung,

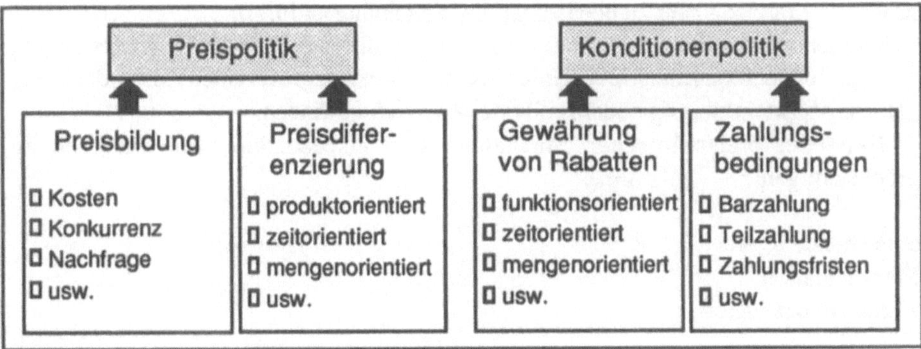

Bild 9.37 Möglichkeiten der Preis- und Konditionenpolitik

- daß das eigene Produkt eine Sonderstellung in den Augen der Abnehmer einnimmt, also eine Profilierung gegenüber den Konkurrenzprodukten besitzt,
- daß der Anbieter diese Marktlage erkennt oder von sich aus schafft,
- daß der Anbieter in seiner Absatzpolitik davon ausgeht, daß diese Präferenzen der Endabnehmer preislich zu nutzen sind (in Anlehnung an [9.3]).

9.6.3.1 Preisbildung und Preisverhalten

Die Preisbildung kann grundsätzlich nach den zwei übergeordneten Grundsätzen

- Prinzip der Kostendeckung,
- Prinzip der Gewinnerzielung

erfolgen. Beim Prinzip der Kostendeckung haben die Preise lediglich die Aufgabe, die angefallenen Selbstkosten auf die Abnehmer einer Leistung abzuwälzen. In der Regel arbeiten die Versorgungsunternehmen der öffentlichen Hand nach dem Grundsatz der Kostendeckung.

Dem Prinzip der Kostendeckung steht das der Gewinnerzielung gegenüber. Die Unternehmung versucht, ihre am Markt angebotenen Unternehmensleistungen zu einem maximal möglichen Preis zu erzielen. Dies kann nach zwei verschiedenen Preisstrategien verwirklicht werden:

- Niedrig-Preispolitik und
- Hochpreispolitik.

Mit Preisen, die knapp über der Kostendeckungsgrenze kalkuliert werden, wird versucht, ein vorhandenes Marktpotential möglichst vollständig abzuschöpfen. Der Ansatz von Produkten zu hohen Preisen begrenzt die absetzbare Menge und zielt darauf ab, ein attraktives Marktsegment zu befriedigen (in Anlehnung an [9.7]).
In Unternehmen der Privatwirtschaft wird naturgemäß das Prinzip der Gewinnerzielung verfolgt. Dennoch kann auch hier zeitlich begrenzt das Prinzip der reinen Kostendeckung, z. B. zur Markteinführung neuer Produkte, Anwendung finden.

Bei jeder preispolitischen Maßnahme sind insbesondere drei Faktoren zu berücksichtigen:

- entstehende Kosten,
- Marktsituation,
- Konkurrenzsituation;

aufgrund dieser Faktoren ergeben sich drei grundsätzliche Möglichkeiten der praktischen Preisbildung (Bild 9.38).

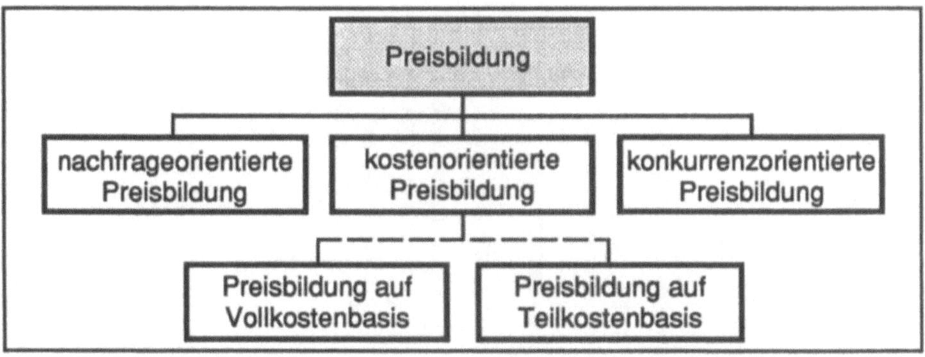

Bild 9.38 Möglichkeiten der Preisbildung

Die *nachfrageorientierte Preisbildung* führt zu einem hohen Preis, wenn die Nachfrage groß ist und zu einem niedrigen Preis bei geringer Nachfrage. Bei der *konkurrenzorientierten Preisbildung* richtet sich das Unternehmen nach den Konkurrenzpreisen. Beide Methoden der Preisbildung führen zu einer Preisgestaltung, die stark von der Marktsituation bzw. dem vorherrschenden Marktpreis abhängig ist. Dennoch kann das Unternehmen versuchen, seine Preise um einen gewissen Prozentsatz, den die Abnehmer noch akeptieren, höher oder niedriger zu halten als die Konkurrenz.
Das kann beispielsweise aus Imagegründen geschehen.

Ein absolut starres Verhältnis zwischen Nachfragesituation bzw. Konkurrenzsituation und Verkaufspreis besteht nicht.

Langfristig ist eine nachfrage- bzw. konkurrenzorientierte Preisbildung nur dann möglich, wenn der Verkaufserlös (die mit dem Verkaufspreis bewertete Absatzmenge) über den Gesamtkosten liegt. Liegen keine bekannten Marktpreise vor, z. B. bei Einzelfertigung bzw. Serienfertigung von noch nicht am Markt behandelten Produkten, wird eine *kostenorientierte Preisbildung* notwendig sein, die zu einem Angebotspreis führen kann. Dieser kostenorientierten Preisbildung kann entweder eine Kalkulation auf Vollkostenbasis oder Teilkostenbasis zugrunde liegen.
Bei der Preisbildung auf Vollkostenbasis (Bild 9.39) sind die Selbstkosten die Grundlage der Preisfindung. Im Bereich der industriellen Fertigung werden hierbei die Selbstkosten nach der Zuschlagskalkulation errechnet (vgl. hierzu [9.21]).

Die Einfachheit der Zuschlagskalkulation erklärt ihre weite Verbreitung. Bei der Vollkostenrechung ergeben sich drei Problemfelder:

- Proportionalität zwischen Kosten und erstellter Leistung,
- Vergangenheitsorientierung der Kostendaten,
- Nichtberücksichtigung der möglichen Absatzmenge.

Sie sind ein wesentlicher Grund dafür, daß in zunehmendem Maße die Kalkulation auf *Teilkostenbasis* (Deckungsbeitragsrechnung) zusätzlich Anwendung findet. Dabei werden die Gesamtkosten in fixe und variable Kostenbestandteile aufgelöst. Fixe Kosten (z. B.

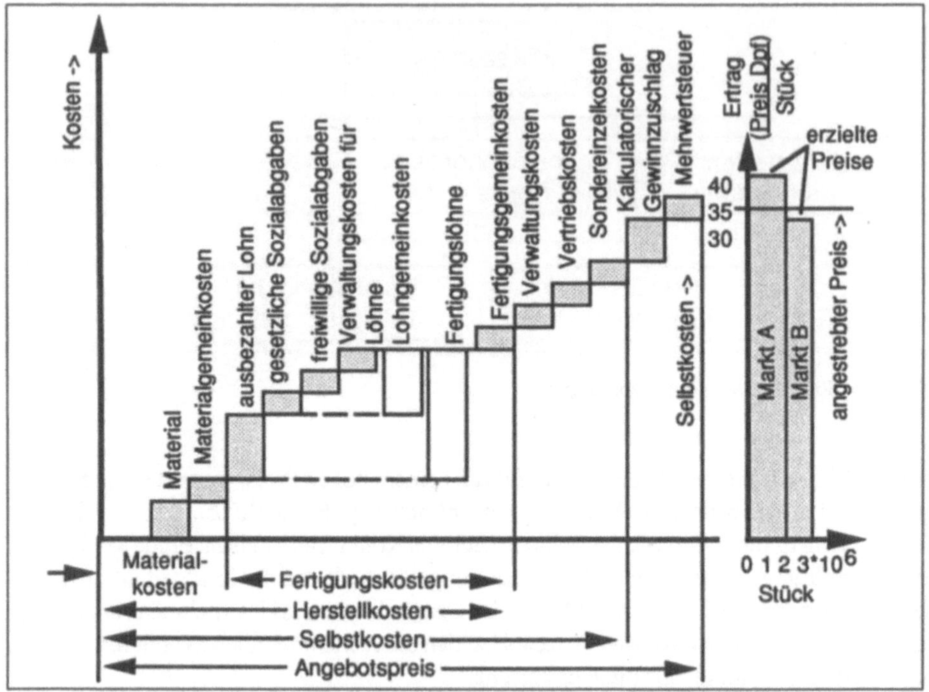

Bild 9.39 Preisbildung auf Vollkostenbasis (Zuschlagskalkulation)

Löhne, Gehälter, Mieten usw.) ändern sich nicht mit der Höhe der Ausbringung (z. B. Stückzahl), im Gegensatz zu den variablen Kosten (z. B. Materialkosten, Energiekosten usw.).
Die Deckungsbeitragsrechnung geht nach folgendem Rechenschema vor:

Nettoumsatzerlös - variable Kosten = Deckungsbeitrag
Deckungsbeitrag - fixe Kosten = Gewinn.

Der Deckungsbeitrag dient zur Abdeckung der fixen Kosten. Erst wenn in einer Periode bzw. ab einer bestimmten Stückzahl die Summe der Einzeldeckungsbeiträge die fixen Kosten übersteigt, entsteht für das Unternehmen ein Gewinn (Bild 9.40).

Mit Hilfe der Deckungsbeitragsrechnung kann eine retrograde Preisermittlung aus den Marktgegebenheiten (geschätzter Absatzerfolg) vorgenommen werden. Die Deckungsbeitragsrechnung gibt also Antwort auf folgende Fragestellungen:

- Ab welcher Stückzahl bei vorgegebenem Preis/Stück erwirtschaftet das Unternehmen Gewinn (break-even-point, Gewinnschwelle)?
- Wie hoch muß der Verkaufserlös bzw. Preis/Stück bei Vorgabe der Absatzchance und des Gewinnzieles sein?

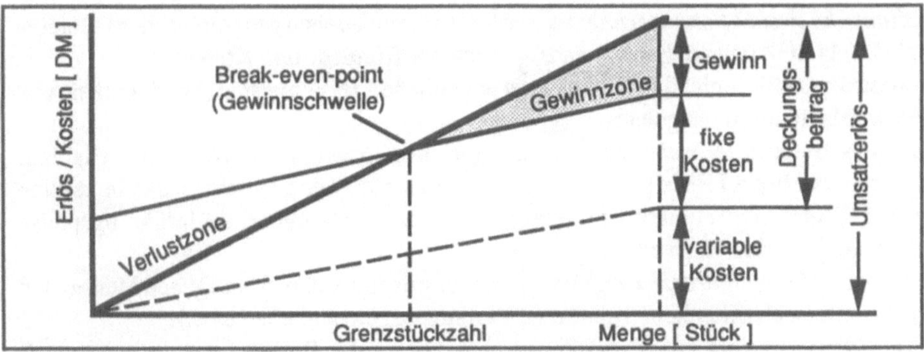

Bild 9.40 Break-Even-Diagramm (Gewinnschwellendiagramm)

- Wo liegt die kurzfristig vertretbare Preisuntergrenze eines Produktes (Deckungsbeitrag = 0)?

Der kostenorientierten Preisbildung kommt gerade in der Investitionsgüterindustrie eine bedeutende Rolle zu, da die Preispolitik in diesem Wirtschaftszweig dadurch gekennzeichnet ist, daß der Käufer meist im Rahmen eines Verhandlungsprozesses den Preis mit dem Verkäufer aushandelt. Die Preisvorstellung des Käufers stützt sich dabei in den meisten Fällen auf eine für das Investitionsgut durchgeführte Investitionsrechnung; dem Verkäufer liefert die Deckungsbeitragsrechnung die Untergrenze seiner Preisgestaltung. In diesem Spielraum ist der Preis innerhalb des Verhandlungsprozesses festzulegen.

9.6.3.2 Motive und Arten der Preisdifferenzierung

Eine weitere Form der Preispolitik, von der die Unternehmen in der einen oder anderen Weise Gebrauch machen können, ist die Preisdifferenzierung. Sie ist stets eine Kombination aus Produkt- und Preispolitik. Preisdifferenzierung bedeutet, dieselbe Ware an verschiedene Abnehmer zu verschiedenen Bedingungen zu verkaufen. Dazu ist es notwendig, das Reaktionsverhalten der Käufer und die Konkurrenzsituation genau zu beobachten. Motive zur Preisdifferenzierung können z. B. sein:

- Einführung von Produkten auf neuen Märkten,
- Marktabschöpfung, sofern es genügend potentielle Käufer gibt,
- Marktpenetration, d. h. Festlegen eines relativ niedrigen Preises, um die Konkurrenz zu schwächen.

Das Ziel der Preisdifferenzierung ist es, das Marktpotential zusätzlich auszuschöpfen. Die Möglichkeiten der Preisdifferenzierung sind:

- *Räumliche Preisdifferenzierung:* Es werden in verschiedenen geographischen Gebieten (z. B. Inland, Ausland, Stadt, Land), je nach der Kunden- und Konkurrenzstruktur, für gleiche Produkte unterschiedliche Preise meist in Abhängigkeit von der Marktsituation festgelegt.
- *Zeitliche Preisdifferenzierung:* Für ein gleiches Erzeugnis werden im Zeitablauf verschieden hohe Preise gefordert. Hierzu ist es nötig, den Gesamtmarkt in zeitlich genau abgetrennte Teilmärkte zu zerlegen (z. B. Tag- und Nachttarife, Einführungspreise für neue Produkte, Ausverkaufspreise).
- *Personelle Preisdifferenzierung:* Preisgestaltung nach abnehmerbezogenen Merkmalen (z. B. unterschiedlich hohe Kaufkraft, Verbrauchsgewohnheiten usw.).
- *Preisdifferenzierung nach Produktvarianten:* Oft werden Preisdifferenzierungen auch im Zusammenhang mit kleineren Veränderungen in der Produktführung vorgenommen, um Käufer verschiedener Einkommensklassen zu erreichen (z. B. Standard- und Luxusversion eines PKWs).
- *Mengenmäßige Preisdifferenzierung:* Produkte aus einem größeren Fertigungslos können preisgünstiger angeboten werden als z. B. solche aus der Einzelfertigung.
- *Preisdifferenzierung nach dem Verwendungszweck:* Ausrichtung des Preises nach den verschiedenen Verwendungszwecken des Produktes (z. B. Kraftstoff: Diesel/Heizöl).

Als Dumping wird das Anbieten von Produkten auf ausländischen Märkten zu Preisen, die unter den Preisen des Inlandes liegen, bezeichnet. Dumping wird häufig betrieben, wenn die Kapazitäten durch den Absatz im Inland nicht ausgelastet sind.

9.6.3.3 Gewährung von Rabatten

Rabatte stellen Preisnachlässe dar, die für bestimmte Leistungen des Abnehmers gewährt werden. Mit der Rabattpolitik kann der einmal festgelegte Preis herabgesetzt werden, wobei dann die Gewährung von Rabatten als ein Mittel der preispolitischen Feinsteuerung anzusehen ist, das insbesondere zwischen Hersteller und Handel von besonderer Bedeutung sein kann.

Grundsätzlich ist der Einsatz der Rabattpolitik nur dann sinnvoll, wenn für ein Produkt ein eingeführter Preis besteht, von dem sich der Anbieter abheben möchte. Im einzelnen können folgende Rabattarten unterschieden werden (Bild 9.41):

Funktionsrabatte werden in der Regel dem Handel zur Wahrnehmung der von ihm übernommenen Funktion gewährt. Dadurch will der Hersteller sicherstellen, daß der Handel weiterhin diese Funktion wahrnimmt und die Existenz eines leistungsfähigen Handels gewährleistet ist.

Mengenrabatt kann der Lieferant bei Abnahme großer Mengen in unterschiedlicher Größe gewähren. Die Rabattform kann dabei ein Preisnachlaß (Barrabatt) sein, oder der Rabatt kann in Form unentgeltlicher Warenabgaben (Naturalrabatt) erfolgen. Zielsetzung der Mengenrabatte ist eine Ausnutzung der Kosten- und Dispositionsvorteile, die sich aus dem Kauf größerer Mengen je Auftrag für den Lieferanten ergeben.

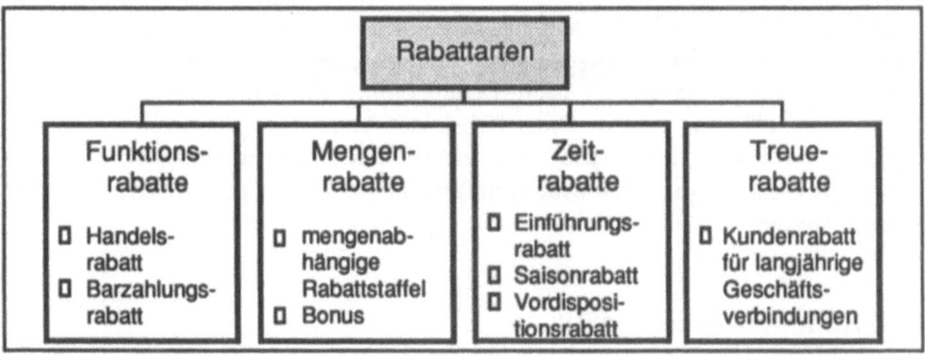

Bild 9.41 Rabattarten

Zeitrabatte werden gewährleistet als

- Einführungsrabatt, um schnell Kunden zu werben, damit die Einführungsphase des Produktes verkürzt weren kann,
- Vordispositionsrabatte, die jahreszeitliche Absatzschwankungen ausgleichen sollen. In dieselbe Richtung zielen Saisonrabatte (z. B. Absatz von Heizmaterial im Sommer),
- Auslaufrabatte, um möglichst schnell Lagerraum von veralteten Produkten zu räumen.

Treuerabatte werden für langjährige Geschäftsbeziehungen oder dafür, daß ein Kunde innerhalb eines Zeitraumes nur von einem Anbieter bezieht, gewährt.

9.6.3.4 Zahlungsbedingungen

Die Zahlungsbedingungen regeln die Zahlungsweise (Voraus-, Barzahlung, Zahlung nach Erhalt der Ware, Gesamt- oder Teilzahlung), die Zahlungsabwicklung (offene Rechnung, Dokumentenakkreditiv) sowie die Zahlungsfristen und Barzahlungsrabatte. Die Zahlungsabwicklung wird immer mehr zu einem marketingpolitischen Instrument innerhalb der Preispolitik. Ziel ist es dabei, eine nachhaltige Beeinflussung des Absatzes zu bewirken. Hersteller von Investitions- und langlebigen Konsumgütern setzen zur Absatzsteigerung das Instrument Leasing ein. Unter Leasing versteht man eine zeitlich begrenzte Nutzungsmöglichkeit für eine bestimmte Unternehmensleistung. Der Leasing-Nehmer hat dem Leasing-Geber für die Überlassung einer Unternehmensleistung eine Leasingrate zu entrichten.

Bei Teilzahlungsmöglichkeit wird meist mit zwei Preisen gearbeitet, dem Barpreis und dem Teilzahlungspreis, wobei der letztere meist in einer Anzahlung zuzüglich Raten ausgewiesen wird und insgesamt höher als der Barpreis liegt.

Besonders bei Produkten des Investitionsgüterbereiches (lange Fertigungsdauer) werden in der Regel besondere Abmachungen vereinbart, wie z. B. "Ein Drittel nach Auftragserteilung, ein Drittel nach Bereitstellung im Werk, ein Drittel nach Inbetriebnahme". Eine weitere Besonderheit des Investitionsgüterbereiches ist die Kopplung zwischen vereinbartem Preis und Garantielauf-Erfüllungsgrad, d. h. der vereinbarte Preis kann, sofern die im Vertragstext fixierte Garantie nicht erreicht wird, reduziert werden.

9.6.4 Kommunikationspolitik

Aufgrund des zunehmenden Verfalls großer Märkte in Spezial- und Teilmärkten geht die Marktübersicht verloren. Unter den Bedingungen eines Käufermarktes wird es mehr und mehr eine zentrale Aufgabe der Hersteller, der mangelnden Markttransparenz durch gezielte Information des potentiellen Kundenkreises entgegenzuwirken.

Die Kommunikationspolitik umfaßt die inner- und außerbetriebliche Kommunikation. Im folgenden wird Kommunikationspolitik als absatzorientiertes Instrument verstanden, mit dem das Kaufverhalten von Zielgruppen direkt oder indirekt beeinflußt werden soll. Ausgangspunkt der Kommunikationsplanung ist die Festlegung der Kommunikationsziele, die in ökonomische und psychologische Ziele klassifiziert werden können. Die Kommunikationsziele werden maßgeblich durch die Stellung des Produktes in seinem Lebenszyklus beeinflußt. Ökonomisches Ziel ist u. a. die Umsatzerhöhung, die zwar quantifizierbar ist, aber nicht eindeutig den Kommunikationsaktivitäten zugerechnet werden können. Psychologische Ziele sind z. B. Bekanntheitsgrad eines Produktes, emotionales Erleben von Marken usw.

Im Rahmen des Marketings lassen sich als typische Informationsinstrumente die Verkaufsförderung, Public Relations und die Absatzwerbung unterscheiden (Bild 9.42).

9.6.4.1 Verkaufsförderung

Die Verkaufsförderung (Sales Promotion) umfaßt alle Maßnahmen und Methoden zur Unterstützung und positiven Beeinflussung von Außendienstmitarbeitern und Händlern sowie eine gezielte Ansprache des Verbrauchers über den Handel. Verkaufsförderung hat damit zwei Hauptaufgaben (in Anlehnung an [9.7]:

- wirksame Unterstützung der hersteller- und händlereigenen Verkaufsorganisation und
- die Unterstützung des Handels beim Verkauf durch verkaufsfördernde Aktionen.

Die Maßnahmen der Verkaufsförderung lassen sich in zwei Gruppen einteilen. Auf der einen Seite steht die Schulung und Ausrüstung des herstellereigenen Außendienstes sowie die Unterweisung der Wiederverkäufer. Diese Maßnahmen werden unter dem

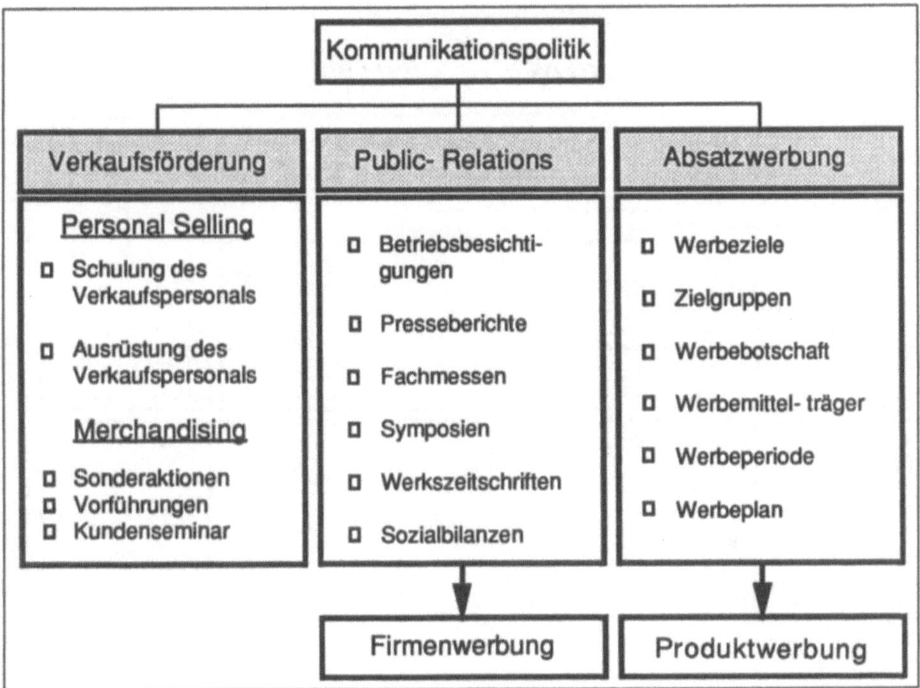

Bild 9.42 Möglichkeiten der Kommunikationspolitik

Sammelbegriff "Personal Selling" zusammengefaßt (Bild 9.43). Typische Beispiele für solche Aktionen sind Verkaufsseminare, in denen dem Außendienst neue Erkenntnisse der Verkaufspsychologie oder die Besonderheiten des Produktes und des Marktes vermittelt werden.

Der zweite Aufgabenschwerpunkt besteht - neben der Ausbildung des Verkäufers - in der Information des Kunden durch den Kontakt mit dem Produkt selbst. Alle Aktivitäten, die darauf abzielen, werden mit *Merchandisierung* bezeichnet. Seine größte Bedeutung hat das "Merchandising" im Konsumgüterbereich, z. B. in Form der Regalpflege, der Gestaltung von Sonderaktionen oder durch Überlassen von Testgeräten. Der potentielle Kunde soll nicht durch Argumente, sondern durch den unmittelbaren Umgang mit dem Produkt selbst überzeugt werden [9.7].

Im Investitionsgüterbereich kommt hier der Vorführung besondere Bedeutung zu. Anhand sogenannter Referenzanlagen wird die Funktionsfähigkeit komplizierter Vorgänge und Abläufe unmittelbar am Objekt erklärt und vorgeführt. So sind z. B. im Investitionsgüterbereich Informations- und Besichtigungsreisen für potentielle Kunden zu Referenzanlagen an der Tagesordnung. Bei Neuentwicklungen, für die es noch keine Referenzanlage gibt, wird oftmals die Demonstration an einer Pilotanlage gewählt.

Einen immer stärker werdenden Einfluß gewinnen in der Investitionsgüterbranche die sogenannten Kundenseminare, die von den Investitionsgüterherstellern für potentielle

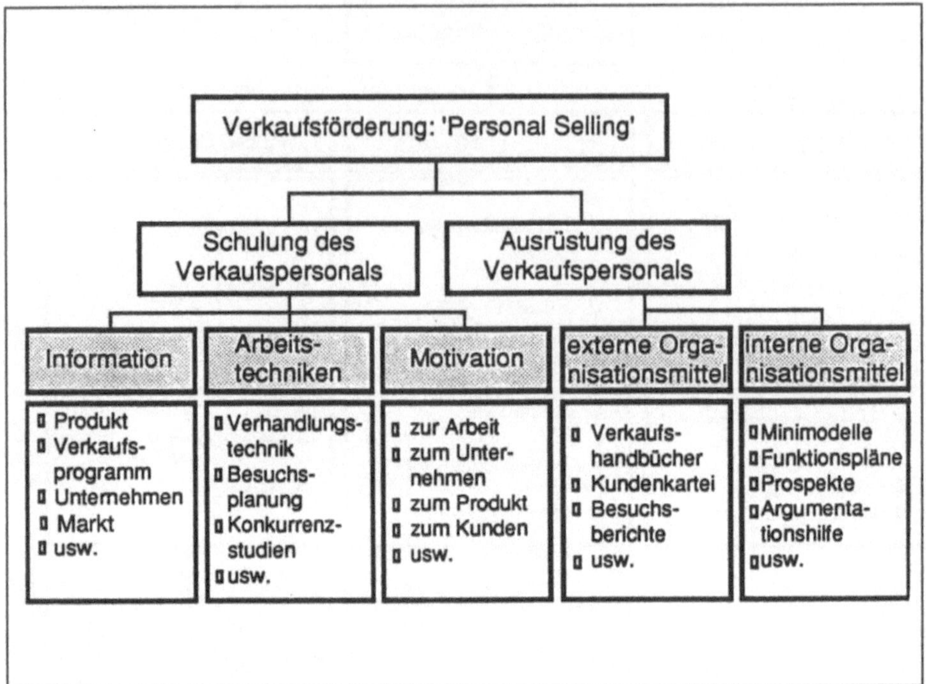

Bild 9.43 Personal Selling als Maßnahme der Verkaufsförderung

Abnehmer veranstaltet werden und die die Vermittlung von Informationen bzw. die Kontaktpflege zu Kunden zum Ziel haben.

9.6.4.2 Public Relations

Während die Absatzwerbung primär eine Produktwerbung ist, deren Ziel darin besteht, potentielle Verwender zu informieren, kann Public Relations als Werbung für das Unternehmen als Ganzes bezeichnet werden, die sich an die interessierte Öffentlichkeit wendet. Ihre Aufgabe besteht in erster Linie darin, ein positives Image des Unternehmens in der Öffentlichkeit aufzubauen. Das erleichtert die Markteinführung und Profilierung neuer Produkte bei geringem finanziellen Aufwand erheblich, weil dieser "good will" in der Öffentlichkeit sich jederzeit in Produktkampagnen einbauen läßt. Während ein Produktimage relativ schnell aufgebaut werden, aber auch genauso schnell wieder verlorengehen kann, bildet sich ein Unternehmensimage nur in relativ langen Zeiträumen aus, läßt sich aber auch über längere Zeit hinweg konservieren. Im Konsumgüterbereich liegt das Schwergewicht der Maßnahmen auf einer scheinbar wertfreien Produkt- und Firmeninformation, die nach außen hin nicht den Eindruck von Werbemaßnahmen erwecken darf. Klassische Beispiele dafür sind Betriebsführungen, Tage der offenen Tür und redaktionelle Berichte in der Presse.

Im Bereich der Produktionsgüterindustrie konzentrieren sich Public Relations-Maßnahmen auf die Darstellung von technologischen Entwicklungen und Forschungsergebnissen. Bevorzugte Instrumente dafür sind Veröffentlichungen in der einschlägigen Fachpresse, Demonstrationen auf den entsprechenden Fachmessen oder Durchführung von Symposien. Wirkungsvolle Public Relations-Aktivitäten für die Gruppe der unmittelbar am Unternehmen Interessierten bestehen in einer umfassenden Information über das Betriebsgeschehen und der Darstellung der Unternehmenssituation. Als bevorzugte Instrumente sind in diesem Fall die Werkszeitschriften und Kapitalgeberinformationen, etwa in Form von regelmäßigen Aktionärsberichten, zu nennen. Eine Imagepflege gegenüber der Öffentlichkeit bedeutet, der Gesellschaft Informationen über allgemein interessierende Fragen des Unternehmens, z. B. "Sozialbilanzen", zu geben.

Public Relation ist kein Ersatz für unterlassene Absatzwerbung; beide Informationsinstrumente sind unentbehrlich für ein erfolgreiches Marketing (in Anlehnung an [9.7]).

Aus dem Gedanken des "positiven Image" in der Öffentlichkeit hat sich das Corporate-Identity-Konzept entwickelt. Ziel des Corporate-Identity ist, daß das Selbstbild der Unternehmung aus Sicht der Unternehmung und der Öffentlichkeit übereinstimmen. Noch prägnanter ist das Corporate-Communication-Konzept. Als strategisches Instrumentarium beansprucht es, die Koordination und Steuerung aller Kommunikationsaktivitäten zu übernehmen und die Entwicklung übergreifender, auf Synergiewirkungen bedachter Kommunikationsprogramme zu beschleunigen. Aus der Unternehmensidentität (Corporate Identity), der Unternehmenskultur (Corporate Behaviour), der Unternehmenswerbung (Corporate Advertising) und dem äußeren Unternehmensbild (Corporate Design) wird das Corporate Communication geschaffen.

9.6.4.3 Absatzwerbung

Neben Verkaufsförderung und Public Relations ist die Absatzwerbung, auch Mediawerbung oder klassische Werbung genannt, das bedeutendste Instrument der Kommunikationspolitik. Während Public Relations eine Firmenwerbung darstellt, ist die Absatzwerbung eine Produktwerbung; das bedeutet, daß im Mittelpunkt der Informationsbemühungen die betriebliche Leistung (das Produkt bzw. eine Dienstleistung) steht. Generell lassen sich die Aufgaben der Absatzwerbung wie in Bild 9.44 angeben.

Die erste dieser Aufgaben, die Erregung von Aufmerksamkeit beim Betrachter, erfordert ein hohes Maß an Kreativität bei der Gestaltung der Werbung. Hiervon hängt oftmals der Erfolg der Werbung ab. Denn nur, wenn es gelingt, Aufmerksamkeit zu erzielen, kann die Werbung ihre zweite Aufgabe erfüllen, den Interessenten zu informieren. Hat z. B. ein Leser erst einmal sein Augenmerk bewußt auf eine Anzeige gerichtet, so ist es die Aufgabe des erklärenden Textes, genauere Informationen zu liefern. Neben der

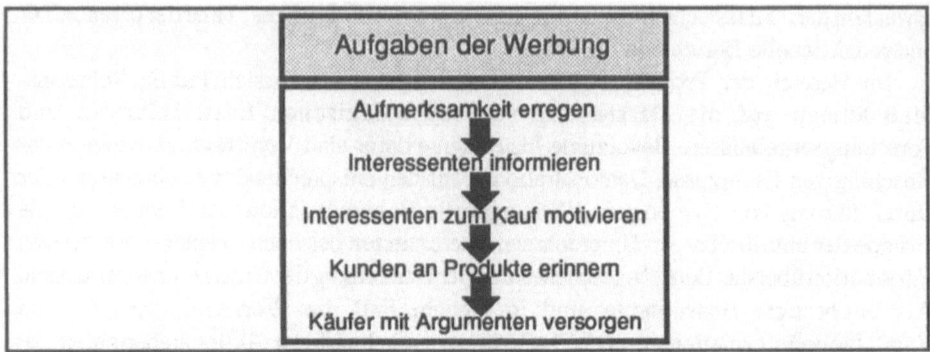

Bild 9.44 Aufgaben der Werbung

reinen Information sollte die Werbung versuchen, den Interessenten zu beeinflussen, ihn zum Kauf zu motivieren. Dabei sind durch die Werbung, je nach Art des Produktes, rationale und/oder emotionale Beweggründe beim Interessenten zu wecken (Bild 9.45). Das häufige Wiederholen der gleichen Werbeaussagen soll einerseits einen Lernprozeß beim Betrachter auslösen, andererseits soll die Erinnerung des Kunden an ein bestimmtes Produkt wachgehalten werden. Schließlich hat die Werbung noch eine weitere Aufgabe zu erfüllen: Sie muß dem Käufer eines Produktes, der den Kaufentschluß mehr aus emotionalen Gründen gefällt hat, im nachhinein vernünftige Argumente zur Hand geben, mit denen er seine vorausgegangene Entscheidung nachträglich begründen, d. h. rationalisieren kann (in Anlehnung an [9.4]).

Eine neue Möglichkeit für die Produktwerbung wurde mit Mittel des "Product Placement" eröffnet. Product Placement bedeutet, daß Produkte bzw. Dienstleistungen über Werbeträger, z. B. Fernsehsendung, Film, dargestellt werden. Durch Product Placement soll beim Zuschauer eine Identifizierung mit den Akteuren sowie den von ihnen benutzten Produkten ausgelöst werden. Der Zuschauer soll letztendlich die Akteure kopieren und die Produkte kaufen. Die Vorteile gegenüber der klassischen Werbesendung sind:

- höhere Glaubwürdigkeit,
- verhältnismäßig geringe Kosten,
- zeitliche Ausdehnung der Ansprache an die Käufer.

Aufgrund der unterschiedlichen Struktur der zu verkaufenden Produkte und ihrer Abnehmer unterscheidet sich die Werbekonzeption für Konsumgüter von der für Investitionsgüter. Während die Konsumgüterwerbung den "Impulskauf" stärker im Auge hat und sich die entsprechenden Motive des Empfängers aussucht, hat die *Werbung für technische Güter* zu berücksichtigen, daß

- nicht Einzelpersonen, sondern Personengruppen einkaufsentscheidend sind,
- keine Impuls- sondern Zeitkäufe getätigt werden,

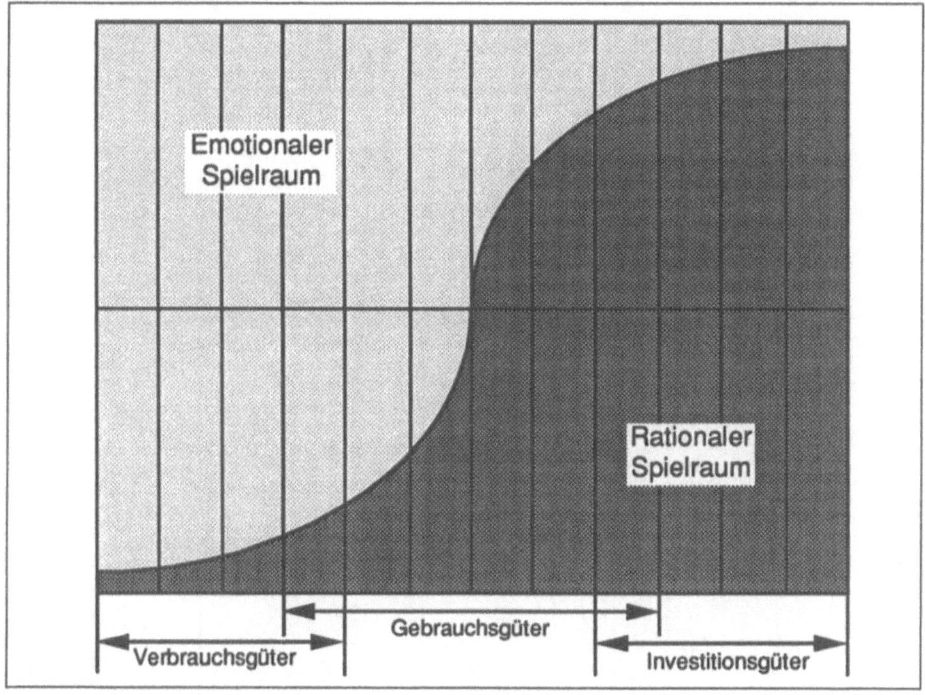

Bild 9.45 Anwendung emotionaler Motive in der Werbung

- die Motivation überwiegend im technischen und nicht im menschlichen Bereich liegt.

Die Werbung der Investitionsgüterindustrie ist

- eine Werbung der weiten Vorausplanung,
- eine Werbung der engsten Verbindung zwischen Technik, Versuch und Entwicklung,
- eine "verwendungsbetonte" Werbung,

wobei das Produkt allein die sachlichen Argumente liefert [9.3].

9.6.4.3.1 Arten der Absatzwerbung

So vielfältig wie die Aufgaben der Werbung sind, so verschiedenartig sind auch die Möglichkeiten, Werbung zu betreiben (Bild 9.46). Nach der *Werbeintensität* kann unterschieden werden in

- *akzidentelle Werbung*

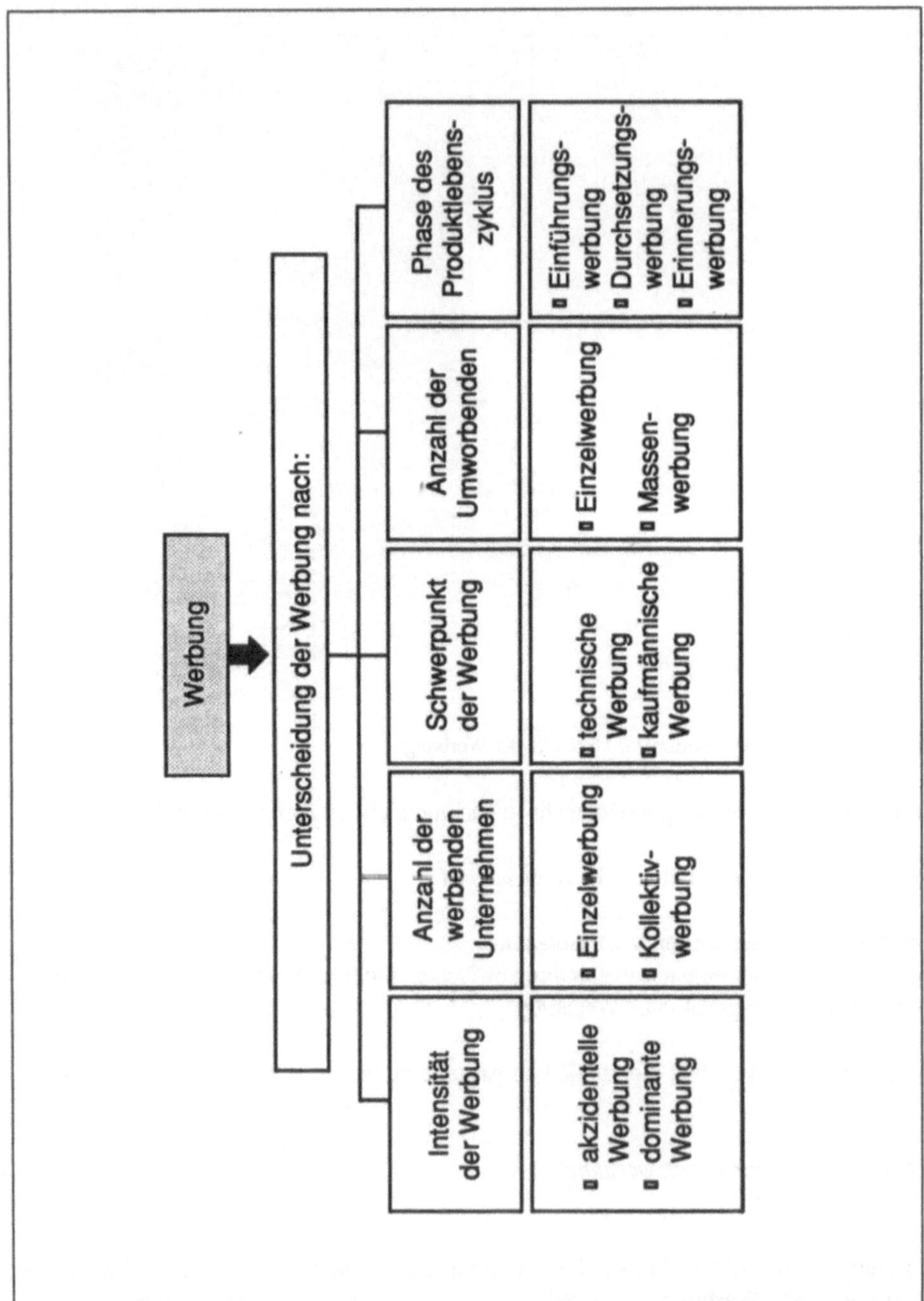

Bild 9.46 Arten der Absatzwerbung

Das Unternehmen bedient sich unwesentlich der Werbung; es stehen andere Absatzinstrumente, wie z. B. Produktgestaltung oder technischer Kundendienst, im Vordergrund.

Nach der *Zahl der Unternehmen* ergibt sich die Unterteilung in

- *Einzelwerbung*
  Ein Unternehmen wirbt allein für seine Produkte.

- *Kollektivwerbung*
  Mehrere Unternehmen werben gemeinsam; werden die Namen der Einzelunternehmen nicht genannt, so handelt es sich um Gemeinschaftswerbung (z. B. Branchenwerbung). Bei Nennung der Einzelunternehmen handelt es sich um Sammelwerbung (z. B. Reklametafeln an Baustellen).

Nach der *Zahl der umworbenen Personen* wird unterschieden zwischen

- *Einzelwerbung*
  Der Umworbene wird direkt, z. B. in Form eines Werbebriefes angesprochen.
- *Massenwerbung*
  Die Werbebotschaft richtet sich an die Allgemeinheit oder wenigstens eine große Gruppe davon.

Nach der *Phase des Lebenszyklus* eines Produktes, in der die Werbung eingesetzt wird, kann die

- Einführungswerbung,
- Durchsetzungswerbung und
- Erinnerungswerbung

unterschieden werden. Während bei der oben genannten Unterscheidung der Arten der Werbung die Durchführung der Werbung im Vordergrund steht, kann nach dem *Schwerpunkt der Werbebotschaft* des weiteren unterschieden werden in

- *technische Werbung*
  hinsichtlich Produktqualität, Konstruktionsvorzügen, Systemvorteilen, Sicherheit, Service usw.

- *kaufmännische Werbung*
  hinsichtlich der Lieferkonditionen, wie z. B. Lieferzeit, Finanzierung, Garantieleistungen usw.

Eine Bevorzugung der technischen Argumente bei der Werbung ist dann angebracht, wenn sich das Unternehmen gegenüber dem technischen Leistungsniveau der Konkurrenz abheben kann. Kaufmännische Argumente in der Werbung treten dann in den Vordergrund, wenn die konkurrierenden Unternehmen ein gleichwertig technisches Niveau ausweisen und eine produktbezogene Abhebung nur schwer möglich ist.

9.6.4.3.2 Werbemittel, Werbeträger

Unter Werbemitteln versteht man alle Gegenstände, mit deren Hilfe der Kontakt zwischen Werbetreibenden und dem Umworbenen hergestellt wird. Jedes Werbemittel braucht zur Kontaktaufnahme mit den Umworbenen einen Werbeträger bzw. ein Medium (Bild 9.47), durch das es an die Umworbenen herangetragenen wird (in Anlehnung an [9.4]).

Ein Werbemittel soll so beschaffen sein, daß es bei den umworbenen Personen eine möglichst große Aufmerksamkeitswirkung erzielt. Neben dieser Wirkung ist eine Nachhaltigkeitswirkung anzustreben. Die Werbeaussage sollte leicht einprägsam sein, so daß eine Wiederholungswerbung in ihrer Aussage um so leichter wiedererkannt und damit in ihrer Nachhaltigkeitswirkung erhöht wird [9.2]. Die einzelnen Werbemittel haben je nach Ausgangslage und Absichten des Werbetreibenden unterschiedliches Gewicht. Für Unternehmen der Konsumgüterindustrie stellen Anzeigen, Plakate, Funk- und Fernsehspots die wichtigsten Werbemittel dar.

Von der Art und Qualität des Mediums hängt in erheblichem Ausmaße die Wirkung der Werbmittel ab. So ist z. B. die Wirkung einer Anzeige davon abhängig, in welchen Zeitungen (Auflagenstärke, Publikumszeitschriften bzw. Fachzeitschriften) sie erscheint (Bild 9.48).

Das Inserat (Anzeige) ist als wichtigstes Werbemittel anzusehen. Die Gründe liegen u. a. darin, daß Inserate sehr geeignet sind, ausführlich über ein Produkt zu informieren, grafischen Gestaltungsmöglichkeiten einen breiten Raum lassen und teilweise eine lange Wirkungsdauer (z. B. Aufbewahren der Anzeige) besitzen. Für umfangreiche

Bild 9.47 Werbemittel und Werbeträger

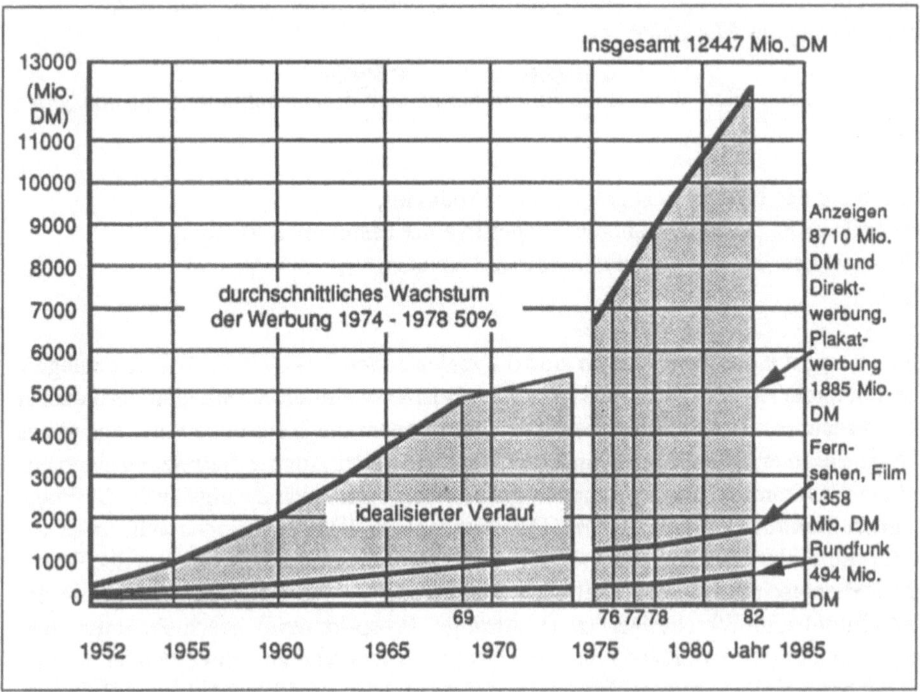

Bild 9.48 Aufwand für die Werbung in der Bundesrepublik (alte Bundesländer)

Informationen ist die Produktwerbung geeignet, die sehr ausführlich über alle Eigenschaften eines Produktes unterrichten kann.
Im Investitionsgüterbereich werden vorrangig als Werbemittel die Anzeigen in Fachzeitschriften, die Prospektwerbung und die Ausstellungen im Rahmen von Fachmessen bevorzugt. In zunehmendem Maße gewinnt aber auch der Industriefilm als Werbemittel an Bedeutung. Dies um so mehr, als es sich im Investitionsgüterbereich zum Teil um äußerst komplexe Anlagen und Vorgänge handelt, die mittels Film äußerst einprägsam jederzeit und an jedem Ort einem interessierten Publikum vorgeführt werden können.

9.6.4.3.3 Werbeplanung

Aufgabe der Werbeplanung ist es, alle Maßnahmen, die zum Erreichen eines Werbeerfolges notwendig sind, festzulegen.
Soll erfolgreich Werbung betrieben werden, so müssen zunächst die Werbeziele präzisiert werden. Sie müssen mit den Gesamtzielen des Unternehmens abgestimmt werden.
Zunächst sind die *generellen Werbeziele* zu formulieren, z. B.

- Erhaltung und Sicherung des Absatzes,

- Begegnung der Bedrohung des eigenen Marktanteils durch die Konkurrenz,
- Erweiterung des Marktanteils.

Sind diese generellen Werbeziele fixiert, lassen sich darauf aufbauend die *speziellen Werbeziele* festlegen, z. B.

- Erhöhung des Bekanntheitsgrades eines Produktes,
- Beeinflussung des Unternehmensimages in einer bestimmten Richtung,
- Umsatzsteigerung in verkaufsschwachen Gebieten,
- usw.

Gleichzeitig mit den Werbezielen sind die *Zielpersonen* bzw. *-branchen* festzulegen. Im Rahmen der Konsumgüterwerbung können beispielsweise alle potentiellen Verbraucher dazu gerechnet werden. Bei Investitionsgütern besteht die Zielgruppe vorwiegend aus Firmen, die unterschiedlichen Branchen zuzurechnen sind. Aus der Zielsetzung einerseits und der Bestimmung der Zielgruppen andererseits ergibt sich zwangsläufig die Frage nach dem *Inhalt der Werbebotschaft*. Grundsätzlich sind alle Informationen weiterzugeben, die für die Zielgruppe von Interesse sein könnten. Daran anschließend muß der Träger der Werbebotschaft (Werbemitel, Werbeträger) festgelegt werden. Die Auswahl der Werbemittel und Werbeträger (z. B. Anzeige, Prospekt usw.) geschieht unter dem Gesichtspunkt der Ansprache einer bestimmten Gruppe von zu Umwerbenden und ist von der Struktur des zu verkaufenden Produktes und den kaufentscheidenden Personen abhängig.
Die Festlegung der *Werbeperiode* umfaßt zwei Probleme: einerseits ist die Zeitspanne, andererseits sind die Zeitpunkte der geplanten Werbemaßnahmen zu bestimmen, z. B.

- einmalige, zeitlich begrenzte Werbeaktion,
- kontinuierliche Werbeaktion,
- intermittierende Werbeaktionen,
- eine Kombination der genannten Möglichkeiten.

Werbeziele, anzusprechende Zielgruppen, Inhalt der Werbebotschaft, Werbemittel und Werbeträger sowie der terminliche Einsatz der Werbung sind zur Ereichung eines größtmöglichen Absatzerfolges aufeinander abzustimmen und in einem zukunftsgerichteten *Werbeplan* auszuweisen.
Die zur Durchführung der im Werbeplan ausgewiesenen Werbemaßnahmen erforderlichen finanziellen Mittel sind im *Werbeetat* zusammenzustellen. Die Höhe des Werbeetats sollte sich dabei an der Höhe des vorausgeschätzten Umsatzes orientieren.

Seine Höhe bewegt sich bei
- Investitionsgütern zwischen 0,6 - 1 %,
- bei Nutzfahrzeugen bis zu 3 %,
- bei Konsumgütern bis zu 30 %
vom Umsatz [9.4].

Dabei wird der erforderliche Werbeetat durch den beabsichtigten Einsatz der Werbemittel bzw. Werbeträger bestimmt. Einige Beispiele sollen dies verdeutlichen (diese Angaben beziehen sich auf das Jahr 1992):

- die Belegung einer Illustriertenseite kostet je nach Farbgebung ca. zwischen 65.000 und 95.000 DM
- die Belegung einer ganzen Seite in einer Tageszeitung mit einer Auflage von ca. 513.000 kostet etwa 85.000 DM
- die Ausstrahlung eines Fernsehspots von 1min. Dauer im gesamten Bundesgebiet kostet ca. 149.000 DM (ZDF)
- Eine Sekunde Funkwerbung kostet je nach Sender und Sendezeit zwischen 10 und 95 DM

Neben der Problematik der Bestimmung der Höhe des Werbeetats stellt sich das Problem der optimalen Verteilung. Hier handelt es sich im einzelnen um die zielgerechte Verteilung des Etats auf

- verschiedene Produkte,
- verschiedene Käuferschichten,
- unterschiedliche Werbemittel,
- unterschiedlich teure Werbeträger,
- unterschiedliche Werbeperioden.

9.6.4.3.4 Werbeerfolgskontrolle

Die Unternehmungen erwarten durch die Werbung in erster Linie positive Konsequenzen im Hinblick auf ihre Marketingziele. Aufgrund der nicht eindeutigen Zurechnung von Werbewirkungen zu ökonomischen Größen beschränkt sich die Erfolgskontrolle auf das Messen von psychologischen Werbezielen. Klassische Methoden zur Wirkungsanalyse sind

- Recall-Test (Erinnerungsverfahren)
  Bei diesem Verfahren werden Personen befragt, an welche Werbebotschaften sie sich erinnern können. Man unterscheidet zwei grundsätzliche Verfahren, und zwar
  - ungestützte Erinnerung (unaided recall): Die befragten Personen müssen die Werbebotschaft ohne Erinnerungshilfen beschreiben.
  - gestützte Erinnerung (aided recall): Den befragten Personen werden Erinnerungshilfen z. B. Produktnamen, Firmennamen gegeben.

- Recognition-Verfahren (Wiedererkennungsverfahren):
  Mit diesem Verfahren wird versucht zu vermitteln, inwieweit die befragte Person ein

Werbekontakt stattgefunden hat. Der befragten Person wird z. B. eine Zeitschrift vorgelegt und gefragt, welche Werbeanzeigen sie wiedererkennt.

Daneben existieren weitere Methoden zur Wirkungsanalyse, z. B. Kontaktmessungsverfahren, Gebiets-Verkaufstest. Entsprechend dem AIDA-Schema

A = attention (Aufmerksamkeit),
I = interest (Interesse),
D = desire (Kaufwunsch) und
A = action (Kauf)

lassen sich die Werbewirkungsanalysen auf verschiedenen Ebenen durchführen.

9.6.4.4 Direktwerbung

Während die klassische Werbung als Massenkommunikationsmittel eingesetzt wird, erfolgt durch die Direktwerbung eine individuelle Ansprache der Zielperson. Nach dem Kriterium der Zielgruppen lassen sich zwei Formen der Direktwerbung unterscheiden:

- Direktwerbung in Consumer-Märkten,
- Direktwerbung in Business-to-Business-Märkten.

Überwiegend werden in der Direktwerbung die Werbemittel Antwortkarten, Versenden von Prospekten und Werbebriefen eingesetzt. Aus dem Konzept der Direktwerbung hat sich ein eigenständiges Direkt-Marketing entwickelt. Gerade im Investitionsgüterbereich wird aufgrund der überschaubaren Kundenstruktur Direktwerbung eingesetzt. Auch die Hersteller von langlebigen Konsumgütern setzen Direktwerbung ein, um die Kunden an das Produkt bzw. an die Unternehmung zu binden. Dies geschieht durch das Einrichten von Kunden-Club-Institutionen.

Für das Konzept der Direktwerbung sprechen einige Vorteile:

- Nachfrager wollen individuell angesprochen werden
- Streu-Verluste werden vermieden
- Zielpersonen können aufgrund der differenzierter werdenden Märkte gut angesprochen werden.

Mit der Direktwerbung sind auch Nachteile verbunden, die u. a. aus einer relativen Informationsüberlastung der Zielpersonen, einer zu beobachtenden Verweigerung der Zielpersonen gegen diese Werbeform resultieren.

9.6.4.5 Sponsoring

In jüngster Zeit gewinnt das Sponsoring zur Erreichung kommunikativer Ziele zunehmend an Bedeutung. Sponsoring beruht auf dem Konzept von Leistung und Gegenleistung. Der Sponsor stellt Finanz-, Sach- und/oder Dienstleistungen dem Gesponserten zur Verfügung und erhält dafür eine festgelegte Gegenleistung, zumeist wirtschaftliche Rechte. Hauptmotiv für die Sponsortätigkeit der Unternehmung bilden Image-Ziele. Sponsoring ist kein selbständiges kommunikationspolitisches Instrument, sondern wird ergänzend zu den Bereichen Werbung, Verkaufsförderung und Public Relations eingesetzt. Zur Zeit werden drei Sponsoring-Arten unterschieden, und zwar

- Sport-Sponsoring (z. B. Einzelsportler, Mannschaften, Sportveranstaltungen)
- Kultur-Sponsoring (z. B. Theater, Literatur, Bildende Kunst)
- Soziales Sponsoring (z. B. Umwelt, Gesundheit).

Schwachstelle des Sponsoring bildet die Erfolgskontrolle. Für den Sponsor sind mit seiner Sponsortätigkeit Unsicherheiten über den Erfolgsbeitrag verbunden.

Gegenwärtig steht das Sport-Sponsoring im Vordergrund des Interesses. Für die Zukunft wird das Soziale Sponsoring aber zunehmend an Bedeutung gewinnen (9.29).

9.7 Planung und Durchführung des Marketing

Nachdem nun die wichtigsten Grundlagen des Marketings behandelt wurden, bleibt noch ein Problemkreis zu klären:

Wie kann ein Unternehmen in Kenntnis aller Daten des Marktes sowie der eigenen absatzpolitischen Fähigkeiten alle Instrumente des Marketings zu einem geschlossenen Konzept kombinieren, um die Zielsetzungen des Marketings zu erreichen?

9.7.1 Marketing-Planung

Ausgangspunkt für die Marketingplanung bildet die Marketingzielsetzung, die aus den allgemeinen Unternehmenszielen abgeleitet wird. Unternehmensziele bilden also die Rahmenbedingungen für die Marketing-Zielsetzung.
Im Rahmen der gesamten Planung eines Unternehmens kommt der Absatzplanung besondere Bedeutung zu, da sich aus ihr alle übrigen Teilpläne, wie z. B. Beschaffungs-, Produktions- und Investitionspläne, ableiten (vgl. Kap. 2.2).

Unter Marketingplanung ist ein systematischer Prozeß zu verstehen, der zum einen Erkenntnisse über die gegenwärtige Marktsituation und zum anderen Lösungen von künftigen Marktprobleme ermittelt. Der Marketingprozeß stellt sich sowohl zeitlich als auch inhaltlich als Abfolge von aufeinander aufbauender Phasen dar.

-Analyse der Marktsituation

Diese Phase ist durch die Situationsanalyse gekennzeichnet. Das Ziel besteht darin, Informationen über den Istzustand der Unternehmung und eine Prognose der relevanten Einflußfaktoren des Marktes zu erhalten. Die Situationsanalyse enthält damit vergangenheits- und zukunftsbezogene Elemente.

- *Umweltanalyse*: In diesem Analyseschritt erfolgt die Aufnahme der volkswirtschaftlichen Rahmendaten (z. B. Bevölkerung, Umweltschutz usw.). Neben der Erfassung der Rahmendaten werden unternehmensexterne Daten, die aus den Verflechtungen der Unternehmung und ihrer Umwelt resultieren, z. B. Informationen über Absatz- und Beschaffungsmärkte ermittelt. Ebenso wird in dieser Phase eine Branchen- bzw. Konkurrenzbetrachtung sowie eine Marktchancen-Marktrisiken-Analyse durchgeführt.

- *Stärken-Schwächen-Analyse*: Aus der Marktstellung der Unternehmung sowie den ihr zur Verfügung stehenden materiellen und personellen Ressourcen werden die Stärken und Schwächen der Unternehmung ermittelt. Aus den Stärken der Unternehmung läßt sich ableiten, inwieweit die in der Umweltanalyse ermittelten Marktchancen genutzt werden können.

- *Prognose der unternehmensbezogenen Gesamtentwicklung*: Der letzte Schritt innerhalb der Situationsanalyse führt auf der Grundlage der vergangenheitsorientierten Daten zu einer Bewertung der zukünftigen Entwicklung der Unternehmung. Grundlage für die Prognose bildet dabei die Verbindung von Chancen und Risiken mit den unternehmensspezifischen Stärken und Schwächen.

-Festlegung der Marketingziele

Nach der Situationsanalyse erfolgt die Festlegung der unternehmensspezifischen Marketingziele. Dabei können ökonomische und psychologische Marketingziele unterschieden werden. Die Marketingziele werden bezüglich ihres Inhaltes, ihrer Zeitbezogenheit und ihres Ausmaßes operationalisiert. Darüber hinaus werden die Marketingziele marktsegmentbezogen präzisiert.

-Aufstellung der Marketingstrategien

Auf der Grundlage der formulierten Marketingziele sind für die Erreichung dieser Ziele alternative Marketingstrategien zu erstellen. Mit dem Begriff Marketingstrategie wird eine zeitlich festgelegte Verhaltensweise auf dem Markt bezeichnet, mit dem die Unternehmung ihr vorgegebenes Ziel erfolgreich realisieren will. Bevor strategische Alternativen ermittelt werden, muß grundsätzlich analysiert werden, mit welchen Produkten auf welchen Märkten in welchem Umfang die Unternehmung tätig sein will.

Aus der Fülle der in der Literatur dargestellten Typen von Marketingstrategien sollen einige im folgenden dargestellt werden.

- *Marktsegmentierungsstrategie*
  Mit Marktsegmentierung wird die Aufteilung eines Gesamtmarktes in abgrenzbare möglichst homogene Teilmärkte bezeichnet. Die Marktsegmentierung kann nach unterschiedlichen Kriterien erfolgen. An die Marktsegmentierungskriterien sind bestimmte Anforderungen, z. B. zeitliche Stabilität, ausreichende Segmentgröße usw. zu erstellen. Typische Marktsegmentierungskriterien im Konsumgüterbereich sind demographische, sozioökonomische oder psychologische Kriterien. Der Vorteil der Marktsegmentierung liegt in der zielgerichteten Ansprache der Nachfrager. Aus der Marktsegmentierungsstrategie haben sich u. a. die Marktnischenstrategie und die Strategie der Marktspezialisierung abgeleitet.

- *Wettbewerbsstrategie*
  Neben der Festlegung der Marktsegmentierungsstrategie ist eine bestimmte Wettbewerbsstrategie zu finden. Es lassen sich drei konzeptionelle Wettbewerbsstrategien unterscheiden:
  - Strategie der umfassenden Kostenführerschaft: Ziel ist es, niedrigere Kosten im Vergleich zur Kokurrenz zu schaffen. Voraussetzung dafür ist die Produktion in großen Stückzahlen, ein großer Marktanteil sowie eine günstige Rohstoffbeschaffung.
  - Strategie der Differenzierung: Die Unternehmensleistungen sind so zu gestalten, daß sie als einzigartig für eine Zielgruppe angesehen werden.
  - Strategie der Konzentration auf Schwerpunkte: Das Ziel der Konzentrationsstrategie ist, einen Unternehmenserfolg durch eine Begrenzung der Abnehmer bzw. der Leistungen zu realisieren.

- *Produktstrategie*
  An die Marktsegmentierungs- bzw. Wettbewerbsstrategie schließt sich die Produktstrategie mit folgenden Möglichkeiten an:

  - Marktdurchdringungsstrategie, d. h. stärkere Durchdringung der gegenwärtigen Märkte mit gegenwärtigen Produkten
  - Marktentwicklungsstrategie, d. h. Erschließung neuer Märkte mit gegenwärtigen Produkten
  - Produktentwicklungsstrategie, d. h. neue Produkte für bestehende Märkte oder durch Produktdifferenzierung andersartige Produkte schaffen.

- *Kostenplanung*

Neben der Festlegung der Marketingziele ist eine Prüfung der finanziellen Ressourcen sowie die Verteilung der zur Verfügung stehenden finanziellen Mittel auf die Marketinginstrumente vorzunehmen. Die Realisierung der Marketingziele hängt entscheidend von der Höhe des Marketingbudgets ab. Die Ermittlung dieses Budgets kann entweder als prozentuale Größe aus dem Umsatz oder als Residualgröße des buchhalterischen Gewinns errechnet werden.

- *Realisation der Marketingziele*
In dieser Phase des Marketingprozesses werden die Marketingentscheidungen durchgeführt. Die Einzelmaßnahmen werden personell zugeordnet, um sicherzustellen, daß die Mitarbeiter für die Durchführung der Marketingmaßnahmen verantwortlich sind.

- *Marketingkontrolle*
In der letzten Phase wird die Kontrolle der Marketingaktivitäten vorgenommen, d. h., es wird untersucht, inwieweit die Marketingziele erreicht wurden. Auf der Basis des Soll-Ist-Vergleichs werden auftretende Abweichungen analysiert und daraus Maßnahmen abgeleitet. Die Marketingkontrolle kann entweder am zeitlichen Ende des Planungsprozesses liegen, oder es werden innerhalb der Durchführung der Marketingziele Kontrollpunkte gesetzt, an den die Marketingzielsetzung überprüft wird. Vorteil der letzten Methode ist, daß während der Durchführungsphase Gegenmaßnahmen vollzogen werden können. Neben der Kontrolle der Marketingaktivitäten in der jüngsten Zeit, hat sich daraus das Marketing-Controlling entwickelt. Das Marketing-Controlling umfaßt eine kontinuierliche und systematische Überprüfung sämtlicher Marketingprozesse und deren Informationsgrundlage. Ziel ist nicht nur die Ergebniskontrolle, sondern eine gesamtmarketingorientierte Planung, Steuerung und Kontrolle der Marketingfunktion.

9.7.2 Marketing-Mix

Für die Durchsetzung der Marketing-Ziele - insbesondere der Absatzziele - stehen dem Unternehmen grundsätzlich sämtliche Instrumente der Marktgestaltung wie

- Produktpolitik,
- Absatzpolitik,
- Preispolitik und
- Kommunikationspolitik

zur Verfügung (Bild 9.49).

Welche Instrumente in welcher Intensität eingesetzt werden, muß die Unternehmensleitung entscheiden. Ob das gesamte Instrumentarium zur Anwendung gelangt oder nur einzelne Instrumente besonders intensiv eingesetzt werden, hängt von der jeweiligen konkreten Situation ab. Die Kombination der Einzelinstrumente wird als *Marketing - Mix* bezeichnet [9.7] (Bild 9.50).

Unter einem optimalen Marketing-Mix wird die Kombination der absatzpolitischen Instrumente verstanden, die mit dem geringsten Aufwand den höchsten Ertrag verspricht. Die Kosten der einzelnen Instrumente sind noch relativ leicht zu bestimmen, aber bei Mehrproduktunternehmen sachlich schlecht abzugrenzen, wenn z. B. die Kosten einer

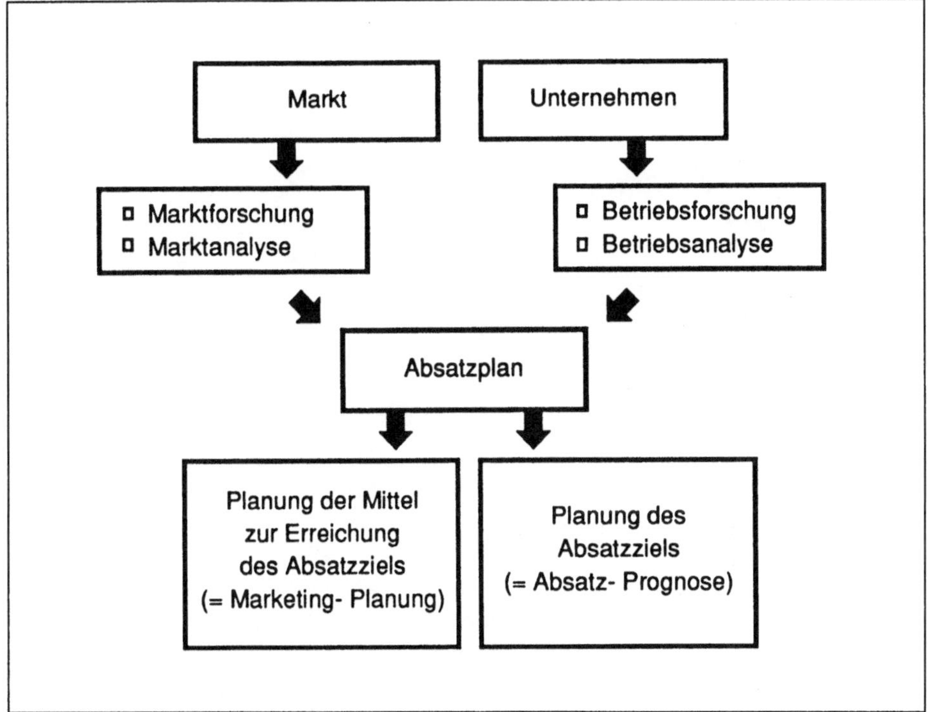

Bild 9.49 Absatzplanung

Firmenwerbung auf die verschiedenen Kostenträger (z. B. Produkte) verteilt werden sollen. Die Erträge der einzelnen Instrumente lassen sich kaum bestimmen, da der Nachfrager immer nur die gesamte Marktleistung bezahlt und nicht ermittelt werden kann, welche in Geldeinheiten ausgedrückte Teilwirkung eines einzelnen Instrumentes für den Kaufentschluß entscheidend war [9.2].

Die Suche nach dem optimalen Marketing-Mix ist somit für das Unternehmen ein Entscheidungsproblem unter Unsicherheit oder sogar unter Risiko. Zu seiner Lösung sind eine ganze Reihe von mathematischen Modellansätzen entwickelt worden [9.23]. Ihre Anwendung in der Praxis scheitert aber zumeist an dem hohen Abstraktionsgrad, den die meisten dieser Modelle aufweisen. So ist ein Unternehmen bislang im wesentlichen auf ein bestimmtes Fingerspitzengefühl bei der Gestaltung eines optimalen Marketing-Mix angewiesen [9.2]. Aufgrund der unterschiedlichen Situation in der Konsum- und Investitionsgüterindustrie ergibt sich eine verschiedenartige Bedeutung der einzelnen Marketing-Mix-Faktoren in den beiden Unternehmenstypen (Bild 9.51).

Die Vielzahl der Entscheidungsmöglichkeiten kann dadurch eingeengt werden, daß bei vielen Varianten die grundsätzliche Wirkung auf das Marketingziel vorhergesagt werden kann. Entscheidungen mit vorhersehbarer negativer Wirkung werden nicht weiter verfolgt. Das so gefundene Marketing-Mix muß ständig überprüft und gegebenenfalls weiter verändert werden; die Marketing-Strategie wird in einem fortwährenden Entscheidungsprozeß den Marktänderungen angepaßt [9.7] (Bild 9.52).

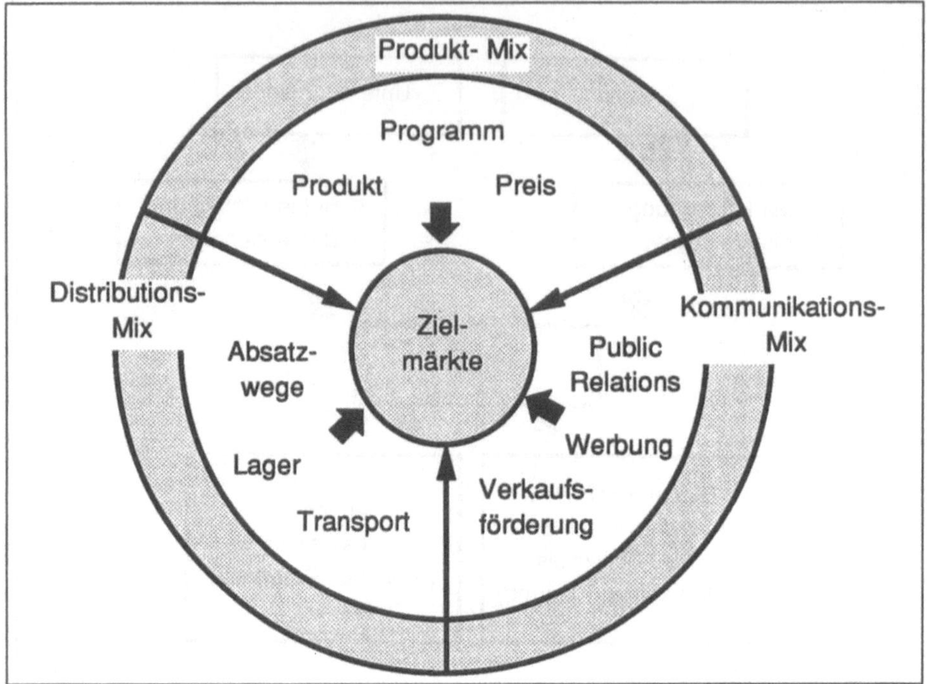

Bild 9.50 Das Marketing-Mix

9.8 Marketing-Organisation

9.8.1 Einflußfaktoren auf die Marketing-Organisation

Die zunehmende Bedeutung der Marketing-Funktion für eine Unternehmung wird auch durch die veränderte Organisationsstruktur reflektiert.

Die Organisation muß u. a. aufgrund der Austauschbeziehungen zwischen Umwelt und Unternehmung durch externe Faktoren determiniert werden. Zu den externen Faktoren zählen

- Wandel vom Verkäufer- zum Käufermarkt
- Anzahl der Bedarfsstruktur, Kaufkraft und/oder Einkaufsverhalten der Kunden
- Umfang und Unterschiedlichkeit der Märkte der Unternehmung.

Demgegenüber stehen interne Faktoren, und zwar

- kapazitätsmäßiges und finanzielles Potential
- bestehende Vertriebskanäle

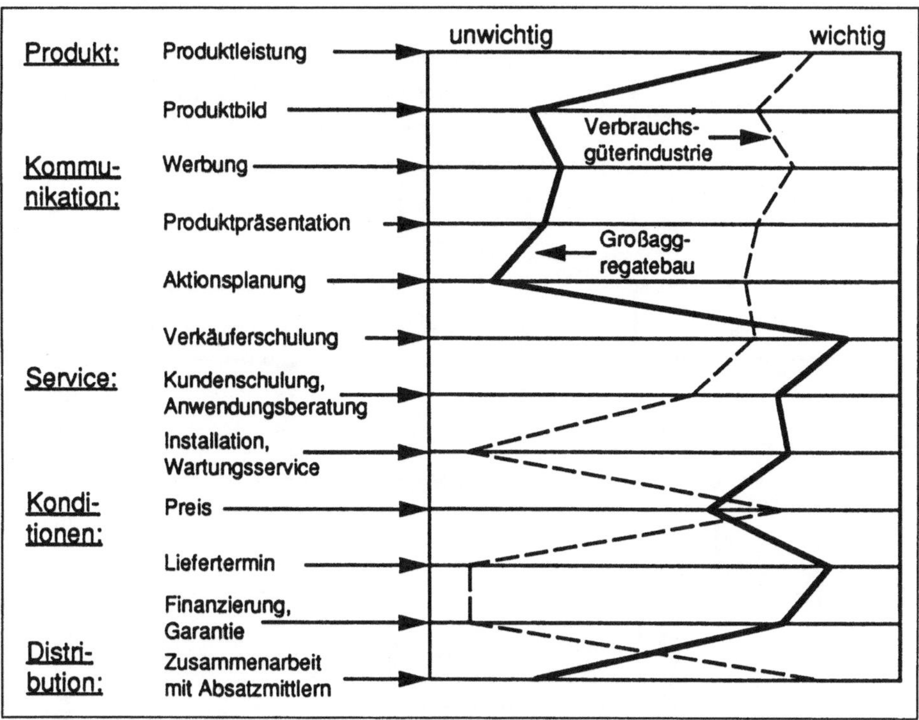

Bild 9.51 Bedeutung der Marketing-Mix-Faktoren in der Konsum- und Investitionsgüterindustrie

- Anzahl und Heterogenität der Produkte.

Um eine hohe Effizienz der Marketing-Funktion zu gewährleisten, müssen zwei Grundanforderungen erfüllt sein:

- Die Mitarbeiter aller Unternehmensbereiche müssen sich mit der Idee identifizieren, daß eine kontinuierlich erfolgreiche Unternehmensentwicklung nur dann gewährleistet ist, wenn sich das Unternehmen am Markt ausrichtet.

- Verantwortlichkeit und Zuständigkeit für eine Marketing-Konzeption müssen in der betrieblichen Organisation institutionalisiert werden.

9.8.2 Typen von Marketing-Organisationen

Für die Institutionalisierung des Marketing in der betrieblichen Organisation bieten sich verschiedene Möglichkeiten entsprechend den Organisationsformen

- Stab-Linien-Organisation,

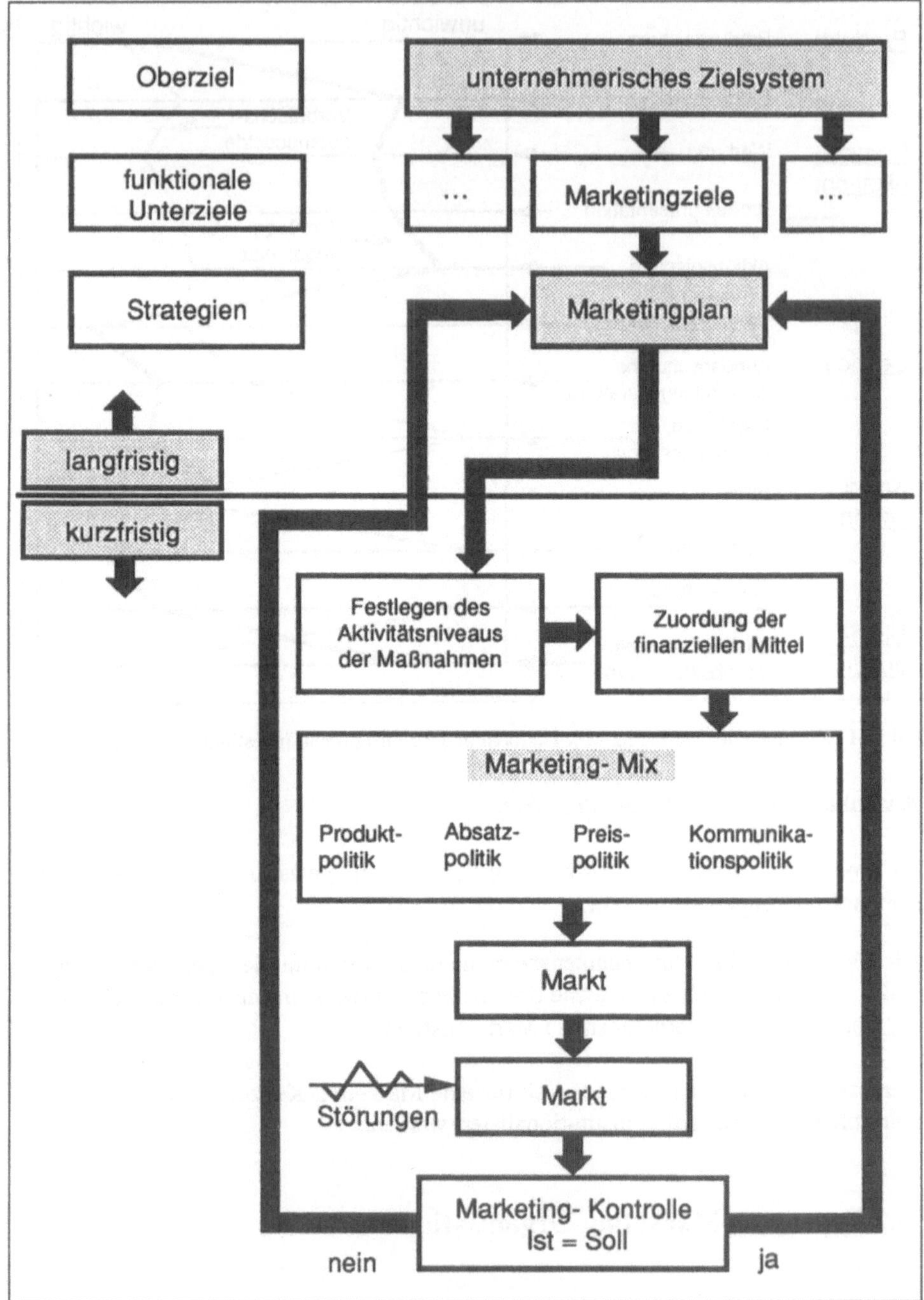

Bild 9.52 Planung und Durchführung des Marketings (in Anlehnung an [9.24])

- Sparten-Organisation,
- Matrix-Organisation

an (vgl. Kapitel 1).

Der einfachste Fall wäre die Eingliederung der Marketing-Abteilung in die funktionsorientierte *Stab-Linien-Organisation*. Der Nachteil einer derartigen Organisationsform liegt in der Schwierigkeit, Marketing-Aktivitäten zu koordinieren und Marketing-Strategien durchzusetzen, da die einzelnen Funktionsbereiche eine verhältnismäßig große Selbständigkeit und Eigenverantwortlichkeit besitzen.

Unter Marketing-Gesichtspunkten ist aber eine Gliederung nach Funktionen weit weniger wichtig als eine Gliederung nach den verschiedenen Produktfamilien oder Einzelprodukten. Gerade bei Mehrproduktunternehmen wird dieser Nachteil besonders deutlich: Für jede Tätigkeit ist die Verantwortlichkeit geregelt, niemand ist aber für das Produkt verantwortlich.

Die Erweiterung der Linien-Organisation durch eine Produkt- bzw. Projektverantwortung führt zur *Matrix-Organisation* . Einen Spezialfall der Matrix-Organisation stellt das *Produkt-Management* dar. Der Produktmanager trägt die Verantwortung für das Produkt, während die Zielsetzung der Zentralbereiche (z. B. Beschaffung, Produktion, Marketing usw.) darin besteht, die vorhandenen Kapazitäten auszulasten. Obwohl das Produkt-Management-Konzept als eine marktgerechte Organisation erscheint, stehen seiner Verwirklichung doch erhebliche Schwierigkeiten entgegen. Die Schwäche des Produktmanagement-Konzepts liegt darin, daß es auf die Kooperation zwischen Funktions- und Produktspezialisten angewiesen ist.

Zusammenarbeit läßt sich aber in der Regel nicht institutionalisieren. Mit der Kooperationsbereitschaft bis hinauf zur Unternehmensleitung steht und fällt das Konzept des Produkt-Managements.

Eine weitere Möglichkeit, die Unternehmensorganisation den Erfordernissen des Marktes anzupassen, besteht darin, eine Gliederung nach Einzelprodukten oder nach Produktgruppen vorzunehmen. An die Stelle der Funktionen Einkauf, Produktion, Marketing usw. tritt die Gliederung nach Produkten; diese Art der Organisation wird als *Sparten-Organisation* bezeichnet, d. h. als Bildung von operativen Unternehmensbereichen [9.7].

Welche Organisationsform zu bevorzugen ist, ist stark abhängig von der Produkt- bzw. Marktsituation. So ist das Produkt-Management schwerpunktmäßig in konsumnahen Bereichen vertreten, während es in der Investitionsgüterindustrie die Ausnahme darstellt. Dort findet sich in erster Linie die funktionsorientierte Stab-Linien-Organisation, obwohl auch hier in zunehmendem Maße die Matrix-Organisation zur Anwendung gelangt. Demgegenüber ist das Konzept der Spartenorganisation hauptsächlich von großen Multi-Produkt-Unternehmen realisiert worden. Grundsätzlich dürfte es leichter sein, eine bestehende funktionale Organisation zu ergänzen, als ein völlig neues Organisationskonzept zu verwirklichen. Dies dürfte auch der Grund dafür sein, daß das Produkt-Management-Konzept häufig als "kleine Lösung", das Sparten-Konzept als "große Lösung" bezeichnet wird.

Neben dem Problem der *optimalen Organisationsform* unter Berücksichtigung des Marketinggedankens und der Eingliederung der Marketingabteilung in die jeweilige Organisationsform ergibt sich die Frage nach dem *inneren Aufbau der Marketing-Abteilung*. Dieser erfolgt zweckmäßigerweise entsprechend den einzelnen Funktionsbereichen des Marketings (Bild 9.53).

Zusammenfassend läßt sich feststellen, daß eine marktorientierte Unternehmensführung zwangsläufig mit einer Veränderung der herkömmlichen Organisationsstruktur verbunden sein muß. Ob dabei dem Produkt-Management oder dem Sparten-Konzept der Vorzug zu geben ist, läßt sich nur im konkreten Einzelfall bestimmen.

9.9 DV-gestütztes Marketing

Durch die zunehmende Technologiedynamik stellt sich die Frage, inwieweit das Marketing bzw. einzelne Tätigkeitsfelder unterstützt werden können.

Da Informationen ein eindeutiger Bestandteil der Marketing-Aktivität sind, ist die Beherrschung der Informationstechnologie von überragender Bedeutung für die Unternehmung, um temporäre Wettbewerbsvorteile zu erringen.

Gerade in Handelsbetrieben hat diese Entwicklung zu der Realisierung von computergestützten Warenwirtschaftssystemen geführt, die u. a. die gesamten wirtschaftlichen Verflechtungen einer Unternehmung abbilden können (sog. offene computergestützte Warenwirtschaftssysteme).

Die Unterstützung des Marketing durch die Informationstechnologie kann auf zwei Arten erfolgen, und zwar durch die

- Unterstützung bei der Datenerfassung sowie der Präsentation von Unternehmensleistungen über die Telekommunikationstechnologie

Bild 9.53 Aufbau der Marketing-Abteilung

- comperunterstützte Entscheidungshilfen für das Marketing-Management in Form von Marketing-Informationssystemen [9.28].

9.9.1 Marketing und Telekommunikationstechnologie

Die Telekommunikationstechnologie läßt sich durch zwei Charakteristika kennzeichnen:

- *Netze bzw. Übertragungskanäle*
  Mit Netz bezeichnet man technische Übertragungskanäle zwischen zwei Endeinrichtungen. Es besteht die Möglichkeit, über mobile Datenerfassungsgeräte (MDE) Daten an jedem beliebigen Ort zu erfassen und sie über öffentliche bzw. private Netze an eine Unternehmung zu übermittteln. Gerade für die Steuerung der Außendienstmitarbeiter ergeben sich damit vielfältige Nutzenpotentiale. So können Außendienstmitarbeiter z. B. während des Verkaufsgesprächs über die öffentlichen bzw. privaten Netze aktuelle Informationen abrufen. Im allgemeinen steht die Praxis diesem Computer Aided Selling (CAS) eher skeptisch gegenüber.

- *Telekommunikationsdienste*
  Die Telekommunikationsdienste (z. B. BTX, Mailbox) sind die neuen Ausprägungsformen der Kommunikation. So läßt sich - z. B. über BTX - Kommunikation in geschlossenen Benutzergruppen realisieren, bei denen der autorisierte Kunde selbst Anfragen bzw. Auftragserteilung unabhängig von Ort und Zeit an die Unternehmung übermitteln kann. In der Praxis ist dieses Konzept bereits im pharmazeutischen Großhandel implementiert worden. Vorteil für den Anbieter ist eine stärkere Kundenanbindung; die Nachteile resultieren aus der verwendeten Technik des Systems. Auf BTX hat sich ein spezielles Marketingkonzept Teleselling (aus Anbietersicht) bzw. Teleshopping (aus Nachfragersicht) gebildet, das vorwiegend seine Verwendung im Versandgroßhandel findet. In der Bundesrepublik ist Teleselling im Vergleich zum westlichen Ausland von untergeordneter Bedeutung.

9.9.2 Marketing-Informationssysteme (MAIS)

Die zunehmende Dynamissierung der Märkte zwingen die Unternehmungen, auf etwaige Änderungen schnellstmöglich zu reagieren

Information erhält damit eine strategische Bedeutung, nicht nur für das Marketing, sondern für den Fortbestand der Unternehmung. In der Praxis ist das Marketing mit einer Fülle von Informationen konfrontiert, deren Inhalt allerdings nur zu einem geringen Teil gerade anstehende Probleme tangiert. Diese Informationsflut führt aber keineswegs zu besseren Entscheidungen, sondern es ist eher das Gegenteil festzustellen.

Hier sollen Marketing-Informtionssysteme Hilfestellung für den Entscheidungsträger schaffen. Ein MAIS kann als eine geordnete und planvoll entwickelte Gesamtheit von organisatorischen Regelungen bezüglich der Träger der informatorischen Aufgaben, der Informationsmenge zwischen ihnen, der Inforamtionsrechte und -pflichten sowie der Methoden und Verfahren der Informationsbearbeitung in diesem Gefüge definiert werden, mit deren Hilfe der Informationsbedarf des am Marketing-Prozeß beteiligten Managements befriedigt werden soll.
Aufgrund der eingeschränkten Informationsverarbeitungs- und -speicherungskapazität ist ein unabdingbarer Bestandteil des MAIS seine Realisierung auf EDV-Anlagen. Heute beschränkt sich die Realisierung auf partielle MAIS, die Teilbereiche des Marketing abdecken, der zum einen auf das Scheitern des "Total System Approach"-Ansatzes und zum anderen auf Wirtschaftlichkeitskriterien zurückzuführen ist.
Betrachtet man die Marketing-Funktion als ein Gesamtsystem, so ist das MAIS nur eines von drei Subsystemen, nämlich dem Marketing-Management-System, dem MAIS und dem Marketing-Hilfssystem. Das Marketing-Management-System enthält neben der organisatorischen Struktur der Marketing-Funktion auch die Planungs- und Kontrollverfahren zur Durchführung der Tätigkeiten. Das Hilfssystem beinhaltet die Tätigkeiten und Verfahren, die u. a. für die Beschaffung und Verarbeitung von Daten erforderlich sind. Der Computer ist selbst ein Teil dieses Hilfssystems. Das MAIS hat sich bei seiner Entwicklung am Marketing-Management-System zu orientieren, aus dem sich der Informationsbedarf explizit ergibt. Der zu ermittelnde Informationsbedarf nimmt dabei eine zentrale Bedeutung bei der Realisierung eines solchen Systems ein, denn die Entscheidung und die damit verbundene Entscheidungsqualität hängt von Informationen am richtigen Ort und zum richtigen Zeitpunkt ab.

Marketing-Dokumentationssysteme stellen den einfachsten Typ eines Informationssystems dar. Hier erfolgt nur eine computergestützte Aufbereitung und Darstellung der Informationen. Planungs- und Kontrollsysteme ermöglichen die Einbeziehung von angenommenen Veränderungen in der Umwelt der Unternehmung. Für die Gestaltung eines MAIS kommt der Mensch-Maschine-Kommunikation eine wesentliche Bedeutung für die Akzeptanz des späteren Benutzers zu. Dabei sind softwareergonomische Kriterien, z. B. Einfachheit, Bereitstellung von Hilfetexten zu erfüllen [9.33].

9.10 Wiederholungsfragen

1. Was war die Ursache für das Aufkommen des Marketinggedankens?
2. Nennen Sie die drei grundsätzlichen Arbeitsbereiche des Marketings.
3. Skizzieren Sie die Vorgehensweise innerhalb der qualitativen und quantitativen Marktforschung.
4. Was ist unter dem "absatzpolitischen Instrumentarium" zu verstehen?
5. Nennen Sie die produktpolitischen Alternativen.
6. Was ist unter einer "strategischen Lücke bzw. Planungslücke" innerhalb der Produktpolitik zu verstehen?
7. Konkretisieren Sie den Begriff "Diversifikation " (Formen, Methoden).
8. Wie kann die Absatzorganisation gegliedert werden?
9. Nennen Sie mögliche Absatzwege anhand von Beispielen.
10. Welche Bedeutung hat der Kundendienst?
11. Was ist unter Preis- und Konditionspolitik zu verstehen?
12. Nach welchen Möglichkeiten kann die Preisbildung erfolgen?
13. Welche Möglichkeiten bestehen hinsichtlich der Preisdifferenzierung?
14. Welche Rabattarten können unterschieden werden?
15. Was ist unter Verkaufsförderung zu verstehen?
16. Worin besteht der Unterschied zwischen Absatzwerbung und Public-Relations?
17. Welche Arten der Werbung können unterschieden werden?
18. Was verstehen Sie unter Absatzplanung?
19. Konkretisieren Sie den Begriff Marketing-Mix.

20. Kann ein einheitliches Marketing-Mix-Konzept für die Unternehmen angegeben werden (Begründung)?

21. In welchen Phasen läßt sich der Planungsprozeß einteilen?

22. Was versteht man unter einem Marketing-Informationssystem?

23. Welche Prognose-Techniken kennen Sie?

9.11 Literaturhinweise

9.1 Wöhe, G.: Allgemeine Betriebswirtschaftslehre, 10. Auflage. Berlin, Frankfurt M.:Verlag Franz Vahlen GmbH, 1971.

9.2 Schröder, H.-J.: Grundlagen und Grundbegriffe des Marketing, VDI-Taschenbuch T 44.Düsseldorf: VDI-Verlag GmbH 1973.

9.3 Six, F.A.: Marketing in der Investitionsgüterindustrie. Bad Harzburg: Verlag für Wissenschaft, Wirtschaft und Technik 1971.

9.4 Grünwald, H.: Marketing. Grafenau: Lexika: Lexika-Verlag 1974.

9.5 Nieder, E.: Marketing. Kamprath-Reihe Kurz und Bündig, Wirtschaft, Würzburg: Vogel-Verlag 1977.

9.6 Kotler, P.: Marketing-Management. Stuttgart: Poeschel-Verlag 1978.

9.7 Wanner, E.: Grundkurs in Marketing. München: Oldenbourg-Verlag 1974.

9.8 Link, J.: Der Planrahmen in der Konsum- und Investitionsgüterindustrie. Zeitschrift für Organisation 47 (1978)H. 3, S. 129-134.

9.9 Sitting, C.A.: Wie erarbeiten wir Prognosen für die Planung? Management-Zeitschrift (io) 48 (1979) Nr. 3, S. 132-135.

9.10 FAZ: Zukunft bis auf zwei Stellen hinter dem Komma. Frankfurter Allgemeine Zeitung, Jahrgang 22, Nr. 100,30. April 1979.

9.11 Michels, W.: Systematische Produktüberwachung im Maschinenbau. Dissertation RWTH Aachen 1973.

9.12 Verschied. Verfasser: Systematische Produktplanung - ein Mittel zur Unternehmenssicherung. Düsseldorf: VDI-Verlag 1976.

9.13 Grigo, H.J.: Produktplanung - Theorie und Praxis. Stuttgart: Taylorix Fachverlag 1973.

9.14 Verschied. Verfasser: Produktinnovation - Herausforderung und Aufgabe. Düsseldorf: VDI-Verlag 1976.

9.15 Greiner, P.: Marketing und Industrial Engineering - Maßnahmen zur Projektplanung. Zeitschrift: Industrial Engineering 28/1979, Heft 1.

9.16 Verschied. Verfasser: Methoden der Produktfindung, Angebotsplanung und Produktentwicklung. Industrie-Anzeiger 96 (1974) Nr. 70.

9.17 Brankamp, K.: Planung und Entwicklung neuer Produkte. Essen: De Gruyter Verlag 1971.

9.18 Opitz, H.: Entwicklung einer Methode zur Informationsgewinnung und Verarbeitung für die Planung und Entwicklung neuer Industrieprodukte. Opladen: Westdeutscher Verlag GmbH, 1974.

9.19 Fachverband des Deutschen Maschinen- und Werkzeughandels e.V.: Geschäftsbericht 1971, Bonn.

9.20 Weis, H.: Marketing. Ludwigshafen: Kiehl-Verlag GmbH 1977.

9.21 Warnecke / Bullinger / Hichert: Kostenrechnung für Ingenieure. München, Wien: Carl Hanser Verlag 1978.

9.22 Crawford, C.M.: Das Leitlinienkonzept in der Absatzplanung. Köln und Berlin: Verlag Kiepenheuer & Witsch, 1972.

9.23 Hill, W.: Marketing Band II. Bern-Stuttgart: Haupt-Verlag 1972/2.

9.24 Meffert, H.: Marketing. Wiesbaden: Gabler Verlag 1978.

9.25 Bea/Dichtl/Schweitzer: Allgemeine Betriebswirtschaftlehre; Band 3: Der Leistungsprozeß. Stuttgart und New York: Gustav Fischer Verlag 1985.

9.26 Bruhn, M.: Marketing, Grundlagen für Studium und Praxis. Wiesbaden: Gabler Verlag, 1990.

9.27 Berndt, R.: Marketing 1. Berlin und Heidelberg: Springer Verlag, 1990.

9.28 Gaul/Both: Computergestütztes Marketing. Berlin und Heidelberg: Springer Verlag, 1990.

9.29 Hermanns/Püttmann: Sponsoring-Barometer. Absatzwirtschaft, 33 Jg. (1990) Nr. 9, S. 80-84.

9.30 Geesbüsch/Weeser-Krell/Greml: Marketing - ein Handbuch. Landsberg am Lech: verlag moderne industrie, 1987.

9.31 Steffenhagen, H.: Marketing. Eine Einführung. Stuttgart und Berlin: Kohlhammer-Verlag, 1988.

9.32 Scheuch, F.: Marketing. Berlin, Frankfurt/M.: Verlag Franz Vahlen GmbH, 1986.

9.33 Neischlag/Dichtl/Hörschgen: Marketing, 14. völlig neu bearbeitete Auflage. Berlin: Duncker & Humbolt Verlag, 1985.

10 Personalwesen

10.1 Einleitung

Dieses Kapitel gibt einen Überblick über den Unternehmensbereich "Personalwesen" und einige Bestimmungen des Arbeitsrechts, die im Hinblick auf das Personal und dessen Einsatz im Unternehmen und im Betrieb zu beachten sind.
Ziel dieses Kapitels ist es, Kenntnisse zu folgenden Schwerpunkten zu vermitteln:

- die Stellung des Personalwesens im betrieblichen Geschehen sowie seine Ziele, Aufgaben und Teilbereiche;
- die wichtigsten Methoden, die im Bereich des Personalwesens Anwendung finden;
- den grundsätzlichen Aufbau des Arbeitsrechts;
- die wesentlichen Regelungen des kollektiven und individuellen Arbeitsrechts.

Die arbeitsrechtlichen Abschnitte sollten nicht als "juristischer Ratgeber in Zweifelsfällen" benutzt werden, da die Beurteilung von Einzelfragen eine genauere Kenntnis der Rechtslage voraussetzt, als sie hier vermittelt werden kann.
Eine Vertiefung interessanter Fragestellungen wird durch Hinweise auf die Literatur erleichtert.

10.1.1 Bedeutung und Problemstellung des Personalwesens

Selbst bei zunehmender Automatisierung vieler Produktions- und Verwaltungstätigkeiten bleibt die menschliche Arbeitskraft aufgrund der besonderen Eigenschaften (Sprache, Kreativität, Innovationsbereitschaft) ein wichtiger Produktionsfaktor. Der Produktionsfaktor "Arbeit" hat allerdings noch weitere Merkmale, die ihn von anderen Produktionsfaktoren unterscheiden. Er ist nur begrenzt verfügbar, d. h.er kann nicht problemlos an einem anderen Arbeitsplatz bzw. in einem anderen Aufgabenfeld eingesetzt oder abgeschafft, d. h. entlassen werden. Er verursacht neben den laufenden Kosten weitere Folgekosten (Renten etc.) und seine Qualifikation ist nicht so leicht zu verändern wie etwa das Umrüsten einer Maschine. Darüber hinaus ist der Arbeitnehmer durch verschiedene Gesetze besonders geschützt.
An eine betriebliche Abteilung, die sich mit Personalangelegenheiten befaßt, werden von daher zwei Anforderungen gestellt:

- Sie hat das Personal effizient zu verwalten, d. h. den Einsatz zu planen, für die Bereitstellung benötigter Qualifikation im weitesten Sinne zu sorgen und, wenn nötig, einen reibungslosen Personalabbau zu gewährleisten sowie alltägliche Verwaltungstätigkeiten (Lohnzahlungen etc.) durchzuführen.

- Sie muß dabei die rechtlichen und sozialen Belange jedes einzelnen Mitarbeiters berücksichtigen und wahren und sie soll in der Auseinandersetzung mit Betriebsrat und Gewerkschaften die Arbeitsbedingungen für die Mitarbeiter festlegen.

Diese Probleme werden in einzelnen Unternehmen je nach Größe, Struktur, Aufgabe und Zielsetzung unterschiedlich gelöst. Dies hat in der Praxis zu unterschiedlichen Begriffen in diesem Bereich geführt.

Im folgenden soll zunächst eine einheitliche Begriffsgrundlage geschaffen werden. Darauf aufbauend werden die Aufgaben des Personalwesens auf drei Ebenen dargestellt:

- unbedingt notwendige (gesetzlich vorgeschriebene) Leistungen
- sinnvolle, aber nicht vorgeschriebene Leistungen (Bildungswesen, Personalplanung etc.)
- Grundlagen und Anhaltspunkte für beide Aufgabenbereiche.

10.1.2 Begriffsabgrenzung

In der Literatur, die sich mit den Fragestellungen des Personalwesens beschäftigt, werden für diesen Aufgabenbereich folgende Begriffe verwendet:

- Personalwesen [10.1]
- Personalwirtschaft [10.2]
- Arbeitswirtschaft
- Personalverwaltung
- Personalpolitik.

Hierdurch wird der Personalbereich in seiner Abgrenzung zu anderen Unternehmensbereichen und nach Art und Umfang seiner Aufgaben unterschiedlich definiert.

Beispiel: Unter dem Begriff der "Personalverwaltung" wird häufig nur der verwaltungsbezogene Teil des Personalwesens verstanden, der "Bürotätigkeiten ..., die mit der Einstellung und Beschäftigung von Personal" zu tun haben, betrifft [10.1]. Dem steht der dynamische Begriff der "Personalpolitik" als "langfristige Orientierung der Personalarbeit" [10.3] gegenüber, bei dem die Planung und Organisation im Gegensatz zur reinen Ausführung hervorgehoben wird.

Diese Unterschiedlichkeit der Begriffe hat wohl letztlich ihre Ursache in der Vielzahl der wirtschaftlichen und gesellschaftlichen Einflußfaktoren auf das Unternehmen, wobei diese Einflußfaktoren und ihre Auswirkungen nicht in ihrer Gesamtheit erfaßt werden können, sondern, je nach Zielsetzung des Autors, ausgewählt und als besonders wichtig für den Entwicklungsprozeß des Personalwesens hevorgehoben werden. Der Begriff ist also abhängig vom Schwerpunkt der jeweiligen Darstellung, wobei allerdings auch bei gleichen Schwerpunktsetzungen keine einheitlichen Definitionen vorliegen.

Im vorliegenden Kapitel "Personalwesen" wird eine Einführung in Vorgänge, Verfahren und Rechtsformen gegeben, die die Mitarbeiter im Unternehmen hinsichtlich ihres Beschäftigungsverhältnisses betreffen.

Das heißt, es werden kurz-, mittel- und langfristige Aufgaben bezüglich Personalbeschaffung, Personaleinsatz sowie Führung des Personals auf einem bestimmten Niveau idealtypisch einem Personalwesen zugeordnet.

Damit ist das "Personalwesen" nicht etwas Statisches, Verwaltungsorientiertes, sondern ein gestaltendes, dynamisches Element.

10.1.3 Historische und betriebliche Voraussetzungen für die Entwicklung eines "Personalwesens"

Die Entwicklung eines eigenständigen "Personalwesens" ist gekoppelt an die zunehmende Industrialisierung der Produktion.

Mit der industriellen Revolution entwickelten sich aufgrund der zunehmenden Mechanisierung die ersten auf Massenproduktion ausgerichteten Großbetriebe. Damit stieg die Anzahl der Beschäftigten pro Einzelbetrieb und die sozialen Strukturen veränderten sich notwendigerweise. Diese Entwicklung "führte zu einer Auflösung des im alten Handwerk noch vorhandenen patriarchalischen Verantwortungsverhältnisses und zu einer Arbeitsbeziehung ohne persönliche Bindung" [10.1].

Das Ergebnis war eine Formalisierung der Beschäftigungsverhältnisse und eine deutlichere Herausbildung des Interessenkonflikts zwischen dem Arbeitnehmer, der seine Arbeitskraft möglichst teuer verkaufen wollte, und dem Arbeitgeber, dessen Interesse darin bestand, die Kosten für das Personal möglichst niedrig zu halten.

Darüber hinaus entstanden mit zunehmender Arbeitsteilung soziale Probleme im Betrieb, die aufgrund der Betriebsgrößen nicht mehr auf informeller Basis lösbar waren. Eine Folge dieser Entwicklung war die Herausbildung einer organischen Einheit "Personalwesen" im Betrieb. Die Art und Weise, in der organisatorisch auf einzelne Probleme eingegangen wird, ist allerdings stark abhängig von der jeweiligen Betriebsgröße. Die empirischen Untersuchungen über die Bedeutung und Stellung des Personalwesens im Unternehmen zeigen, daß Personalarbeit zwar in allen Betrieben gemacht wird (werden muß), sich eine relativ eigenständige Funktion des Personalwesens jedoch erst mit zunehmender Betriebsgröße (Zahl der Beschäftigten) herauskristallisiert. In Kleinbetrieben wird die Personalarbeit eher "nebenbei" gemacht, d. h., es gibt keinen speziell für die Personalarbeit abgestellten Sachbearbeiter, geschweige denn eine spezielle Abteilung. Dies wäre aus ökonomischer Sicht auch unzweckmäßig.

10.1.4 Gegenwärtige Anforderungen an das Personalwesen und einige Bestimmungsfaktoren

Die Anforderungen an ein Personalwesen bestehen vor allem in der effizienten Personalverwaltung und Personalplanung. Unter Personalverwaltung sollen hier alle Tätigkeiten bezüglich des Personals verstanden werden, die regelmäßig im Betrieb anfallen, also quasi Routinetätigkeiten sind. Hierzu gehört z. B. die Aufgabe, die in den Tarifverhandlungen vereinbarten Veränderungen bezüglich Lohn/Gehalt, Arbeitsbedingungen, Arbeitszeit usw. umzusetzen, auf die Einhaltung der rechtlichen Bestimmungen zu achten und das Unternehmen rechtzeitig auf Veränderungen des rechtlichen Rahmens vorzubereiten.

Personalplanung umfaßt Überlegungen und Maßnahmen, die geeignet sind, Mitarbeiter und Arbeitsplätze in der benötigten Anzahl und Qualifikation bereitzustellen. Hierzu gehört z. B. der Einsatz der Mitarbeiter gemäß ihren Qualifikationen. Aufgrund der immer stärker spezialisierten Berufsausbildung und der Dynamik des technischen Fortschritts reicht eine einzelne abgeschlossene Berufsausbildung nicht mehr für ein ganzes Berufsleben aus. Neben der Aufgabe des Ausbildungswesens kommt dem Personalwesen daher die Aufgabe der Fort- und Weiterbildung zu.

Darüber hinaus sollte das Personalwesen eines Unternehmens die Arbeitsmarktsituation sowohl intern als auch extern, regional, branchenspezifisch, national und gegebenenfalls auch international erheben und auswerten können, um rechtzeitig auf Veränderungen (z. B. Facharbeitermangel, geburtenschwache Jahrgänge, soziodemographischer Wandel) reagieren zu können.

Aus den wachsenden Betriebsgrößen resultieren für das Personalwesen organisatorische Aufgaben wie Formulierung von Organisationsplänen, Arbeitsplatz-. und Stellenbeschreibungen, Vorschläge zur Arbeitsplatzgestaltung usw.

Die Umsetzung der neueren Erkenntnisse der Arbeits- und Sozialwissenschaften betrifft vor allem das Arbeitsschutz- und Sicherheitswesen als Teilgebiet des Personalwesens.
Hierfür können unter anderem folgende Entwicklungen als Bestimmungsfaktoren genannt werden:

- Während der Phase des stürmischen Wirtschaftswachstums in den Nachkriegsjahren war die Arbeitskräftenachfrage höher als das Angebot. Dies führte dazu, daß Lohnforderungen leichter durchgesetzt werden konnten.
- Neben den Tariflohnsteigerungen stiegen die Lohnkosten (kürzere Arbeitszeit, längerer Urlaub, Lohnfortzahlungen in Krankheitsfällen u. a.). Die technologische Entwicklung sowie der nationale und internationale Konkurrenzdruck führten zu wachsenden Unternehmensgrößen und Rationalisierungsmaßnahmen. In der Folge kehrte sich einerseits das Verhältnis von Arbeitskräftenachfrage und Angebot um, andererseits wurden in bezug auf die im Betrieb verbleibenden Arbeitskräfte neue Organisationsformen notwendig, da aufgrund der wachsenden Betriebsgrößen sowie der zunehmenden Arbeitsteilung Probleme der Koordination, Kommunikation,

Motivation etc. entstanden. Hieraus ergaben sich für das Personalwesen neue Aufgaben hinsichtlich Personalbeschaffungs- und -abbauplanung sowie die Notwendigkeit von Führungskräfteschulungen etc.

Aufgrund der durch immer neuen Technologieeinsatz sich schnell verändernden Arbeitsplatzanforderungen wurde das Problem der Aus- und Weiterbildung zu einer bedeutenden betrieblichen Aufgabe. Die zunehmende Verrechtlichung von Arbeitsbeziehungen sorgte für weitere Aufgabenbereiche in der Unternehmensleitung [10.99]. So müssen heute z. B. aufgrund rechtlicher Normen (Betriebsverfassungsgesetz §§ 90 und 91) immer neue arbeitswissenschafltiche Erkenntnisse im Personalbereich berücksichtigt werden.

10.2 Die Personalverwaltung

In Anlehnung an [10.1] soll unter "Personalverwaltung" der Bereich des Personalwesens verstanden werden, der die laufende Abwicklung von verwaltungsbezogenen Routinearbeiten betrifft. Diese beziehen sich zum einen als mitarbeiterbezogene auf die Beschäftigung der Mitarbeiter, wobei hier vor allem auf die Einhaltung von rechtlichen Vorschriften und Ordnungsregeln (z. B. Lohn- und Gehaltszahlungen, An- und Abmeldungen bei Krankenkassen) zu achten ist; zum anderen sind diese Tätigkeiten als unternehmensbezogene ordnender Natur, um Unterlagen und Voraussetzungen für die Personalplanung und Personalentwicklung zu schaffen.

10.2.1 Die institutionelle Anbindung und die funktionale Gliederung der Personalverwaltung

Von den drei Aufgabenbereichen des Personalsektors - Verwaltung, Planung und Führung - sind innerhalb der betrieblichen Struktur eigentlich nur die Verwaltungstätigkeiten eindeutig lokalisierbar und personell zuzuordnen, da hierfür in Groß- und Mittelbetrieben spezielle Abteilungen oder zumindest Personalsachbearbeiter aus traditionellen Instanzen ausgegliedert werden (Bild 10.1). Die Aufgaben, die sich auf Planung und Führung beziehen, verteilen sich dagegen, je nach Reichweite und Unternehmenskonzept, auf alle hierarchischen Ebenen und auf die verschiedenen organisatorischen Einheiten der Unternehmung [10.2].

Die institutionelle Anbindung bzw. die Ausgliederung von Personalaufgaben wird daher differenziert nach Betriebsgrößen dargestellt.

- In *Kleinbetrieben:* Keine Ausgliederung des Personalbereiches aus dem produktiven Aufgabenbereich. Verwaltung und Betreuung erfolgt durch Träger technischer Aufgabenbereiche, Einstellung und Beschaffung durch die Geschäftsleitung.

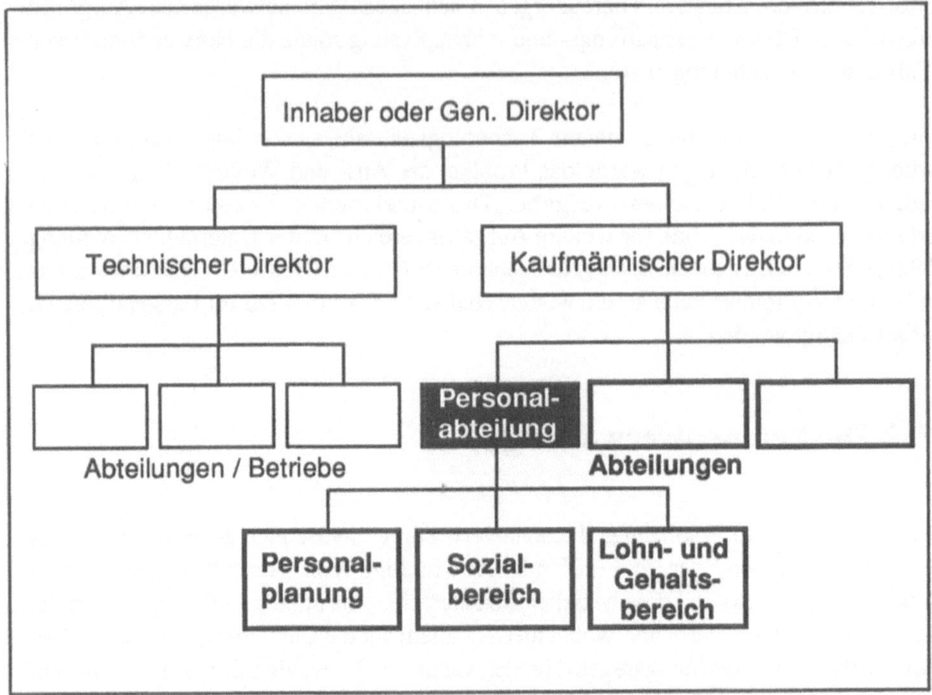

Bild 10.1 Organisatorische Eingliederung des Personalwesens (Beispiel [10.6])

- In *Mittelbetrieben* (über 100 Beschäftigte): Zusammenfassung der Überwachungsaufgaben und eventuell der Personalstatistik in der Lohnbuchhaltung, wobei diese entweder unmittelbar der Geschäftsleitung untersteht, oder aber anderen Funktionsbereichen wie dem Rechnungs- und Finanzwesen untergeordnet ist. Die Aufgaben, die dem Personalwesen zufallen, sind in Mittelbetrieben differenzierter: z. B. Entwicklung spezieller Lohn- und Gehaltsformen, Personalentwicklung, Entwicklung einer Arbeitsbewertung.

- In *Großbetrieben:* Neben den nur erhaltenden Funktionen der Personalarbeit (kurzfristige Personalbeschaffung, Lohn- und Gehaltsabrechnung etc.) treten mit zunehmender Betriebsgröße gestaltende Funktionen (langfristige Personalplanung, Entwicklung von Aus- und Weiterbildungskonzepten etc.) in den Vordergrund [10.14].

Die zunehmenden und differenzierten Aufgaben werden in einer Personalabteilung zusammengefaßt, wobei innerhalb dieser Abteilung wieder spezialisierte Unterabteilungen errichtet werden, z. B. Unterabteilungen in Lohn- und Gehaltsbereich, Arbeitsrecht und Lohnfindung usw. (Bild 10.2). Oft wird aus der Personalabteilung das Sozialwesen ausgegliedert, also eine Sozialabteilung geschaffen.

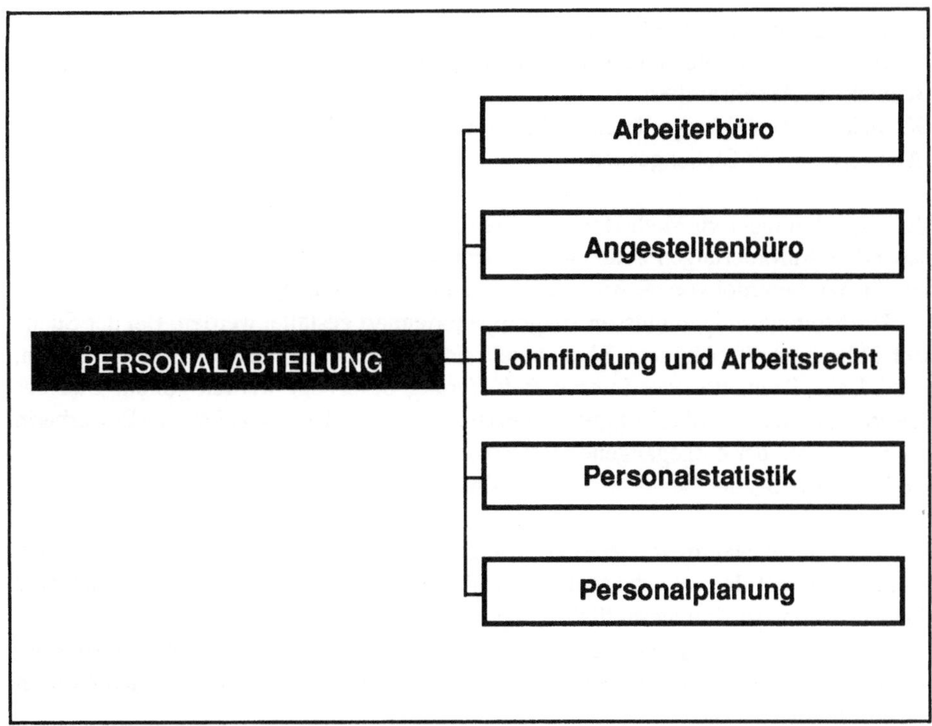

Bild 10.2 Beispiel einer Funktionsgliederung der Personalabteilung im Großunternehmen [10.14]

10.2.2 Routinearbeiten

Hier werden diejenigen Aufgaben kurz dargestellt, die aufgrund rechtlicher Vorschriften und zum kurz- und mittelfristigen Erhalt der Funktionsfähigkeit des Unternehmens abgewickelt werden müssen.

10.2.2.1 Begründung und Beendigung des Arbeitsverhältnisses

Im Rahmen der Begründung bzw. der Beendigung der Arbeitsverhältnisse fällt der Personalabteilung die formale, rechtlich begründete Abwicklung der entsprechenden Vorgänge zu. Sie entfaltet ihre Aktivitäten aufgrund der Anforderungen, die aus den Fachabteilungen kommen. In diesem Zusammenhang muß sie also als Servicestelle der Fachabteilungen verstanden werden.

Ziel der *Personalanwerbung* ist die Personalbeschaffung. Folgende Möglichkeiten können für diese Aufgabe benutzt werden:

- Erstellung innerbetrieblicher Ausschreibungen,
- Inserierung von Stellenangeboten in Zeitungen,
- Kontakt zu Arbeitsämtern,
- Kontakt zu Ausbildungsstätten (Schulen, Universitäten),
- Auswertung von Stellengesuchen.

Meist werden mehrere Methoden gleichzeitig eingesetzt.
Besondere Anforderungen stellen sich bei der Personalanwerbung aufgrund der Tatsache, daß die Werbemittel von der zu bekleidenden Position abhängen [10.1].

Die Stellenanzeigen müssen zielgruppenorientiert gestaltet werden. Bei der Suche nach Führungskräften höherer Ebenen stellt sich die Frage, ob Personalberatungsfirmen, persönliche Kontakte oder interne Beförderung bevorzugt werden sollen. Ziel der *Bewerberauswahl* ist, den bestgeeigneten Bewerber bzw. die bestgeeignetste Bewerberin aus der Anzahl der eingegangenen Bewerbungen auszuwählen.
Die Probleme bei der Bewerberauswahl sind vielfältig:

- Die Personalauswahlmethoden sind abhängig von dem zu beurteilenden Personenkreis. Die Frage lautet also: Welche Methode ermöglicht die erfolgreichste Personalauswahl?
- Welche Kriterien sind wesentlich/unwesentlich für die Auswahl?
- Die Stellenanforderungen sollten möglichst genau festgelegt sein; die üblichen Arbeitsplatzbeschreibungen reichen zumindest bei Arbeitsplätzen, die eine höhere Qualifikation erfordern, nicht aus.
- Nicht allein die fachlichen Fähigkeiten, sondern auch die kommunikativen und kooperativen Fähigkeiten entscheiden über einen künftigen Leistungserfolg; diese Fähigkeiten können innerhalb eines relativ kurzen Einstellungsgesprächs nur schwer beurteilt werden.

Um die Eignung des Bewerbers/der Bewerberin abschätzen und eine Vorhersage über den zukünftigen Leistungserfolg treffen zu können, bedient man sich unterschiedlicher, hinsichtlich Aufwand und Güte stark differierender Methoden. Die Spannbreite reicht von standardisierten, weitgehend objektiven Verfahren bis zu sehr subjektiven, durch das persönliche Gefühl des Beurteilers geprägten Aussagen:

- Psychologische Eignungstests (z. B. Intelligenz-, Leistungs-, Interessen-, Persönlichkeitstests);
- Beurteilungsverfahren (z. B. firmenspezifisch entwickelte Fragebögen);
- Auswertung der Zeugnisse, Empfehlungen, Lebensläufe;
- Persönliches Einstellungsgespräch (Interviews), Gruppendiskussion;
- Medizinische Untersuchungen (vorwiegend bei körperlichen Arbeiten);
- Projektive Techniken, Verhaltens- und Ausdrucksbeobachtung;
- Graphologische Gutachten;
- Fachliche Kenntnis- und Fertigkeitsprüfungen (Arbeitsproben).

Die Anwendbarkeit der verschiedenen Auswahlverfahren hängt sehr stark von dem zu beurteilenden Personenkreis und den Anforderungen der zu besetzenden Position ab; während sich die Auswahl für die Stelle eines Fluglotsen sicherlich durch den Einsatz spezifischer Leistungstests objektivieren läßt, ist über die Besetzung einer Geschäftsführerposition vermutlich kaum mit Hilfe standardisierter Verfahren zu entscheiden.

Die erfolgreiche Personalauswahl ist also vor allem abhängig von einer präzisen und detaillierten Beschreibung der Stellenanforderungen (Anforderungsanalyse); erst die Festlegung der wichtigen Kriterien ermöglicht die Entscheidung für eine adäquate Auswahlmethode.

Vorliegende Arbeitsanalyseverfahren und Stellenbeschreibungen sind jedoch zur Erfassung der Anforderungen nur bedingt anwendbar; zumal bei Arbeitsplätzen, die eine höhere Qualifikation erfordern, reichen diese Methoden meist nicht aus.

Hinzu kommt, daß vielfach nicht allein die fachliche Kenntnis, sondern auch kooperative und kommunikative Fähigkeiten über den künftigen Leistungserfolg mitentscheiden, die weder mit Hilfe standardisierter Verfahren, noch in einem relativ kurzen Einstellungsgespräch zuverlässig beurteilt werden können.

Um eine optimale Personalauswahl zu gewährleisten, wird sich daher in vielen Fällen eine Kombination unterschiedlicher Methoden anbieten.

Die Personalauswahl wird üblicherweise in enger Zusammenarbeit zwischen der Personalabteilung und der jeweiligen anfordernden Fachabteilung durchgeführt. Der Aufgabenschwerpunkt der Personalabteilung liegt in der formalen Abwicklung, während die Fachabteilung bei der eigentlichen Eignungsfeststellung (z. B. Einstellungsgespräch) stärker beteiligt ist.

Rechtliche Grundlagen für die Bewerberauswahl gibt es insofern, als Personalfragebögen, Beurteilungsgrundsätze und Auswahlkriterien der Zustimmung des Betriebsrates bedürfen (§94, § 95 Betriebsverfassungsgesetz).

Rechtliche Grundlagen für die *Personaleinstellung* sind im Betriebsverfassungsgesetz enthalten. Der Betriebsrat ist vor jeder Einstellung zu unterrichten und muß seine Zustimmung dazu geben (§99 Betriebsverfassungsgesetz).

Außerdem darf der Inhalt des Arbeitsvertrages nicht gesetzlich festgelegten Mindestvorschriften und arbeitsrechtlichen Schutzvorschriften widersprechen.

Die Aufgabe der Personalabteilung besteht bei der Einstellung in

- dem Abschluß des Arbeitsvertrages;
- der Abwicklung von Formalitäten, wie z. B. Aufnahme in die Personalkartei oder den Datenträger, Anlegen einer Personalakte, Ausstellen eines Werksausweises, Anmeldung bei einer Krankenkasse ...;
- der Benachrichtigung des Betriebsrates über die geplante Einstellung und der Einholung der Zustimmung.

Probleme bei der Personaleinstellung können z. B. auftreten, wenn der Betriebsrat seine Zustimmung nicht erteilt. Hier bedarf es dann der Verhandlungen von Betriebsrat und

Personalabteilung. Dieses Problem stellt sich allerdings häufiger bei einer geplanten Entlassung von Arbeitnehmern.

Die rechtlichen Grundlagen für die *Kündigung* und *Entlassung* sind das Betriebsverfassungsgesetz sowie arbeitsrechtliche Schutzvorschriften und das Kündigungsschutzgesetz. Die Zielsetzung ist die Auflösung des Arbeitsverhältnisses. Hier soll nicht näher auf die Gründe von Kündigungen und Entlassungen eingegangen werden, da in diesem Abschnitt vor allem die Routinetätigkeiten der Personalverwaltung dargestellt werden sollen.
Diese Tätigkeiten setzen sich zusammen aus:

- Benachrichtigung des Betriebsrats über die geplante Maßnahme, Anhörung bei Entlassungen;
- (bei Zustimmung des Betriebsrats) Abwicklung der Formalitäten wie:
  - Abrechnung über gegenseitige noch ausstehende Forderungen und deren Auszahlung,
  - Ausstellung eines Zeugnisses (meist erfolgt dies durch den direkten Vorgesetzten),
  - Aushändigung der Lohnsteuerkarte,
  - Abmeldung von der Krankenkasse usw.

Probleme stellen sich bei der Weigerung des Betriebsrates, die Zustimmung zur Entlassung zu geben. Ist die Kündigung nach Ansicht des Betriebsrats und/oder des Arbeitnehmers widerrechtlich ausgesprochen worden, so kann es zu einem arbeitsgerichtlichen Verfahren kommen.
Die Vorbereitung zu diesem Verfahren, d. h., die Vertretung der Position der Unternehmens- bzw. der Betriebsleitung obliegen dabei in der Regel der Personalverwaltung. Wesentlich gravierender ist das Problem der Massenentlassung. Zur Berücksichtigung von sozialen Härtefällen werden zwischen Betriebsrat, Personalabteilung und eventuell Unternehmensleitung Sozialpläne ausgearbeitet.

Gerade im Falle der Massenentlassung sollte deutlich werden, daß Personalarbeit nicht allein die Funktion haben kann, den Personalbestand an die jeweils getroffenen wirtschaftlichen Entscheidungen der Investitions-, Produktions-, Absatz- und Umsatzplanung reibungslos anzupassen. Durch eine frühzeitige und weitreichende Personalplanung, d. h. auch Produktionsplanung, können u. U. Massenentlassungen vermieden werden. Dies setzt die Integration des Personalwesens in die Unternehmensplanung voraus [10.97, 10.100].

10.2.2.2 Abwicklung der Entgeltzahlungen

Die organisatorische Zuordnung der Lohn- und Gehaltsabrechnung zum Personalwesen wird in den einzelnen Unternehmen unterschiedlich gehandhabt. "Nur in etwa der Hälfte der untersuchten Unternehmen ist die Lohn- und Gehaltsabrechnung tatsächlich dem

Personalwesen eingegliedert, in allen anderen ist sie dem Finanzwesen oder der Datenverarbeitung zugeordnet." Nur die Daten und Angaben werden vom Personalwesen selbst übermittelt [10.7].

Allgemein wird unterschieden bezüglich Lohnzahlungen (für Arbeiter) und Gehaltszahlungen (für Angestellte). Der Arbeitnehmer hat den Anspruch auf rechtzeitige und vollständige Entgeltszahlungen. Daraus ergibt sich die Aufgabe der jeweils zuständigen Abteilungen im Unternehmen (Lohnbüro, Gehaltsbüro, Finanzbuchhaltung u. ä.), die Entgelte dem Arbeitnehmer rechtzeitig und vollständig zukommen zu lassen.

Ferner ist die Abteilung, die Lohn- und Gehaltszahlungen bearbeitet, zuständig für die Abwicklung der Formalitäten mit der Sozialversicherung und den allgemeinen Ortskrankenkassen. Gesetzliche Grundlage ist die Reichsversicherungsordnung (RVO) sowie spezielle Gesetze für besondere Personengruppen (z. B. Reichsknappschaftsgesetz). Zielsetzung dieser Regelung ist die soziale Sicherung der Arbeitnehmer bei Krankheit, Unfall, Arbeitslosigkeit, Invalidität usw.
Folgende Aufgaben stellen sich für die zuständige Abteilung:

- Anmeldung des Arbeitnehmers bei Beginn des Beschäftigungsverhältnisses bei der Krankenkasse;
- Abzug des Arbeitnehmeranteils zur Sozialversicherung vom Entgelt;
- Überweisung des Arbeitnehmer- und des Arbeitgeberanteils zur Sozialversicherung an die Krankenkasse;
- Abzug der Steuern vom Entgelt des Arbeitnehmers und deren Überweisung an das Finanzamt.

Die Berechnung und Überweisung erfolgt heutzutage üblicherweise mit elektronischen Datenverarbeitungsanlagen [10.85].

10.2.2.3 Zusammenarbeit mit dem Betriebsrat

Aufgrund der personellen Mitwirkungsrechte des Betriebsrates, die im Betriebsverfassungsgesetz verankert sind, ist eine ständige Zusammenarbeit zwischen Betriebsrat und Personalverwaltung zum Austausch von Informationen und zur Vorbereitung von Entscheidungen notwendig. Diese Zusammenarbeit impliziert notwendigerweise ein Konfliktfeld, wobei sich hier die Aufgabe der Steuerung der Konflikte im Sinne eines Interessenausgleiches stellt [10.2].

10.2.2.4 Arbeitsrecht- und Arbeitszeitfragen

Regelungen der Schicht- und Teilzeitarbeit, Mehrarbeit, die Pausenregelung sowie die gleitende Arbeitszeit müssen vor allem im Zusammenhang mit dem quantitativen und

qualitativen Personaleinsatz sowie der Auslastung der Kapazitäten unter Berücksichtigung der rechtlichen Schutzvorschriften gesehen werden. Hierfür muß eine Personalabteilung auf Informationen der verschiedenen Fachabteilungen zurückgreifen können.
Für die Regelung der Arbeitszeitfragen stellt sich den Fachabteilungen die Aufgabe der

- Erarbeitung von Arbeitsablaufplänen,
- Erstellung von Schichtplänen,
- Schaffung von Pausenregelungen,
- Aufstellung von Urlaubsplänen,
- Regelungen für Mehrarbeit, evtl. Personaleinstellung.

Bei dieser Aufgabe müssen die Belange bestimmter Beschäftigungsgruppen, wie der Jugendlichen und Auszubildenden, der weiblichen Arbeitskräfte, der älteren Arbeitnehmer und der Leistungsgeminderten, besonders berücksichtigt werden. Gerade hier wird die Koordinationsfunktion der Personalabteilung zwischen Personal, Fachabteilungen und Betriebsrat deutlich.

10.2.2.5 Vorbereitung von Verhandlungen

Die Vorbereitung von Tarifverhandlungen wird häufig dem Leiter des Personalwesens anvertraut, sofern das Unternehmen nicht einem Arbeitgeberverband angeschlossen ist. (Ist das Unternehmen Mitglied eines Arbeitgeberverbandes, finden die Verhandlungen zwischen den Spitzen der Gewerkschaften und den Spitzen der Arbeitgeberverbände statt).

Die Personalabteilung bereitet häufig die Verhandlungen zwischen Unternehmensleitung und Betriebsrat vor, da sie meist die größte fachliche Kompetenz über Lohn- und Gehaltsfragen, Wertschöpfungsverteilung usw. hat. Bei Verhandlungen vor Arbeits- und Sozialgerichten ist häufig das Personalwesen- neben der Rechtsabteilung - mit der Vertretung der Position des Unternehmens befaßt.

10.2.2.6 Kooperation mit anderen Fachabteilungen (unternehmensintern) und unternehmensexternen Adressaten der Personalverwaltung

Die zentrale Stellung des Personalwesens im Unternehmen wird besonders deutlich, wenn die Verbindungen zu anderen Bereichen innerhalb der Unternehmung sowie die Verbindungen, nach außen (unternehmensextern), betrachtet werden [10.103].

Bezüglich der Personaleinstellung sowie bei Fragen der Arbeitszeit und des Personaleinsatzes ergibt sich die Notwendigkeit, mit allen Fachabteilungen zu kooperieren (z. B.: Welche Anforderungen stellt die einzelne Fachabteilung an den Bewerber?) [10.98, 10.86, 10.96].

So fallen in den Fachabteilungen zunehmend Arbeitsinhalte an, die nur unter Verwendung personalbezogener Kompetenz bewältigt werden können:

- Neue Arbeitsorganisationsformen ("Neue Produktionskonzepte" [10.98] mit Teamarbeit, Fertigungsinseln und Gruppentätigkeiten erhöhen die Bedeutung des menschlichen Handelns im Produktionsprozeß. Daher sind mehr und mehr "Personalführungskompetenzen" in allen Unternehmensbereichen gefragt.

- Die Dezentralisierung der Unternehmensstruktur erfordert neue Kontroll- und Interaktionsstrukturen, die nicht nur technisch bewältigt werden müssen, sondern insbesondere die Entwicklung geeigneter Systeme menschlicher Zusammenarbeit [10.86, 10.96] notwendig machen.

- Die Organisierung der Unternehmensabläufe auf Basis kooperativer Tätigkeit verschiedenartiger Spezialisten erfordert sowohl den Aufbau einer vielseitigen Weiterbildung als auch eine genaue Abstimmung von Stellenbeschreibung und Mitarbeiterprofil bei der Personalrekrutierung.

Verschiedene experimentelle Versuche in Unternehmen betreiben die Bewältigung dieser neuen Anforderungen etwa durch die Begründung strategischer Personalabteilungen, die Beistellung von Personal-Assistenten in technische Fachabteilungen, die Eingliederung technischer Fachleute in bestehende Personalabteilungen, etc..

Besondere Bedeutung hat die Kooperation mit der Datenverarbeitung. Die Personalverwaltung hat hier die Aufgabe, der Datenverarbeitungsanlage neue Personaldaten zu übermitteln, Personaldaten abzuändern oder zu löschen. In diesem Zusammenhang muß auf die Verbindung zum Datenschutzbeauftragten hingewiesen werden [10.87, 10.105].
Zu den externen Kooperationspartnern zählen:

- Behörden und Körperschaften des Öffentlichen Rechts:
    - Arbeitsämter (inkl. Landesarbeitsamt, Bundesanstalt für Arbeit)
    - Arbeitsbehörde
    - Finanzamt
    - Polizeibehörde
    - Arbeitsgericht
    - Gewerbeaufsichtsamt
    - Industrie- und Handelskammer
    - Handwerkskammer
    - Statistische Ämter.

- Versicherungsträger:
    - Träger der Krankenversicherung (AOK, Ersatzkassen)
    - Träger der Sozialversicherung
    - Berufsgenossenschaft.

- Sonstige Institutionen:
    - Arbeitgeberverbände
    - Gewerkschaften
    - Medien (Presse, Rundfunk, Fernsehen).

10.2.3 Das Sozialwesen

Der Grundgedanke des betrieblichen Sozialwesens war die Fürsorge des Arbeitgebers gegenüber dem Arbeitnehmer, wenn dieser unverschuldet in Not geraten war (z. B. Lohnfortzahlung bei Krankheit). Die fürsorgerisch ausgerichtete betriebliche Sozialpolitik verlor aber immer mehr an Bedeutung, da die Sicherung des einzelnen immer umfassender gesetzlich geregelt und damit auf Verbände oder Institutionen übertragen, oder vom Staat selbst übernommen wurde [10.7].

Das heutige Sozialwesen nimmt zwar weiterhin Aufgaben wahr, die aus der Fürsorgepflicht des Arbeitgebers erwachsen (meist gesetzlich vorgeschriebene Aufgaben), es bietet darüber hinaus dem Personal aber auch andere, nicht gesetzlich geforderte, Möglichkeiten, vor allem zusätzliche materielle Hilfen.
Bei der folgenden Aufzählung der gängigsten Sozialleistungen wird unterschieden zwischen
- gesetzlich vorgeschriebenen Maßnahmen,
- gesetzlich begünstigten Maßnahmen,
- tarifvertraglich festgelegten Maßnahmen und
- freiwilligen Leistungen.

- Gesetzlich vorgeschriebene Maßnahmen sind z. B.:
    - Unfallverhütungsmaßnahmen (Arbeitssicherheit)
    - Arbeitshygiene
    - werksärztlicher Dienst (Gesundheitswesen).

- Gesetzlich begünstigte Maßnahmen sind z. B.:
    - Kantinenessen: Ein bestimmter Betrag der Ausgaben kann steuerlich abgesetzt werden.
    - Möglichkeiten der Rücklagenbildung für Pensionszusagen.

- Tarifvertraglich festgelegte Maßnahmen sind z. B.:
    - betriebliche Wohlfahrtseinrichtungen
    - Verkauf eigener Produkte an die Belegschaft
    - Urlaubsgeld.

- Freiwillige Leistungen:
    - Werkskindergärten
    - Werksbücherei

- Darlehen als Finanzierungshilfe
- Betriebsfeste
- Weihnachtsgeld
- zusätzliche betriebliche Altersversorgung
- Betriebssport
- Erholungsfürsorge
- Personalbetreuung (bei familiären bzw. persönlichen Problemen).

Aus ursprünglich freiwillig gewährten Sozialleistungen kann ein Rechtsanspruch der Beschäftigten durch Gewohnheitsrecht entstehen, wenn die Geschäftsleitung es unterläßt, das Entstehen eines solchen Anspruchs durch Vorbehalt auszuschließen [10.2].

10.2.4 Die Personalbetreuung

Die Personalverwaltung wickelt zwar all das ab, was für das Arbeitsverhältnis (rechtlich) notwendig ist, das Sozialwesen bietet darüber hinaus (in erster Linie) materielle Hilfen. Persönliche und soziale Probleme des Arbeitnehmers (Integrationsprobleme) bei Neueinstellung oder Umsetzung können damit jedoch nicht gelöst werden.
Diese persönlichen Probleme sind für das Personalwesen vor allem deswegen bedeutsam, weil sie zu kostensteigenden Konsequenzen im Verhalten der Arbeitnehmer führen können (z. B. verminderte Arbeitsqualität und -quantität, Absentismus, Fluktuation, Kündigung).

Als mögliche Einführungsmaßnahmen führt [10.2] unter anderem an:

- allgemeine Informationen über die Organisation
- Betriebsbesichtigung
- Einführungsvorträge und -kurse
- Vorstellung des Mitarbeiters in der Abteilung und Arbeitsgruppe.

Diese Maßnahmen beziehen sich jedoch vorwiegend auf die Einführung in das "formelle" System, nicht in das "soziale" System. Zur Integration des Mitarbeiters in das "soziale" System des Unternehmens bestehen neuerdings Überlegungen, ein sogenanntes "Patensystem" einzurichten. Da eine Personalabteilung vom Arbeitsplatz des einzelnen Arbeiters "zu weit entfernt" ist und Vorgesetzte für eine persönliche Betreuung meist zu überlastet sind, sollen erfahrene Mitarbeiter dem "Neuen" bei der Orientierung in Bezug auf formale und informelle Beziehungen behilflich sein. Sie sollen vermittelnd und helfend eingreifen, sobald Konflikte oder Unklarheiten entstehen. Diese Patenmodelle haben neben der verbesserten Integration des Mitarbeiters den Vorteil, daß sich hier ein Tätigkeitsfeld für leistungsgewandelte und ältere Arbeitnehmer eröffnen könnte.

Bei derartigen Modellen einer "Parallelinstanz" zum Vorgesetzten sind mögliche Probleme der Kompetenzabgrenzung sorgfältig zu klären.

Wie die Personalbetreuungsstrategien im einzelnen aussehen sollen und wie sie organisiert werden sollen, sollte gemeinsam vor der Personalabteilung, der Sozialabteilung, dem Betriebsrat sowie den jeweiligen Fachabteilungen erarbeitet werden. In diesem Zusammenhang sollten auch Überlegungen angestellt werden, inwieweit derartige Betreuungskonzepte durch Fachkräfte wie Sozialarbeiter, Psychologen oder Pädagogen unterstützt werden können.

10.3 Das Bildungswesen im Betrieb

Zum besseren Verständnis werden die verschiedenen Begriffe kurz vorgestellt und abgegrenzt. Man unterscheidet

- berufsvorbereitende Maßnahmen : die berufliche Ausbildung;
- berufsbegleitende Maßnahmen : die Fort- und Weiterbildung;
- berufsverändernde Maßnahmen : die Umschulung.

Die berufliche Ausbildung umfaßt alle Maßnahmen, die die notwendigen Grundkenntnisse, Fähigkeiten und Verhaltensweisen für die erstmalige Ausübung einer beruflichen Tätigkeit vermitteln.

Hierunter fällt die "berufliche Grundausbildung", in der Grundkenntnisse und -fertigkeiten für ein möglichst breites Tätigkeitsfeld vermittelt werden, die als Grundlage für eine berufliche Fachausbildung dienen. In der "beruflichen Fachausbildung" wird das berufsspezifische Fachwissen und Fachkönnen vermittelt, das für die Ausübung eines qualifizierten Berufes benötigt wird [10.1].

Die Begriffe der Fort- und Weiterbildung werden in der Fachliteratur nicht einheitlich verwendet, sie werden teilweise als Synonyme gebraucht [10.8], teilweise wird folgende Unterscheidung gemacht z. B. [10.7]:

- "Weiterbildung": Die Weiterbildung hat zum Ziel, die Leistungsfähigkeit an dem jetzigen Arbeitsplatz zu steigern bzw. den sich ändernden Anforderungen anzupassen (z. B. Verkäuferschulung, Schulung der Vorgesetzten in Führungstechniken);

- "Fortbildung": Das Wissen und Können des Mitarbeiters wird systematisch vertieft und erweitert, um ihn für die Übernahme neuer verantwortungsvoller Aufgaben zu befähigen (z. B. Nachwuchsförderung).

Die *Weiterbildung* wird daher auch als "Anpassungsfortbildung" bezeichnet, die vor allem die "horizontale Mobilität" (Übernahme qualitativ gleichwertiger Tätigkeiten, bei Änderung der Anforderungen innerhalb eines Tätigkeitsbereiches) der Arbeitnehmer erhalten soll.
Demgegenüber wird die *Fortbildung* als "Aufstiegsfortbildung" bezeichnet, die höherwertige Funktionen und Berufstätigkeiten der Beschäftigten fördern soll.

Diese Maßnahmen beziehen sich auf bereits im Arbeitsleben stehende und über eine gewisse Berufserfahrung verfügende Mitarbeiter.

Umschulungsmaßnahmen richten sich an Beschäftigte, die ihren ursprünglich erlernten Beruf entweder aufgrund einer neuen Arbeitstechnologie oder aufgrund einer Krankheit (Invalidität) nicht mehr ausüben können. Die Vermittlung von "neuem" Wissen und Können soll zur Ausübung eines "neuen" Berufes oder qualitativ anderer beruflicher Tätigkeiten befähigen.

Im weiteren werden nur die berufsvorbereitenden und berufsbegleitenden Maßnahmen berücksichtigt, da die berufsverändernden Maßnahmen (Umschulung) selten von Betrieben selbst durchgeführt werden, sondern von unternehmensexternen Institutionen (z. B. Volkshochschulen, Gewerkschaften, Berufsbildungszentren). Inwieweit berufsbildende Maßnahmen innerbetrieblich oder extern durchgeführt werden, ist nicht zuletzt eine Kostenfrage. Über den Anteil der Kosten, die für betriebliche Bildungsmaßnahmen aufgewendet werden, können kaum vergleichbare Angaben gemacht werden. Zunächst, weil der Aufwand, bezogen auf verschiedene Branchen (und dort auf verschiedene Tätigkeiten), sehr unterschiedlich ist, vor allem aber weil dieser Aufwand in den Unternehmen völlig verschieden erhoben wird (d. h. der Kostenfaktor Aus- und Weiterbildung setzt sich aus mehreren Kostenstellen zusammen, die in unterschiedlicher Weise berücksichtigt werden, oder sie werden einfach den "Gemeinkosten" zugeschlagen etc.).

10.3.1 Die Notwendigkeit und die Aufgaben betrieblicher Bildungsmaßnahmen

Die betrieblichen Bildungsmaßnahmen werden im folgenden unter dem Oberbegriff der Personalentwicklung zusammengefaßt. Die Notwendigkeit einer Personalentwicklung beruht auf der fortschreitenden Entwicklung der arbeitsorganisatorischen und technischen Bedingungen. Diese Entwicklung erfordert eine ständige Anpassung der Mitarbeiter an die neuen Anforderungen in quantitativer wie in qualitativer Hinsicht.

Die bisherige Strategie der Unternehmen, schon qualifizierte Arbeitskräfte auf dem Arbeitsmarkt "einzukaufen", ist immer weniger erfolgreich, trotz einer relativ hohen Arbeitslosenquote. (Arbeitslos sind vor allem Leistungsgewandelte, Arbeitnehmer ohne anerkannte Abschlüsse, Ältere, Frauen und Jugendliche. Gleichzeitig aber herrscht in manchen Branchen und Regionen Facharbeitermangel.)

Als notwendige Konsequenz für die Unternehmen folgt also, daß sie ihre Arbeitskräfte zunehmend selbst (wenn auch nicht allein) qualifizieren müssen, obwohl die Qualifizierung meist langwierig und teuer ist [10.104]. Die Aufgaben der *Personalentwicklung* ergeben sich für die Arbeitgeber aus den Zielen der Unternehmensplanung:

Die Personalentwicklung *muß* die gegenwärtige Qualifikationsstruktur der Belegschaft kennen. Dies kann durch Analysen mit verschiedenen Verfahren der Eignungsanalyse

(z.B. Intelligenz- und Leistungstests) sowie verschiedenen Beurteilungsverfahren geschehen. Problematisch ist jedoch, daß die Aussagekraft der Verfahren zur Eignungsanalyse und der Beurteilungsverfahren äußerst umstritten ist, da sich die Kriterien der Untersuchungen in sehr unterschiedlichen, nicht eindeutigen Dimensionen bewegen.
Die Personalentwicklung *sollte* die qualitativen Anforderungen an die Beschäftigten für einen bestimmten Zeitraum prognostizieren können. Diese Anforderungen können natürlich, wenn überhaupt, nur näherungsweise erarbeitet werden.

Da die zukünftigen Anforderungen an Wissen, Kenntnisse und Fähigkeiten der Beschäftigten vor allem bei höher qualifizierten Berufen jedoch nur ungenügend bestimmbar sind, geht es nach [10.1] nicht darum, das Wissen der Zukunft zu vermitteln, sondern die Fähigkeit zu aktivieren, sich immer wieder auf wechselnde Anforderungen einzustellen und durch ein nicht-tätigkeitsspezifisches, übergreifendes Grundlagenwissen die Voraussetzungen dafür zu schaffen. Zur praktischen Umsetzung müssen außerdem Methoden, Verfahren und Inhalte der Qualifikationsvermittlung jeweils nach Zielgruppen und Zweck ausgearbeitet werden.
Die veränderten Qualifikationsanforderungen an die Beschäftigten im Unternehmen sind aber nicht nur ein unternehmens- oder betriebsspezifisches Problem, sondern auch ein Problem der Arbeitnehmer:

- Die Beschäftigungssicherheit ist nicht zuletzt abhängig von der Qualifikation der Arbeitnehmer und den zugehörigen Zertifikaten.

- Eine möglichst breite und fundierte (im Gegensatz zur arbeitsplatzspezifischen oder tätigkeitsspezifischen) Ausbildung verbessert die horizontale und die vertikale Mobilität des Arbeitnehmers.

- Eine weitere wichtige Rolle spielt der Qualifikationsabschluß für die Bewertung und Bezahlung der Arbeitskraft. Die Entlohnung orientiert sich hierzulande traditionell an der Ausbildung und den Tätigkeitsinhalten. Aufgrund des technischen Wandels werden Facharbeitertätigkeiten durch automatisierte Produktionsverfahren ersetzt bzw. die Arbeitsinhalte werden spezialisiert und z. T. reduziert. Aufgrund dieser Tendenzen gehen die Gewerkschaften verstärkt dazu über, das Problem der Qualifizierung zu diskutieren und Forderungen nach einer möglichst breit gefächerten beruflichen Bildung und allgemeinen Weiterbildung zu stellen [10.91, 10.89].

Neben der betriebswirtschaftlichen Aufgabe, Aus- und Fortbildung als Mittel zur Deckung des qualitativen und quantitativen Personalbedarfs einzusetzen (Bild 10.3), tritt somit immer stärker auch ihre gesellschaftspolitische Funktion in den Vordergrund (Arbeitslosigkeit und staatlich geförderte Umschulungsmaßnahmen gehen zu Lasten der Volkswirtschaft). Durch die Verabschiedung des Arbeitsförderungsgesetzes (AFG vom 25.06.1969), des Berufsbildungsgesetzes (BBiG vom 14.08.1969) und der §§96-98 Betriebsverfassungsgesetz hat auch der Gesetzgeber den veränderten Anforderungen auf

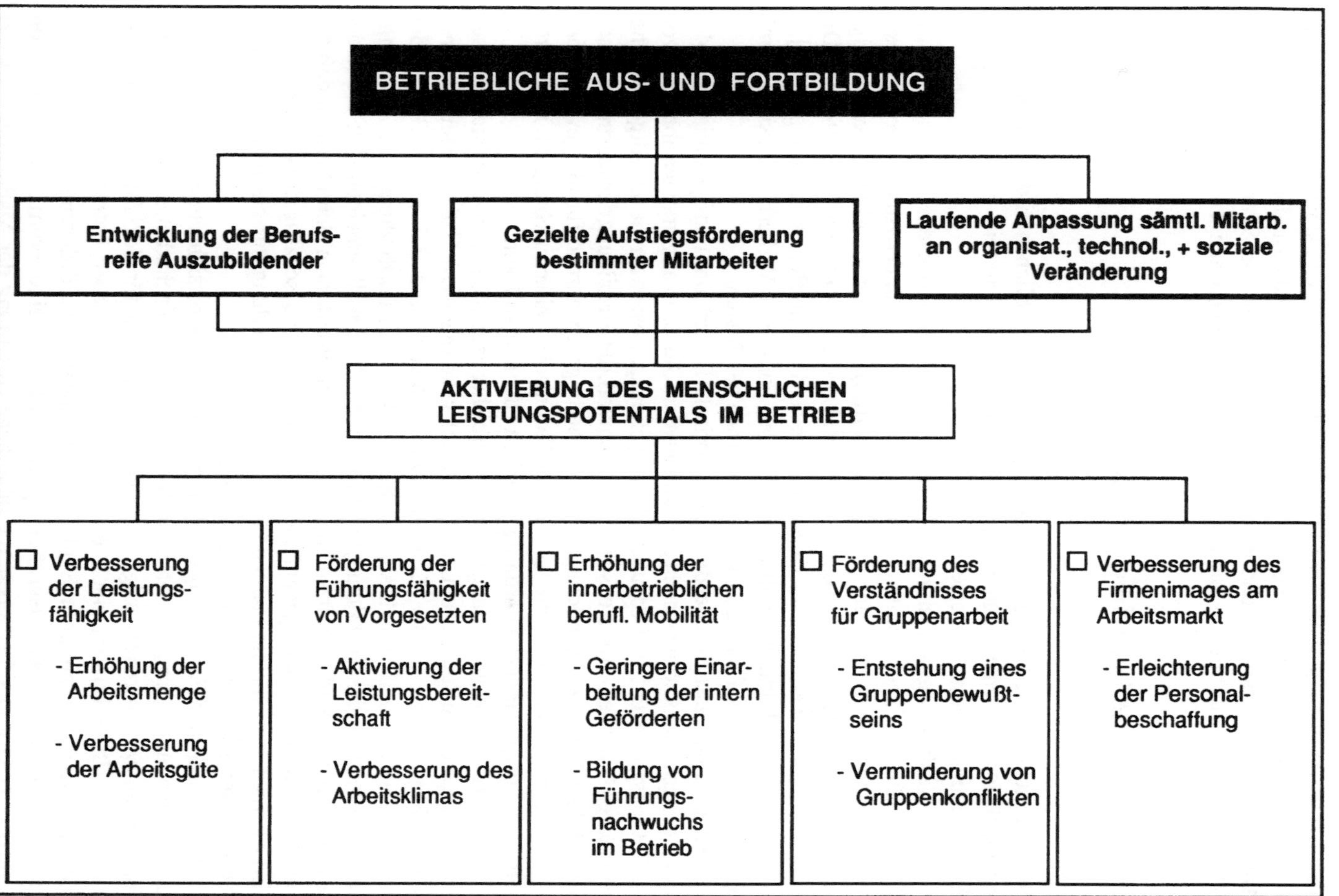

Bild 10.3 Bedeutung betrieblicher Aus- und Fortbildung [10.10]

diesem Gebiet Rechnung getragen [10.11]. In den 80er Jahren hat im Zuge dessen eine umfassende Neuordnung der beruflichen Ausbildungen stattgefunden, die wesentliche Auswirkungen auf die Fort- und Weiterbildung haben wird. Die 90er Jahre werden das Jahrzehnt der Weiterbildung und der Umsetzung der Neuordnungen sein.

10.3.2 Stand des betrieblichen Bildungswesens

Bei der Beschreibung des gegenwärtigen Standes des betrieblichen Bildungswesens muß unterschieden werden zwischen dem Ausbildungswesen einerseits und dem Fort- und Weiterbildungswesen andererseits.

Das Ausbildungswesen hat innerhalb des Personalwesens inzwischen eine Vorrangstellung eingenommen. Dies zeigt sich vor allem in der Ausgliederung dieses Aufgabenbereiches aus der Personalabteilung heraus in eine eigenständige Ausbildungsabteilung (diese Tendenz gilt vor allem für Mittel- und Großbetriebe). Die Aufgaben beschränken sich aber meist auf die betriebliche Berufsausbildung [10.7].

Zentrale Ausbildungsabteilungen, die das Fort- und Weiterbildungswesen mit einschließen, sind auf wenige Großunternehmen beschränkt.

Allgemeine Aussagen über die organisatorische Einordnung und Spezialisierung des Ausbildungswesens können nicht gemacht werden. Sie ist im allgemeinen abhängig von der Betriebsgröße und der Bedeutung des Ausbildungswesens für die jeweilige Branche. In manchen Branchen erweist es sich z. B. als sinnvoll, die Ausbildung der kaufmännischen Auszubildenden dem Ausbildungsleiter zu übertragen, während für die gewerblichen Auszubildenden der Betriebsleiter oder der Technische Leiter zuständig ist. In anderen Betrieben können andere Zuordnungen üblich oder sinnvoll sein.

Das Fort- und Weiterbildungswesen nahm bisher gegenüber dem Ausbildungswesen eine untergeordnete Stellung ein. Im Augenblick geben nach [10.3] die meisten mittleren und großen Firmen in der Bundesrepublik Deutschland 2,5 % bis 3,5 % der Bruttojahreslohn- und Gehaltssumme für die Aus- und Fortbildung aus. Allerdings werden bereits für die Ausbildung der Auszubildenden im allgemeinen etwa 1,8 % der Bruttojahreslohn- und Gehaltssumme aufgewendet. Wenn man sich überlegt, daß der Anteil der Auszubildenden gegenüber der Gesamtheit der Beschäftigten relativ klein ist, wird deutlich, daß für die laufende Fort- und Weiterbildung nur ein relativ geringer Betrag in den Unternehmen zur Verfügung steht.

Die Weiter- und Fortbildungsmaßnahmen konzentrieren sich hauptsächlich auf den Angestellten- und Führungskräftebereich; der Bereich der Facharbeiter- und der An- und Ungelernten wird vernachlässigt. Das Münchner Institut für Sozialwissenschaftliche Forschung (ISF) kommt nach einer Untersuchung über betriebliche Weiterbildungsaktivitäten zu dem Schluß: “statt spezieller Förderung der besonders konjunkturbedrohten Arbeitskräftegruppen wird eher eine Politik der Privilegien qualifizierter Gruppen betrieben, die inhaltliche Gestaltung der Maßnahmen bewirkt statt erhöhter Flexibilität der Arbeitskräfte eher im Gegenteil Bindung und verstärkte Abhängigkeit im Betrieb” [10.9].

Bei der Betrachtung des gegenwärtigen Standes der betrieblichen Aus- und Weiterbildung muß also unterschieden werden zwischen den Zielgruppen der Aus- und Weiterbildung und den Schwerpunkten der Lernbereiche (Fähigkeiten, Fertigkeiten, Verhalten), auf die die Bildungsmaßnahmen abzielen. Aus diesem Grunde werden im folgenden der Ausbildungsbereich und der Fort- und Weiterbildungsbereich getrennt betrachtet.

10.3.3 Der Ausbildungsbereich

Das Berufsausbildungssystem in der Bundesrepublik Deutschland, das sogenannte "duale System", ist gekennzeichnet durch das Zusammenwirken von Betrieb und Berufsschule.

Die Berufsausbildung ist nicht nur Selbstverwaltungsaufgabe der Wirtschaft, sondern auch eine öffentliche Aufgabe (70 % eines Altersjahrganges befinden sich in der beruflichen Erstausbildung) [10.11].

1969 erließ der Gesetzgeber ein Berufsbildungsgesetz (BBiG), das als Kompromißlösung zwischen den Anforderungen der Wirtschaft und den Interessen der Auszubildenden auch heute noch sehr umstritten ist. Positiv wird bewertet, daß durch das Berufsbildungsgesetz die Berufsausbildung vereinheitlicht wurde. Neben dem Berufsbildungsgesetz sind das Jugendarbeitsschutzgesetz und das Betriebsverfassungsgesetz (§§94-98) wichtige rechtliche Grundlagen für die Berufsausbildung. Die Anforderungen an die Berufsausbildung sind im §1 Abs. 2 BBiG formuliert:

- Die berufliche Erstausbildung muß mit einer breit angelegten Grundausbildung beginnen.
- Die notwendigen fachlichen Fertigkeiten und Kenntnisse müssen für die Ausübung einer qualifizierten beruflichen Tätigkeit vermittelt werden.
- Der Erwerb der erforderlichen Berufserfahrung muß ermöglicht werden.
- Die Ausbildung muß in einem geordneten Ausbildungsgang durchgeführt werden.

Die Organisation der betrieblichen Ausbildung ist stark abhängig von der Anzahl der Auszubildenden in einem Betrieb, letztendlich also von der Betriebsgröße. Bei genügend großer Anzahl Auszubildender werden in Großbetrieben "Lehrwerkstätten" oder "Lehrbüros" eingerichtet.

Durch eine Anzahl weiterer Ausbildungsmethoden (Leittextmethode, Projektarbeit, Übungsfirmen etc.) wird versucht, neue und angemessene Lehr- und Lernformen zu entwickeln und zu verbreiten [10.94]. Außerdem beginnt sich ein Trend zur Ausbildung an Simulatoren abzuzeichnen. Durch eine Anzahl weiterer Ausbildungsmethoden (Leittextmethode, Projektarbeit, Übungsfirmen etc.) wird versucht, neue und angemessene Lehr- und Lernformen zu entwicklen und zu verbreiten [10.94].
Für diese Entwicklung werden folgende Gründe genannt [10.12]:

- Die immer abstrakter werdenden Funktionen können besser verständlich gemacht werden als direkt am Arbeitsplatz.

- Aus sicherheitstechnischen Gründen und aus Kostengründen ist eine Ausbildung unmittelbar an den Produktionsanlagen oft nicht möglich.

Im Rahmen der Neuordnung der beruflichen Ausbildung (s. BMBW-Berufsbildungsberichte) wurden inzwischen alle wesentlichen Bereiche auf eine neue Grundlage gestellt. Dabei ergaben sich folgende Schwerpunkte:

- Prinzipien der Ausbildung sind künftig das "selbständige Planen, Durchführen und Kontrollieren von gestellten Arbeitsaufgaben". Neben konkreteren Inhalte treten verstärkt die Erfordernisse an Flexibilität und Lernbereitschaft für die Bewältigung immer neuer Arbeitsinhalte in den Vordergrund.

- Die Umsetzung erfordert ein wesentliches Umlernen auch bei den Ausbildern. Sowohl die sich ständig wandelnden fachlichen Inhalte wie auch neue Erfordernisse methodischer und sozialer Kompetenzen bedeuten für die Ausbilder ein eigenes umfangreiches "Lernprogramm".

- Die Abstimmung von in der Ausbildung vermittelten - und somit in der Folge beim Arbeitnehmer vorgehaltenen - Qualifikation mit der im späteren Berufsalltag abgeforderten Qualifikation sollte von den Betrieben durch arbeitsorganisatorische Maßnahmen angestrebt werden. Dadurch kann eine spätere Frustration der qualifzierten Mitarbeiter durch Unterforderung vermieden werden.

Der Ausgleich zwischen formuliertem Anspruch und realisierter Praxis wird wesentliche Aufgabe der Zukunft sein.

10.3.4 Die betriebliche Fort- und Weiterbildung

Die betriebliche Fort- und Weiterbildung bezieht sich auf berufsbegleitende Bildungsmaßnahmen; sie soll zusätzliches Wissen und Können an im Beruf stehende Erwachsene vermitteln [10.102, 10.101].

Da eine innerbetriebliche Durchführung und Organisation der Fort- und Weiterbildung für Kleinbetriebe unverhältnismäßig hohe Kosten verursachen würde, nehmen diese bevorzugt Weiterbildungsangebote von betriebsexternen Institutionen in Anspruch. Kursangebote machen z. B. der Verein Deutscher Ingenieure (VDI), Arbeitgeberverbände, das Rationalisierungskuratorium der deutschen Wirtschaft (RKW), Gewerkschaften, Volkshochschulen, Stiftungen u. a.. Die Zielgruppen dieser externen Institutionen erstrecken sich von An- und Ungelernten bis zu Führungskräften der obersten Leitungsebene. Hier ist es die Aufgabe des Zuständigen für Fort- und Weiterbildungsfragen, z. B. dem Personalsachbearbeiter, entsprechende Kurse für die jeweilige Zielgruppe auszuwählen und die Verbindung zu den Veranstaltern herzustellen.
Was die Fort- und Weiterbildungsaktivitäten der Großunternehmen betrifft, so kann

generell von einer Intensivierung dieser Maßnahmen gesprochen werden [10.12]. Die Hauptakzente der betrieblichen Bildungsmaßnahmen liegen, laut der Erhebung der DGP, auf der Vermittlung von technischem, für die Anwendung neuer Technologien erforderlichem Fachwissen, der Einführung in die EDV und auf der Schulung von Arbeitstechniken.

Viele Großbetriebe bieten neben der arbeitsplatzbezogenen Fortbildung ein breitgefächertes Fortbildungsangebot an. In den meisten Unternehmen werden für die Führungskräfte der unteren, mittleren und oberen Ebene Fortbildungsmaßnahmen getrennt durchgeführt.
Die o.g. Erhebung in 12 Großbetrieben ergab, daß im allgemeinen

- die Vorbereitungs- und Fortbildungslehrgänge für Meister rein betriebsbezogen sind - im Gegensatz zu den offiziellen Ausbildungsplänen für IHK-Meister. Die Themen beziehen sich sowohl auf die fachliche Fortbildung als auch auf die Führungslehre [10.12].

- die Fortbildungs- und Trainingsprogramme für das mittlere und obere Management inzwischen in einer Reihe von Unternehmen zu systematisch aufeinander aufbauenden Schulungsprogrammen entwickelt wurden. Früher wurden Führungskräfteschulungen meist sporadisch durchgeführt. Gleichzeitig kommen in der Führungskräfteschulung verstärkt aktive Lehrmethoden zum Einsatz (z. B. Rollenspiel, Unternehmensplanspiele, Gruppendynamik usw.) [10.12]. Bei der Führungskräfteschulung spielt mit zunehmender Personalverantwortung die Führungslehre eine immer größere Rolle. Daher schließt sich an die Ausführungen über die Weiterbildung ein Exkurs über die verschiedenen Arten der Führungsstile an.

In den obigen Ausführungen über die Fort- und Weiterbildungsaktivitäten wurden nur die Führungsebenen berücksichtigt. Die Aktivitäten auf der Ebene der Fachkräfte und Spezialisten sowie der Arbeiter beschränken sich in der Regel auf die Vermittlung bestimmter Fachkenntnisse und Fertigkeiten. Die Kurse werden sowohl während der Arbeitszeit als auch im Anschluß daran angeboten. Dies ist in erster Linie abhängig vom jeweiligen Bedarf des Betriebes an bestimmten Qualifikationen. Der Abschluß solcher Weiterbildungsveranstaltungen ist jedoch selten betriebsübergreifend anerkannt.
Auf der Ebene der An- und Ungelernten kann man nicht von einer Fort- und Weiterbildung im eigentlichen Sinne sprechen; hier herrschen immer noch An- und Einlernmethoden vor, die sich auf die Vermittlung von vorwiegend manuellen Fertigkeiten beschränken.

Derartige Methoden berücksichtigen - vor allem in der üblichen Anwendung der Betriebspraxis - nur unzureichend die Tatsache, daß die psychische Regulation manueller Handhabungen eines gewissen Bestandes an Wissen über den Arbeitsgegenstand und der Arbeitsaufgabe bedarf. Sie sind daher für relativ einfache, kurzzyklische und vorwiegend sensomotorisch bestimmte Fertigkeiten geeignet, verlieren aber zunehmend an Effizienz, wenn Arbeitsgegenstand und Arbeitsaufgabe komplexer werden, wie dies u. a. bei höher automatisierten Betriebsmitteln und Produkten mit hohem Prüf- und Justageanteil der Fall ist.

Zur Qualifizierung bei derartigen Aufaben - z. B. Montagearbeiten mit größerem Arbeitsumfang, Prüfarbeiten, Einrichtetätigkeiten - werden u. a. im Rahmen des BMFT-Forschungsprogrammes "Arbeit & Technik" neue Methoden der Qualifizierung entwickelt, die aufgrund eines systmatisierten Lernprozesses ein qualitativ beständigeres Arbeitsverhalten - z. B. auch bei Störungen - bewirken [10.95].

10.3.5 Führungsstile

Im folgenden werden idealtypisch "Führungsstile" aufgeführt. Idealtypisch deshalb, weil sie in der dargestellten Reinform nicht auftreten. Sie können bestenfalls angestrebt werden. Außerdem sind sie abhängig von der jeweiligen betrieblichen Organisationsform, d. h., sie dürfen nicht im Widerspruch dazu stehen.

Eine besondere Problematik entsteht dann, wenn in einem Unternehmen, z. B. in Abhängigkeit verschiedener Hierarchieebenen, unterschiedliche Führungsstile realisiert werden, die personalisiert miteinander konkurrieren. Über die Wirkung von Führungsstilen auf die Motivation von Mitarbeitern - somit auf die Verbesserung der Leistungsbereitschaft und Produktivität - wurden zahlreiche empirische Untersuchungen durchgeführt.

Allerdings kamen die Forscher zu sehr unterschiedlichen, teilweise sogar widersprüchlichen Ergebnissen. Die Ergebnisse sind abhängig von den jeweiligen Einflußfaktoren, die in die Untersuchung mit einbezogen werden oder nicht. Außerdem hängen sie von den Kriterien ab, an denen die erreichte Leistungssteigerung oder Produktivität gemessen wurde. Daher sollten diese Führungstheorien sehr kritisch betrachtet werden, weil unumstrittene Wirkungsnachweise nicht vorliegen. Da ein sehr großes Interesse an "funktionierenden" Führungsstilen besteht, existiert eine Vielzahl an Publikationen über Führungsstile zur Lösung der betrieblichen Probleme [10.90]. Die bekanntesten Ansätze werden im folgenden diskutiert.

Um das große Spektrum der Führungsstile abzugrenzen, sind die beiden grundsätzlichen, der autoritäre und der kooperative Führungsstil, in Bild 10.4 dargestellt.

Die Unterscheidung zwischen autoritärem und kooperativem Führungsstil erfolgt nach dem Grad der Beteiligung der Mitarbeiter an den aufgaben- und personenbezogenen Entscheidungen im Unternehmen. Bei extremer Ausprägung autoritärer Führung werden die Entscheidungen ausschließlich vom Vorgesetzten ohne Mitwirkung der Mitarbeiter getroffen. Die kooperative Führung beruht auf dem Prinzip der *Delegation* von Zuständigkeiten, Weisungs- und Entscheidungsbefugnissen sowie von Verantwortung.

Bei den modernen Führungsstilen wird die traditionelle Idee von der singulären Führungsposition aufgegeben. Statt dessen werden *kooperative* Organisationsformen entwickelt. In diesem Zusammenhang haben sich verschiedene "Management by-..." Techniken herausgebildet.

Im folgenden sind die wichtigsten im Überblick aufgeführt:

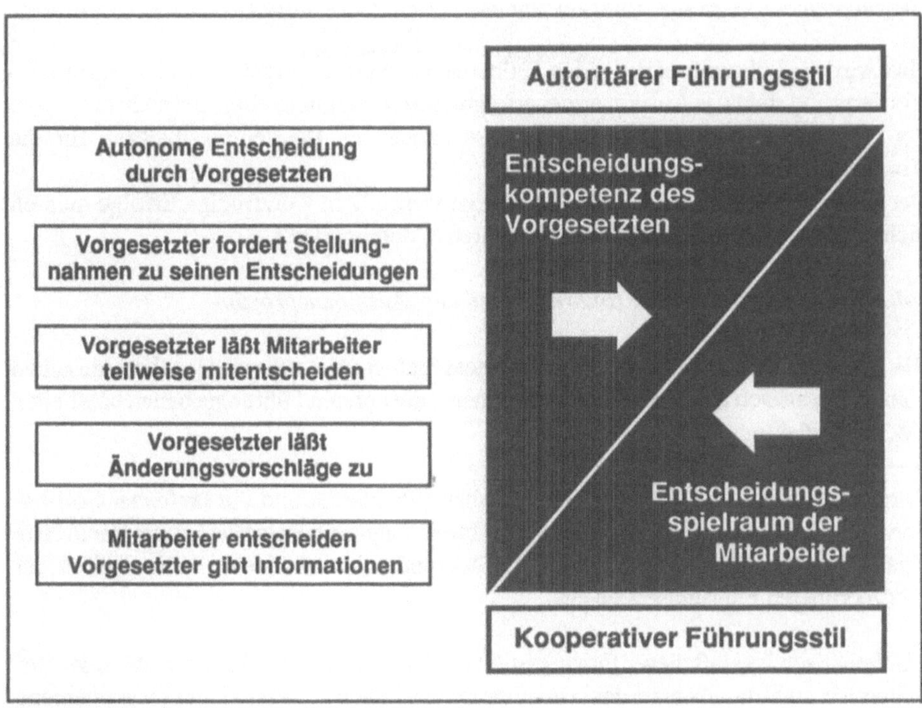

Bild 10.4 Ausprägungen autoritärer und kooperativer Führung in Abhängigkeit vom Führungsverhalten des Vorgesetzten

-Management by Delegation (Führung durch Delegation):

Die Führung durch Delegation ist durch eine Arbeitsteilung in der Führung gekennzeichnet. Delegation bedeutet Übertragung von Aufgaben, Befugnissen (Kompetenzen) und Verantwortung. Das Maß an Eigenverantwortlichkeit und fachlicher Qualifikation bestimmt den maximalen Delegationsumfang.

Die Besonderheit des Delegationsprinzips bei der "Führung mit Mitarbeiterverhältnis" liegt in der Trennung von Führungsverantwortung (Dienstaufsicht und Erfolgskontrolle) und Handlungsverantwortung.
Das Problem ist eine realistische Dimensionierung des delegierten Arbeitsvolumens.

-Management by Objectives (Führung durch Zielvorgabe):

Den Mitarbeitern auf den verschiedenen Führungsebenen werden konkrete (Teil-)Ziele vorgegeben, die ihrem Handeln eine klare Richtung weisen. Die Maßnahmen zur Erreichung der Ziele bleiben weitgehend den Mitarbeitern überlassen. Das Ausmaß der Zielerreichung dient als Maßstab zur Beurteilung der Leistungsergebnisse.
Die Objektivierung der Vorgaben und Leistungen ist methodisch nicht einfach.

-Management by Results (Führung anhand erzielter Ergebnisse):

Hier wird die Führung auf die in den Teilbereichen erzielten Ergebnisse konzentriert. Im Vordergrund steht das Ausnutzen der erfolgreichsten Möglichkeiten und nicht das Lösen von Problemen. Die erzielten Ergebnisse dienen als Beurteilungsmaßstab für die Vorrangigkeit von Führungsmaßnahmen.
Der Zeithorizont der Ergebnisbeurteilung ist wesentlich: Kurzfristige Erfolge müssen nicht unbedingt auch zu langfristigen führen ("Job hopper").

-Management by Exception (Führung nach dem Ausnahmeprinzip):

Die obere Führungsebene soll von Routineaufgaben entlastet werden. Ihre Aufgaben konzentrieren sich auf "Ausnahmesituationen", die unteren Führungsebenen bearbeiten die "Normalsituationen".

Voraussetzungen sind konkrete Sollvorgaben (Standards) und ein laufender Soll-Ist-Vergleich durch andere Personen. Soll-Ist-Abweichungen über eine bestimmte Bandbreite hinaus kennzeichnen eine Situation als "exception", und lösen ein Eingreifen der übergeordneten Führungsebene aus.

Problematisch ist, daß dieser Fühungsstil von der Qualität der Vorgaben abhängt. Des weiteren besteht das Problem des "Hineinpfuschens" bei zu exzeptionellem Management.

-Management by Motivation (Führung durch Motivation):

Die Führung wird auf die menschlichen Antriebskräfte (Bedürfnisse) konzentriert. Führung durch Motivation bedeutet, die Mitarbeiter anzuregen, von sich aus das Beste für das Unternehmen zu tun. Motivieren heißt, die Leistungsbereitschaft und -abgabe der Mitarbeiter zu aktivieren und zu fördern, ihnen das Gefühl der Zugehörigkeit zu geben, so daß sie sich mit den Unternehmenszielen identifizieren können.
Dabei muß allerdings berücksichtigt werden, welche Bedürfnisse konkret und individuell vorhanden sind, und wie eine dauerhafte Motivation erreicht werden kann.

-Management by Systems (Systemorientierte Führung):

Das Unternehmens wird als eine dynamische Einheit betrachtet, die zur Umwelt in aktiver (Einflußnahme) und passiver (Anpassung) Beziehung steht. Dieser Stil ist ein Versuch, die Teilsysteme des Unternehmens miteinander in Bezug zu bringen, um sie auf Gesamtziele des Unternehmens auszurichten und übersichtlich darzustellen. Ziel ist die Überwindung des "Ressortdenkens". Im Vordergrund steht das Gesamtoptimum; die Teiloptima der einzelnen Ressorts werden ihm untergeordnet.
Es handelt sich um ein formales Konzept, daß von den Einzelunternehmen inhaltlich gefüllt werden muß.

10.4 Personalplanung

Ähnlich wie beim Begriff "Personalwesen" herrscht auch hinsichtlich des Begriffs "Personalplanung" in Literatur und Praxis keine einheitliche Meinung.
Bei einer Umfrage [10.15] in 100 großen US-Firmen wurde festgestellt, daß häufig alle traditionellen Aufgaben des Personalwesens unter dem Begriff "Personalplanung" eingereiht werden, während in anderen Fällen die Personalplanung einfach ein System zur Vorhersage zukünftig benötigter Personal-Arbeitsstunden darstellt.

Personalplanung steht im Spannungsfeld der Arbeitgeberinteressen und Arbeitnehmerinteressen.

Aus der Sicht der Arbeitgeber ist Personalplanung ein Managementinstrument, mit dessen Hilfe idealtypisch der zukünftige Personalbedarf festgestellt werden kann, wobei die Grundlage vorherige wirtschaftliche und technische Entscheidungen sind.

Aus der Sicht der Arbeitnehmer bzw. der Gewerkschaften sollte mit der Personalplanung ein Gegengewicht der personellen Verantwortung gegen den Grundsatz der Gewinnmaximierung geschaffen werden, d. h., sie sollte die sozialen und persönlichen Bedürfnisse der Arbeitnehmer sicherstellen und erfüllen [10.16].
Abstrahiert man von diesen Zwecken der Personalplanung, so kann Personalplanung allgemein als Vorbereitung personalpolitischer Entscheidungen definiert werden.

10.4.1 Ziel, Zweck und Notwendigkeit der Personalplanung

Mit zunehmender Geschwindigkeit der technischen Entwicklung erwächst der Personalplanung aus betriebswirtschaftlicher Sicht die Aufgabe, das Unternehmen auf zukünftige Entwicklungen auf dem Arbeitsmarkt vorzubereiten und Vorschläge für die Sicherstellung des quantitativen und qualitativen Personalbedarfs entsprechend den technisch-wirtschaftlichen Plänen auszuarbeiten. Neben dieser unternehmenspolitischen Anforderung tritt die zunehmende Bedeutung der Personalplanung als gesellschaftspolitisches Instrument, das ein weiteres Hilfsmittel für eine konstruktive und vorausschauende Arbeitsmarktpolitik sein kann. Die gesetzliche Verankerung der Personalplanung soll somit auch dem Zweck dienen, negative Auswirkungen des Strukturwandels auf die Beschäftigten abzubauen, sowie den sozialen Status des Arbeitnehmers zu sichern und seine Entfaltungsmöglichkeiten zu verbessern [10.17].

Die jeweils wichtigsten Interessenschwerpunkte, die sich aus dem theoretisch hohen Anspruch der Personalplanung ergeben, stellen sich aus der Sicht der gesellschaftlichen Gruppen wie folgt dar [10.17]:

Arbeitgeber:

- Verfügbarkeit des Produktionsfaktors Arbeit
    - in der erforderlichen Anzahl
    - mit den erforderlichen Qualifikationen
    - zum richtigen Zeitpunkt
    - am richtigen Ort
- Anforderungs- und eignungsgerechter Personaleinsatz
- Verbesserung des Qualifikationsniveaus der Mitarbeiter
- Vermeidung von Personalbeschaffungskosten durch Stellenbesetzung "aus den eigenen Reihen"
- Motivation der Mitarbeiter
- Überschaubarkeit der Personalkostenentwicklung
- Verfügbarkeit auch bei flexiblen Arbeitszeiten.

Arbeitnehmer:

- Sicherheit der Arbeitsplätze bzw. Vermeidung von Härten bei Um- und Freisetzung
- Minderung der Risiken, die sich aus technischem und wirtschaftlichem Wandel ergeben können
- Sichere, anforderungs- und leistungsgerechte Arbeitseinkommen
- Menschengerechte Arbeitsbedingungen und Vermeidung gesundheitsschädigender Belastungen
- Chancen beruflicher Aus- und Weiterbildung
- Aufstiegschancen im Unternehmen
- Schutz besonderer Arbeitnehmergruppen (Ältere, Behinderte, Jugendliche)
- Zeitsouveränität durch flexible Arbeitszeiten.

Gesamtgesellschaft (Staat):

- Vermeidung gesellschaftlicher Belastungen, die auf unzureichend geplanten Personalentscheidungen beruhen (vermeidbare Kündigungen, Inanspruchnahme der Arbeitsgerichte u. a.)
- Rechtzeitige Information der zuständigen Arbeitsämter über bevorstehende Nachfrage nach Arbeitskräften oder Entlassungen
- Versachlichung der Beziehungen zwischen Arbeitgeber und Arbeitnehmer im Betrieb
- Realisierung und Ausfüllung gesetzlicher Vorschriften (§92 BetrVG)
- Realisierung gesellschaftspolitischer Zielvorstellungen (Empfehlungen der sozialpolitischen Gesprächsrunde beim Bundesminister für Arbeit und Sozialordnung).

Aus den obigen Interessenschwerpunkten wird ersichtlich, daß Personalplanung nicht nur für die Betriebe notwendig ist, sondern daß sie idealtypisch zwei weitere Bereiche einschließt:

- Personalplanung auf der Ebene von Branchen
- Personalplanung auf nationaler Ebene.

In diesem Abschnitt soll jedoch nur auf den betrieblichen Bereich der Personalplanung eingegangen werden.

Trotz der Vielfalt der Literatur über Personalplanung darf nicht übersehen werden, daß selbst die betriebliche Personalplanung in der Praxis noch in den Kinderschuhen steckt. Sollte sie ihrem Anspruch gerecht werden, wäre ein relativ langfristiger Planungshorizont und ein differenziertes, aber praxisgerechtes Instrumentarium erforderlich. Weiterhin ergibt sich für die Personalplanung ein grundsätzliches Problem aus ihrem Planungsgegenstand selbst. Die zentrale Schwierigkeit der Planung im Personalbereich ergibt sich aus der Tatsache, daß Menschen schwer "planbar" sind. Um Prognosen über die Verfügbarkeit und das Leistungsverhalten der von der Planung Betroffenen aufstellen zu können, wären allgemeingültige Aussagen über ihre Leistungsfähigkeit und Leistungsbereitschaft und verläßliche Informationen über deren Entwicklung erforderlich [10.2]. Ein Versuch hierzu stellt das "Personal Assessment" dar, in dem durch das Testen der Bewerber in möglichen realitätsnahen Situationen Hinweise auf seine künftige Einsetzbarkeit gewonnen werden können. Das Verfahren ist aber unter Personalfachleuten umstritten.

Personalplanung kann nicht nachträglich fehlerhafte Unternehmensentscheidungen der Vergangenheit ungeschehen machen. Personalplanung wird jedoch zunehmend, auch angesichts der in den 90er Jahren sichtbar werdenden demographischen Entwicklung, zu einem strategischen und essentiellen Instrument der Unternehmensführung [10.82].

10.4.2 Die rechtlichen Grundlagen der Personalplanung

Der rechtliche Rahmen der Personalplanung ist nicht auf ein Gesetz beschränkt, sondern umfaßt mehrere arbeits- und sozialrechtliche Bestimmungen.
Die wesentlichsten sind:

- Arbeitnehmerschutzgesetze,
- Vorschriften der Sozial- und Bildungsgesetzgebung,
- Die Tarifverträge und Betriebsvereinbarungen und
- das Betriebsverfassungsgesetz (BetrVG).

Der Begriff der Personalplanung erscheint allerdings nur im BetrVG ausdrücklich. In §92 BetrVG ist festgesetzt, daß der Arbeitgeber den Betriebsrat über den gegenwärtigen und künftigen Personalbedarf sowie über die sich daraus ergebenden personellen Maßnahmen und die Maßnahmen der Berufsbildung anhand von Unterlagen rechtzeitig und umfassend zu unterrichten hat. Außerdem erlegt er dem Arbeitgeber die Verpflichtung auf, mit dem Betriebsrat über Art und Umfang der erforderlichen Maßnahmen und über die Vermeidung von Härten zu beraten. Im Zusammenhang mit der Beteiligung des

Betriebsrates an der Personalplanung steht die Verpflichtung des Arbeitgebers, in Betrieben mit mehr als 100 Arbeitnehmern einen Wirtschaftsausschuß zu bilden. Im Anschluß daran soll über die wirtschaftlichen Angelegenheiten des Unternehmens und die sich daraus ergebenden Auswirkungen auf die Personalplanung beraten werden. Dem Wirtschaftsausschuß muß mindestens ein Betriebsratsmitglied angehören (vgl. §§106-109 BetrVG).

Daneben erscheint der Begriff der Personalplanung im Zusammenhang mit der Berufsausbildung im §96 BetrVG, wonach der Arbeitgeber und der Betriebsrat im Rahmen der betrieblichen Personalplanung die Berufsbildung der Arbeitnehmer zu fördern haben.

Auf die einzelnen arbeits- und sozialrechtlichen Bestimmungen, die den Bereich der Personalplanung betreffen, soll hier nicht eingegangen werden; ebensowenig auf spezielle Vereinbarungen der Sozialpartner in Tarifverträgen und Betriebsvereinbarungen bezüglich der Personalplanung. Es soll lediglich darauf hingewiesen werden, daß sie eine wichtige Aufgabe bezüglich der inhaltlichen Konkretisierung der Personalplanung erfüllen.

10.4.3 Organisatorische Grundlagen der Personalplanung

Soll die Personalplanung nicht nur die reibungslose Anpassung des Personals an vorgegebene technisch-wirtschaftliche Entscheidungen sicherstellen, muß sie ein integrierter Bestandteil der gesamten Unternehmensplanung sein.

Auch aus betriebswirtschaftlicher Sicht kann Personalplanung nur unter dieser Voraussetzung umfassend, kontinuierlich und langfristig durchgeführt werden.

Wird Personalplanung lediglich von Fall zu Fall eingesetzt oder als Folgeplanung betrieben, so können steigende soziale Kosten nicht vermieden werden (z. B. erhöhten Krankenstand, Absentismus, hohe Fluktuation). Das kann im Extremfall dazu führen, daß Produktionspläne nicht verwirklicht werden, da die hierzu benötigte personelle Kapazität (quantitativ und/oder qualitativ) nicht vorhanden ist.

Da sich die einzelnen Unternehmensteilpläne wechselseitig beeinflussen, kann Planung nur dann effektiv sein, wenn die Daten und Programme für die Erstellung der verschiedenen Pläne aufeinander abgestimmt, dokumentiert und den veränderten Bedingungen fortlaufend angepaßt werden (Bild 10.5).

Daraus kann abgeleitet werden, daß die Personalplanung auf der gleichen Ebene der Betriebsorganisation durchgeführt werden muß, auf der auch die wirtschaftlichen und technischen Entscheidungen fallen, d. h. in der Regel auf der Vorstands- bzw. Geschäftsleitungsebene.

Die Erarbeitung von personalpolitischen Konzeptionen und die Auswertung des umfangreichen Datenmaterials erfordert die Bereitstellung entsprechender Kapazitäten und Daten für die Personalplanungsabteilung.

Organisatorische Grundlage ist die Institutionalisierung der Personalplanung im Unternehmen.

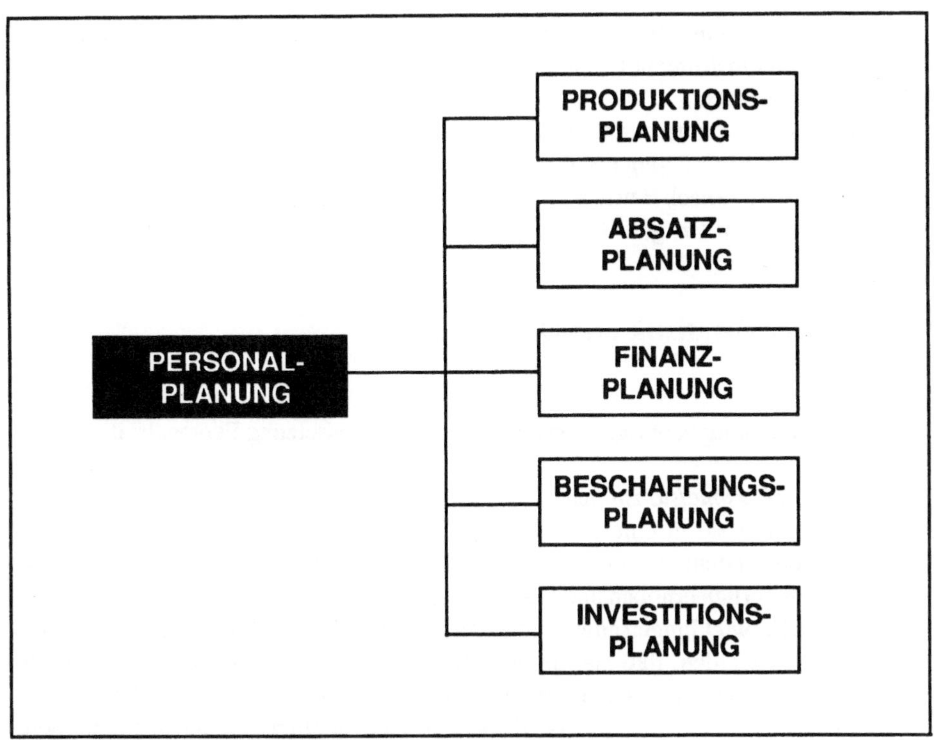

Bild 10.5 Die Personalplanung im gesamtbetrieblichen Planungsprozeß

Hier sind vier Möglichkeiten zu unterscheiden:

- Personalplanung erfolgt innerhalb (paritätisch besetzter) Personalplanungsausschüsse aufgrund tarifvertraglicher Abkommen.
- Personalplanung findet in einer Unterabteilung der Personalabteilung statt.
- Personalplanung ist als Stabstelle im Unternehmen institutionalisiert. Sie hat hier in der Regel Beratungsfunktionen für die Geschäftsleitungsebene.
- Personalplanung ist als eigenständige Entscheidungsinstanz in das Liniensystem der Unternehmung eingegliedert.

Die Kompentenzbefugnis nimmt in der Reihenfolge der Aufzählung zu, wobei in der Praxis überwiegend die ersten drei Fälle existieren. Richtlinien der Personalplanung wurden in der Vergangenheit vor allem dann berücksichtigt, wenn Personal zum Engpaßsektor wurde; der Personalplanung wird somit nicht von vorneherein eine gleichberechtigte Stellung zugebilligt.

Hier ist jedoch durch neue Arbeitsformen wie flexible Fertigungsinseln, Gruppenarbeit und ähnlichen Organisationsformen ein Umdenken festzustellen. Es wird zunehmend die Möglichkeit ins Auge gefaßt, die Personalverantwortung und -planung teilweise auf die Meisterebene oder auf eine vergleichbare Ebene zu verlagern [10.83].

Bild 10.6 stellt eine mögliche Einordnung der Personalplanung im Unternehmen dar. (Idealtypisch als Instrument für den Interessenausgleich zwischen Arbeitnehmer- und Arbeitgeberinteressen.)
Auch hier muß wieder darauf hingewiesen werden, daß es in der Praxis keine optimale organisatorische Einordnung der Personalplanung gibt, die für alle Unternehmen/oder Betriebe gültig ist. Je nach Betriebsgröße und Branche (personalintensiv/kapitalintensiv) muß diese Frage vor Ort gelöst werden.

10.4.4 Personalstatistik und Datenschutz

Jede Personalplanung benötigt als grundsätzliche Voraussetzung Personalstatistiken.

Gegenstand der *Personalstatistik* sind "alle für die betriebliche Personalarbeit bedeutsamen Ereignisse, soweit sie in eine zahlenmäßig faßbare Form gebracht werden können" [10.18]. Personalstatistiken dürfen nicht nur Daten von Fall zu Fall erheben, sondern sie müssen kontinuierlich erhoben und ausgewertet werden, damit vergleichende Angaben und mögliche Entwicklungen angezeigt werden können. Beim Sammeln der Daten muß darauf geachtet werden, daß sie nur Aussagen enthalten, die für die Personalarbeit wichtig sind, andernfalls entstehen unnütze "Datenfriedhöfe". Folgende Statistiken und Übersichten sollen in einer Personalstatistik zum einen möglichst aktuell und detailliert, zum anderen in Form von Trends enthalten sein [10.18]:

- Daten aus dem Personalwesen selbst, wie
    - Personalbestand,
    - Personalstruktur (z. B. Alter, Qualifikation, Nachwuchskräfte),
    - Bewegungsstatistiken (z. B. Umfang und Ursachen der Fluktuation, innerbetriebliche Versetzungen),
    - Zeitstatistiken (z. B. geleistete Arbeitsstunden, Ausfalltage, Zeiten, gegliedert nach Urlaub, Krankheit, sonstige Fehlzeiten mit Ursachenanalyse, geleistete Überstunden),
    - Kostenstatistiken (z. B. Lohn- und Gehaltsstatistiken, Personalkosten insgesamt, pro Mitarbeiter, pro Zeiteinheit, differenziert nach Anteil bestimmter Kostenarten am Gesamtpersonalaufwand, Personalbeschaffungs- und Personalentwicklungskosten, Kosten der Ausbildung usw.),
    - Unfallstatistiken (Zahl, Ort, Ursachen der Unfälle;
- Daten aus anderen betrieblichen Funktionsbereichen (z. B. Unternehmensplanung);
- Daten aus der Umwelt des Unternehmens (z. B. Arbeitsmarktdaten, Konjunkturprognosen).

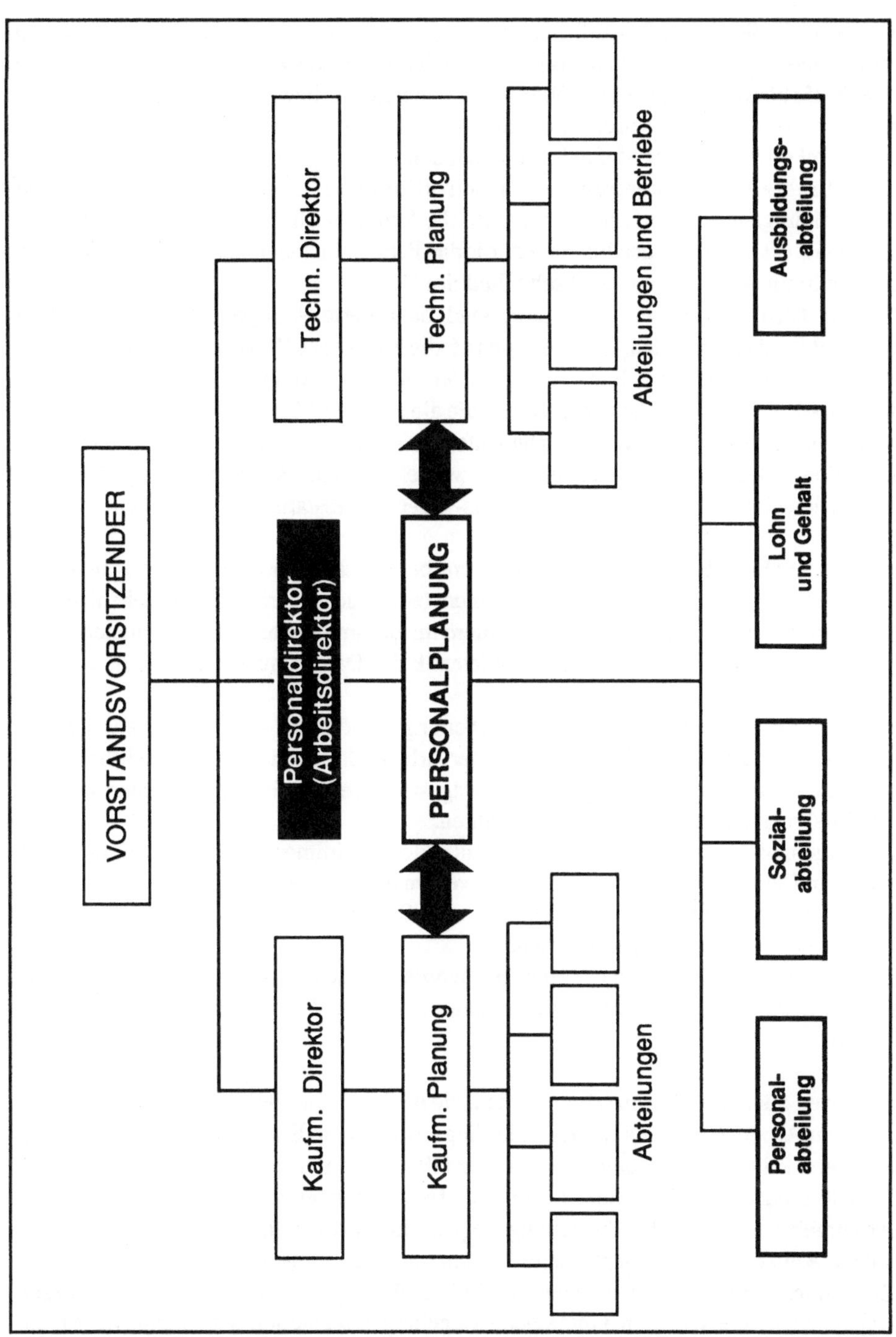

Bild 10.6 Die organisatorische Stellung der Personalplanung als integrierter Bestandteil der Unternehmensplanung [10.6]

Zum einen ist die Personalstatistik, unabdingbare Arbeitsgrundlage für die Personalplanung ("Planungsfunktion"), zum anderen kommen ihr aber noch weitere Funktionen zu. Mit ihrer Hilfe können z. B. Fehlerquellen im Personaleinsatz bzw. in der Personalwirtschaft entdeckt werden ("analytische Funktion"), es lassen sich Untersuchungen über die Wirksamkeit personeller Maßnahmen bezüglich Führung und Einsatz in den einzelnen Betriebsabteilungen überprüfen ("Kontrollfunktion"), sie kann unmittelbare Entscheidungsunterlagen für personalpolitische Aktivitäten liefern ("Führungsfunktion") und sie ist oft ein wichtiges Instrument für das Personalmanagement zur Durchsetzung personalpolitischer Ziele ("politische Funktion").

Zur Erfüllung dieser Funktionen sind detaillierte Analysen der gesammelten Personaldaten erforderlich. Hier stellt sich oft die Frage der Effizienz solcher Statistiken. Ihr Aussagewert erhöht sich mit zunehmender Differenzierung des Datenmaterials und der Einbeziehung möglichst vieler Daten, die die auch die "Umwelt" des Unternehmens betreffen. Der Forderung nach optimalem Informationsgehalt steht aber der Kostenaufwand gegenüber. Daher sollte genau überlegt werden, ob zur Beantwortung anstehender Fragen jeweils Tages-, Wochen-, Monats- oder Jahresstatistiken aufgestellt werden sollen.

Mit dem Einsatz elektronischer Datenverarbeitungsanlagen auch im Personalbereich der Unternehmungen tritt das Kostenargument (zumindest in größeren Betrieben) in den Hintergrund. Heute wird vielmehr, vor allem im Zusammenhang mit den entstehenden Personalinformationssystemen, die Problematik des Datenschutzes diskutiert.

Die zentrale Datenerfassung und -verarbeitung ermöglicht heute eine sehr genaue Analyse der individuellen Eigenschaften der Arbeitnehmer, nicht nur hinsichtlich ihrer Qualitäten - auch jedes Versagen kann festgestellt werden. Hierin sieht man bei den Arbeitnehmer-Organisationen neue Gefahren.

Allgemein findet das Thema Datenschutz "deshalb immer stärkere Beachtung, weil sich beim Datenschutz konkurrierende Interessen der Rechte von Einzelpersonen (z. B. Bürger, Vertragspartner, Arbeitnehmer) und Organisationen (z. B. Unternehmen, Verwaltungseinheiten) gegenüberstehen".

Mit der Verabschiedung des Bundesdatenschutzgesetzes (BDSG) vom 10.11.1976 wollte der Gesetzgeber beiden Seiten Rechnung tragen. Wichtige Bestimmungen sind [10.26]:

- Es dürfen nur solche Daten erfaßt werden, die in einem unmittelbaren Zusammenhang mit dem Arbeitsverhältnis stehen. Allerdings gibt es eine Einschränkung: Daten z. B. aus dem Privatleben können nur dann erfaßt werden, wenn der Betroffene seine Einwilligung dazu gibt. "Nimmt man diese Bestimmungen wörtlich, so kann sich der Arbeitgeber schon vor der Einstellung die pauschale Ermächtigung geben lassen, auch solche Angaben zu speichern, die in keinem oder jedenfalls in keinem unmittelbaren Zusammenhang mit dem Arbeitsverhältnis stehen." Viele Datenschutzbeauftragte fragen sich, wie wirksam eine solche Regelung letztendlich sein kann, da es im Einzelfall wohl eher selten vorkommt, daß ein Bewerber seine Unterschrift unter entsprechende Erklärungen verweigert.

- Die Übermittlung personenbezogener Daten an Dritte ist ebenfalls nur im Rahmen des Arbeitsverhältnisses zulässig oder wenn sie berechtigten Interessen der übermittelnden Stelle oder der Allgemeinheit dient und "gleichzeitig schutzwürdige Belange" des Betroffenen nicht beeinträchtigt. *Einschränkung*: Mit Einwilligung der betroffenen Arbeitnehmer ist eine Weitergabe von Personaldaten an Dritte zulässig.

- Der Arbeitnehmer hat aufgrund des §83 Betriebsverfassungsgesetz ein Recht auf Auskunft über die zu seiner Person gespeicherten Daten. Bei negativen Beurteilungen besteht ein arbeitsvertraglicher Anspruch auf Entfernung der Personalakte (Löschung). Wenn der Arbeitnehmer die Richtigkeit von Daten bestreitet, hat er nach dem BDSG ein Recht auf Sperrung der Daten, unter bestimmten Voraussetzungen müssen sie sogar ganz gelöscht werden.

- Jedes Unternehmen, das personenbezogene Daten automatisch verarbeitet und in der Regel mehr als 5 Arbeitnehmer beschäftigt, muß einen Beauftragten für den Datenschutz schriftlich bestellen. Er ist für das gesamte Unternehmen zuständig und wird allein vom Arbeitgeber bestellt. Allgemein wird die Ansicht vertreten, daß durch die Mitbestimmungsrechte des Betriebsrates bezüglich personeller Angelegenheiten im BetrVG, sowie speziellen Vereinbarungen in Tarifverträgen und Betriebsvereinbarungen die Kontrollfunktionen besser ausgeübt werden können als durch das Bundesdatenschutzgesetz.

Die Bedeutung des Bundesdatenschutzgesetzes liegt neben der betrieblichen Praxis vor allem in der Thematisierung des Problembereichs. (Eine systematische Darstellung findet sich in [10.84]).

10.4.5 Die Teilbereiche der Personalplanung

Zu den Teilbereichen der Personalplanung gibt es inzwischen eine sehr umfangreiche und detaillierte Literatur. Es wird daher folgenden auf eine ausführliche Beschreibung der einzelnen Methoden dieser Planungsbereiche verzichtet. Vielmehr werden schwerpunktmäßig betriebswirtschaftliche Ziele und Aufgabenstellungen, wichtige rechtliche Bestimmungen, Methoden und Probleme, die sich in der betrieblichen Praxis stellen können, aufgezeigt.

10.4.5.1 Die Personalbedarfsplanung

Im Rahmen der Personalbedarfsplanung soll ermittelt werden, wie viele Arbeitskräfte

- mit einer bestimmten Qualifikation,
- zu einem bestimmten Zeitpunkt,
- an einem bestimmt Ort

erforderlich sind, um die Zielsetzung des Unternehmens für einen bestimmten Zeitraum zu erreichen [10.18].

Aufgabe der Personalbedarfsplanung sind:

- die Ermittlung des *Brutto - Personalbedarfs* (= gesamter zukünftiger Personalbedarf). Er setzt sich zusammen aus dem Einsatzbedarf und Reservebedarf. Der Einsatzbedarf ergibt sich aus dem Produktionsplan und den Vorgabezeiten. Durch den Reservebedarf werden Urlaub, Krankheit und sonstige Fehlzeiten abgedeckt.

- die Ermittlung des *zukünftigen Personalbestandess*. Dieser ergibt sich aus dem tatsächlichen Personalbestand zum Planungszeitpunkt durch Addition geplanter und vorhergesehbarer Zugänge und durch Subtraktion voraussichtlicher Abgänge.

- die Ermittlung des *Netto-Personalbedarfs*. Dieser ergibt sich aus der Differenz zwischen dem gesamten zukünftigen Personalbedarf und dem zukünftigen Personalbestand.

Das Ergebnis der Bedarfsplanung ist die Eingangsgröße für die Personalbeschaffungsplanung bzw. für die Personalabbauplanung.

Die quantitative Bedarfsplanung kann kurzfristig (bis zu einem Jahr) verhältnismäßig sichere Voraussagen liefern, da für diesen Zeitraum in der Regel auch die Produktionsprogramme und Absatzprogramme erstellt sind. Mittel- und langfristig dagegen muß die Mehrzahl der in die quantitative und vor allem qualitative Bedarfsplanung eingehenden Größen (Arbeitsproduktivität, zukünftige Arbeitsplatzanforderungen) als variabel betrachtet werden. Die Informationen über diese zukünftigen Entwicklungen sind unsicher und unvollständig. Ob im konkreten Einzelfall kurz-, mittel- oder langfristig geplant werden soll, hängt von der Branchenzugehörigkeit, der Art der Produktion, der Stabilität der Umweltverhältnisse, den Planungszeiträumen anderer Unternehmensplanungen, der Arbeitsmarktsituation und der betrachteten Qualifikationsgruppe ab. Bei der konkreten Planung des Personalbedarfs bestimmter Fachabteilungen stellt sich das Problem (vor allem in größeren Betrieben), daß die Politik der Fachabteilungen den Ausschlag für zukünftige personelle Maßnahmen gibt. Diese Politik kann anderen Unternehmenszielen entgegenstehen, da sie unter Umständen in erster Linie gruppenegoistische Ziele verfolgt (z. B. Schaffung heimlicher Personalpools, Vertuschen früherer Fehleinschätzungen, Profilierung durch hohe Betriebsprognosen). Hier kommt der Personalplanungsabteilung die schwierige Aufgabe zu, zu einer realistischen Einschätzung des zukünftigen Personalbedarfs zu kommen. Wichtig ist dabei die fachliche Kompetenz sowie die Güte der Daten, die von den Fachabteilungen geliefert werden.

Was die qualitative Bedarfsbestimmung betrifft, so stellt sich hier vor allem das Problem, die Qualifikationen der Mitarbeiter in Kategorien zu unterteilen, die mit den Anforderungen der Arbeitsplätze vergleichbar und aussagekräftig sind. In der betrieblichen Praxis werden verschiedene Verfahren zur Schätzung des zukünftigen Personalbedarfs miteinander verknüpft.

Folgende Verfahren werden angewendet:

- Schätzverfahren (Expertenbefragung).
- Globale Bedarfsprognosen (Trendextrapolation, Regressions- und Korrelationsrechnungen auf der Grundlage vergangener Entwicklungen).
- Kennzahlenmethode: Bezugsgrößen sind z. B. die Entwicklung der Arbeitsproduktivität oder anderer Kennzahlen; auf dieser Grundlage werden Trendextrapolationen, Regressions- und Korrelationsrechnungen, innerbetriebliche Quervergleiche und Schätzungen gemacht.
- Verfahren der Personalbemessung: Grundlage ist die Ermittlung des Zeitbedarfs pro Arbeitseinheit, v. a. REFA, MTM. Danach werden Schätzungen, Arbeitsanalysen, Zeitmessungen, Tätigkeitsvergleiche und innerbetriebliche Quervergleiche gemacht.

- Stellenplanmethode: Bezugsgrößen sind die gegenwärtigen und zukünftigen Organisationsstrukturen und Arbeitsplätze; der Stellenbesetzungsplan zeigt den Stellenbedarf.

- Qualifikationsforschung: Es werden Methoden entwickelt, wie eine Firma ihren Qualifikationsbedarf, ausgehend von den Arbeitsaufgaben, ermitteln kann. Dies ist immer mit dem Problem der beruflichen Weiterqualifizierung verbunden.

10.4.5.2 Die Personalbeschaffungsplanung

Wird durch den Bedarfsplan ein Fehlbestand (Netto-Bedarf größer Null) festgestellt, hat die Planung der Personalbeschaffung dafür zu sorgen, daß

- die notwendige Zahl an Mitarbeitern,
- mit den für bestimmte Aufgaben erforderlichen Fähigkeiten,
- zum richtigen Zeitpunkt,
- für die gewünschte Dauer zur Verfügung steht [10.18].

Der Betriebsrat hat ein Mitbestimmungsrecht bei der Aufstellung von Personalbeschaffungsplänen und bei Maßnahmen zur Personalbeschaffung in den Personalplanungsausschüssen. Die Aufgaben der Personalbeschaffungsplanung bestehen in der Analyse des innerbetrieblichen und des außerbetrieblichen Arbeitsmarktes.

Bevor Maßnahmen ergriffen werden, sind grundsätzliche Vorüberlegungen und die Entwicklung von Kriterien zur Entscheidung, ob der Personalbedarf innerbetrieblich oder außerbetrieblich gedeckt werden soll, nötig. Wichtigster Vorteil der internen Beschaffung ist, daß sie einfacher, aufwands- und risikoloser ist. Ein Nachteil ist die Gefahr der "betrieblichen Inzucht". Vorteil der externen Beschaffung ist eine breitere Auswahlmöglichkeit; der Nachteil besteht im Kosten- und Zeitaufwand sowie im erhöhten Risiko.

Zu den Möglichkeiten interner Bedarfsdeckung zählen Mehrarbeit, Arbeitszeitverlängerung, Urlaubsverschiebung, Qualifizierung der Mitarbeiter, Ausbildungsmaßnahmen, Versetzung, Umschulung und Beförderung sowie Schaffung lernförderlicher Arbeitsbedingungen zur Weiterbildung vor Ort.

Möglichkeiten der externen Bedarfsdeckung sind Stellenanzeigen, Auswertung von Stellengesuchen, Inanspruchnahme von Personalleasing (Zeitpersonal), Zeitverträge, Inanspruchnahme der Arbeitsverwaltung, Abschluß von Werksverträgen und die Einstellung von "flexiblem" Personal wie Ferienarbeiter, Teilzeitarbeiter, Hausfrauen. Probleme bei der Personalbeschaffung treten vor allem dann auf, wenn Engpässe auf dem Arbeitsmarkt bestehen. Werden diese Engpässe nicht rechtzeitig erkannt und keine vorsorgenden Maßnahmen getroffen, müssen die anderen Teilpläne der Unternehmensplanung revidiert werden. Wichtig ist daher vor allem die mittel- und langfristige Beschaffungsplanung, da die kurzfristige Unterdeckung in der Regel ohne Personalbewegungen (z. B. Mehrarbeit) ausgeglichen werden kann. Grundlage für die mittel- und langfristige Beschaffungsplanung ist die Analyse der allgemeinen Bevölkerungsentwicklung (evtl . Geburtenrückgang), der Arbeitsmarktdaten und der ständige Kontakt zu Arbeitsverwaltungen und Schulen. Desweiteren ist ein zusätzlicher inhaltlicher Qualifikationsbedarf, der durch die Einführung neuer Technologien entsteht, zu beobachten.

10.4.5.3 Die Personaleinsatzplanung

Die Aufgabe der Personaleinsatzplanung liegt in der optimalen Zuordnung der Arbeitskräfte zu den Arbeitsplätzen und umgekehrt.

Die Planziele sind aus der Sicht des Arbeitgebers auf einen möglichst rationellen Personaleinsatz ausgerichtet.

Die Personaleinsatzplanung hat zwei Aufgabenbereiche [10.18]:

- Mittel- und langfristig hat die Personaleinsatzplanung einerseits für die Anpassung der Fähigkeiten der Arbeitskräfte an die Arbeitsplatzanforderungen, andererseits für die Anpassung der Arbeitsplätze und -bedingungen an die Arbeitskräfte zu sorgen.

- Kurzfristig hat sie die zeitliche und kapazitätsbezogene Einordnung der Arbeitskräfte in den Arbeitsprozeß zu organisieren. Bei der Einsatzplanung sind sowohl quantitative als auch qualitative Anpassungsprobleme zu bewältigen.

Damit werden auch die Themen der "menschengerechten Arbeitsgestaltung", der Weiterentwicklungschancen sowie die Forderung nach "Tätigkeiten, die den Neigungen und Fähigkeiten des Mitarbeiters" entsprechen um Über- und Unterforderung zu vermeiden, angesprochen.

Die Personaleinsatzplanung muß aufgrund ihrer Aufgabenstellung intensiv mit den Fachabteilungen des Betriebes, mit der Arbeitsplatzanalytik und Arbeitsplatzgestaltung sowie der Ergonomie und vor allem mit der Personalentwicklungsplanung zusammenarbeiten.
Arbeitsgrundlage der Personaleinsatzplanung sind z. B. Stellenpläne und Stellenbeschreibungen. Die gegenwärtigen und für die Zukunft festgeschriebenen Stellenpläne zeigen Zahl und Art der zu besetzenden Stellen und dazu Anforderungsprofile an den oder die zukünftige(n) Stelleninhaber(in) auf.

Diesen Anforderungsprofilen müssen die Fähigkeitsprofile der Stelleninhaber gegenübergestellt werden. Hierbei muß beachtet werden, daß ein Verfahren, das einen exakten Vergleich von Anforderungen und Fähigkeiten erlaubt, nicht existiert. Versuche, dies dennoch zu tun, haben bestenfalls Näherungscharakter bzw. sind eher zufällig.
Neben der Aufstellung des Stellenbesetzungsplanes sind Zusatzpläne notwendig, z. B.

- spezielle Einsatzpläne (bei job rotation),
- Schichtpläne,
- Urlaubspläne,
- Vertretungspläne,
- Beförderungspläne.

Für diese Aufgaben sieht das Betriebsverfassungsgesetz eine Mitbestimmung des Betriebsrates vor, z. B. in bezug auf

- Beteiligungsrechte bei der Gestaltung der äußeren Arbeitsbedingungen (technisch-organisatorische Gestaltung, Arbeitsablauf, Arbeitsumgebung), wobei die "gesicherten arbeitswissenschaftlichen Erkenntnisse über die menschengerechte Gestaltung der Arbeit" (§§ 90/91 BetrVG) berücksichtigt werden sollen.

- allgemeines Mitwirkungsrecht bei der Planung des Personaleinsatzes.

Neben betriebsverfassungsrechtlichen Grundsätzen müssen die Arbeitsschutz- und Unfallverhütungsvorschriften und die Arbeitsstättenverordnung beachtet werden.

Bei der Planung des Personaleinsates müssen für besondere Personengruppen besondere Einsatzbedingungen berücksichtigt werden. Zu diesen besonderen Personengruppen zählen

- jugendliche Arbeitnehmer und Auszubildende,
- ältere Arbeitnehmer,
- leistungsgewandelte Arbeitnehmer und Schwerbehinderte sowie
- Frauen (Nachtarbeitsverbot) und Mütter.

Die Probleme der Personaleinsatzplanung sind denen der Personalentwicklungsplanung sehr ähnlich. Auch sie stellt die Fähigkeitsprofile von Arbeitnehmern den Stellenbetrachtungen gegenüber, wobei die Schwierigkeiten beider Arbeitsgrundlagen in der Kategorisierung, Differenzierung und in der Erhebung der Daten liegen.

10.4.5.4 Die Personalentwicklungsplanung

Die Personalentwicklungsplanung oder auch die qualitative Personalplanung hat die Aufgabe, festzustellen, welche Anforderungen die neuen Arbeitsplätze aufgrund des technisch-organisatorischen Wandels oder aufgrund von Beförderungsmaßnahmen an die Mitarbeiter stellen, und wie die Diskrepanz zwischen Arbeitsplatzanforderungen und den Qualifikationen der Beschäftigten möglichst klein gehalten wird.

Die Personalentwicklungsplanung ist damit ein wesentlicher Beitrag zur innerbetrieblichen Beschaffungsplanung. Sie entspricht der Planung der Aus- und Weiterbildung der Mitarbeiter sowie der Karriereplanung für Nachwuchs- und Führungskräfte. Auf die Aus- und Weiterbildungsmaßnahmen wurde im einzelnen schon in Abschnitt 10.3 eingegangen.

Bei der Planung der Personalentwicklung verfügt der Betriebsrat teilweise über ein Mitwirkungsrecht, bei der Durchführung der Bildungsmaßnahmen, über Mitbestimmungsrechte z. B. in der Bestellung bzw. Abberufung der Ausbilder, Auswahl der Teilnehmer, beim Aufstellen von betrieblichen Führungsordnungen usw..

Die Methoden der Personalentwicklung sind davon abhängig, ob sich die Maßnahmen auf

- Einzelpersonen,
- Gruppen von Arbeitnehmern oder
- Organisationseinheiten

beziehen und ob sie für

- An- und Ungelernte,
- Facharbeiter,
- Vorgesetzte der unteren und mittleren Führungsschicht oder für
- Führungskräfte des oberen Managements

bestimmt sind. Arbeitsgrundlagen der Personalentwicklungsplanung sind Arbeitsplatz-

und Stellenbeschreibungen, Leistungsbeurteilungen über Mitarbeiter und Beurteilungen über deren Entwicklungsfähigkeit.
Probleme liegen in der Subjektivität der Beurteilungen der jeweiligen Vorgesetzten. Die Fähigkeiten eines Mitarbeiters können sich oft erst dann entfalten, wenn ihm die Chance zur Ausübung einer qualifizierten Tätigkeit gegeben wird, d. h., daß auch die Beurteilung von Fähigkeiten einen dynamischen Aspekt haben muß. Die zukünftigen Anforderungen noch nicht existierender Arbeitsplätze sind schwierig zu erfassen, so daß eine langfristige Personalentwicklungsplanung bestenfalls Entwicklungstendenzen des zukünftigen Bildungsbedarfs aufzeigen kann.

10.4.5.5 Die Personalabbauplanung

Die Personalabbauplanung hat die Aufgabe, personelle Überkapazitäten abzubauen, d. h. den bestehenden Personalbestand zu reduzieren.

Gründe für die Notwendigkeit des Personalabbaus können geringes Wirtschaftswachstum, arbeitssparende Technologien, wirtschaftliche Konzentration, Konjunktureinbrüche, saisonale Schwankungen etc. sein.

Da der Personalabbau den Arbeitsnehmerinteressen nach Erhaltung und Sicherung der Arbeitsplätze entgegensteht, hat der Gesetzgeber folgende Einflußmöglichkeiten des Betriebsrates gesetzlich verankert:

- gemeinsame Erarbeitung eines Sozialplans (§§ 112, 113 BetrVG),
- Anhörungs- und Widerspruchsrechte des Betriebsrates bei Entlassungen,
- frühzeitige Information über personelle Auswirkungen wirtschaftlicher oder technischer Plandaten u. a.

Hinzu kommen die Bestimmungen des Kündungsschutzgesetzes (KSchG). Neben den gesetzlichen Bestimmungen gewinnen tarifvertragliche Bestimmungen (Rationalisierungsschutzabkommen, Kündingungsverbot für ältere Arbeitnehmer sowie Vereinbarungen über Geldabfindungen bei Entlassungen) immer mehr an Bedeutung.
Der Personalabbau erfolgt jedoch seltener in Form von Massenentlassungen, eher durch indirekte Personalfreisetzungen. Gerade hier setzt die Aufgabe der Personalabbauplanung an, da sie Personalüberhänge schon frühzeitig erkennen soll und nicht erst, nachdem nur noch Entlassungen zur Lösung des Problems beitragen können.
Andere Formen und Möglichkeiten des Personalabbaus bzw. seiner Verhinderung sind:

- Annahme von Fremdaufträgen (bei vorübergehendem Arbeitsmangel),
- Rücknahme von Lohnaufträgen (das Arbeitsplatzrisiko wird dadurch allerdings nur verlagert),
- Ausnutzen der Fluktuation und gleichzeitiger Einstellungsstop,
- Abbau von Mehrarbeit und Leiharbeit (gleichmäßige Auslastung aller Arbeitsplätze),
- Kürzung der regulären Arbeitszeit,

- Einführung von Kurzarbeit,
- vorzeitige Pensionierung,
- Aufhebungsverträge,
- Weiterbildungsmaßnahmen für Mitarbeiter,
- Produktdiversifizierung.

Problematisch beim indirekten Personalabbau ist, daß der einzelne Arbeitnehmer zwar nicht so hart betroffen wird, eine volkswirtschaftliche Gesamtproblematik der Arbeitslosigkeit dadurch aber nicht gelöst werden kann.

10.5 Stand und Entwicklungstendenzen im Personalwesen

10.5.1 Der Stand des Personalwesens und der Personalplanung

Die Problematik bei Aussagen über den Stand des Personalwesens in Unternehmen besteht vor allem darin, daß nur wenige empirische Untersuchungen zu diesem Thema vorliegen, im Gegensatz zu der vielfältigen Literatur mit Empfehlungen, wie das Personal- und Sozialwesen idealtypisch aussehen sollte. Grundsätzlich kann festgestellt werden, daß die Zahl der Unternehmen mit eigenen Personalabteilungen erheblich zugenommen hat. Als weiteres Indiz für die zunehmende Bedeutung des Personalwesens können nach [10.7] die gestiegenen Qualifikationsanforderungen an den Leiter des Personalwesens aufgeführt werden, von ihm werden immer häufiger der Abschluß eines Fachschul- oder Hochschulstudiums verlangt. Ferner stellte das Institut für Sozialwissenschaftliche Forschung (ISF) [10.20] in einer Erhebung über die Verbreitung der Personalplanung in Betrieben der Bundesrepublik Deutschland fest, daß die Leiter des Personal- und Sozialwesens in 49,4 % der Unternehmen in der Führungsspitze (z. B. Vorstand) und in 26,6 % der Fälle in der oberen Führungsebene (z. B. Hauptabteilungsleiter) verankert waren.

Aufgrund dieser Eingliederung in die oberen Hierarchieebenen der Unternehmen wird auch erklärbar, warum den Leitern des Personalwesens oft die Vertretung der Arbeitgeberseite bei Arbeits- oder Sozialgerichtsverhandlungen sowie bei Gesprächen mit dem Betriebsrat übertragen wird.

Die Verankerung des Personal- und Sozialwesens in den oberen Führungsebenen bedeutet jedoch nicht automatisch, daß die Belange des Personalwesens der Unternehmensgesamtplanung gleichwertig mit denen anderer Bereiche berücksichtigt werden.

Ähnliche Probleme bestehen bei der Personalplanung.

Nach der ISF-Untersuchung existierten nur in 42,1 % der befragten Unternehmen schriftlich fixierte Pläne für den Personalbereich. Nur in 30,2 % der Unternehmen existierten Personalpläne für einen Zeitraum von 4 bis 12 Monaten. Bei der langfristigen Personalplanung über 2 Jahre hinaus sieht die Situation noch schlechter aus: In 5,3 % der

Unternehmen waren Personalpläne für 2 bis 3 Jahre schriftlich fixiert, in 3,7 % für 4 Jahre und mehr. Auffallend, aber nicht erstaunlich ist hier vor allem das Ungleichgewicht zwischen Betrieben unterschiedlicher Größe. Die schriftliche Fixierung und die Spanne der Zeiträume von Personalplänen nehmen mit der Betriebsgröße zu.
In diesem Zusammenhang wurde jedoch nichts über den Inhalt der Personalpläne gesagt. Bei der Frage, ob schriftliche Personalpläne vorhanden sind, die nach Beschäftigungsgruppen differenziert sind, antworteten nur noch 17,1 % der Unternehmen mit ja.

Interessant ist ferner das Ergebnis der Untersuchungen über das Gremium, das sich speziell mit Personalplanungsfragen in Betrieben befaßt (z. B. Personalplanungsausschüsse). In 77,4 % gibt es keinen Personalplanungsausschuß, der sich speziell mit Personalplanungsaufgaben befaßt. Interessant wäre hier zu untersuchen, wie schriftlich fixierte Personalpläne zustandekommen. Bei 2,7 % der Unternehmen gibt es einen Personalplanungsausschuß mit paritätischer Beteiligung des Betriebsrates. Bei 5,5 % existiert ein Ausschuß ohne Beteiligung des Betriebsrates und in 14,4 % der Fälle mit sonstiger Beteiligung des Betriebsrates. Neben der Feststellung, daß Personalpläne schriftlich fixiert werden, läßt die Qualität, d. h. die Aussagekraft der existierenden Pläne, doch sehr zu wünschen übrig. Die in der Literatur formulierten Möglichkeiten der Personalplanung, z. B. die Anpassungsfähigkeit des Unternehmens an konjunkturelle Schwankungen zu erhöhen, bleiben vorerst weitgehend praxisferne Theorien. Auch dem Anspruch der Personalplanung, ein Instrument des Interessenausgleichs zwischen Arbeitnehmer- und Arbeitgeberinteresse zu sein, kann die derzeitige Praxis keineswegs gerecht werden. Das kann bestenfalls von einer integrierte Personalplanung (d. h. eine Personalplanung, die bereits zu Beginn aller Überlegungen in der Planungsphase von Entwicklungen beteiligt ist) geleistet werden, nicht aber , wenn sie nur Folgeplanung vorheriger wirtschaftlicher Entscheidungen ist.

Die von der Deutschen Gesellschaft für Personalführung durchgeführte Fallstudie bei rund 20 Unternehmen, die in bezug auf die Personalplanung als besonders fortschrittlich angesehen werden, zeigte, daß auch bei diesen Unternehmen zum großen Teil nur Ansätze einer umfassenden und integrierten Personalplanung bestehen [10.3].

10.5.2 Entwicklungstendenzen des Personalwesens und der Personalplanung

Sowohl aufgrund der technischen und organisatorischen Veränderungen im Unternehmen als auch aufgrund der gesellschaftspolitischen Wandlungsprozesse müssen bei unternehmenspolitischen Entscheidungen verstärkt personalpolitische Überlegungen einbezogen werden.

Die rechtlichen Rahmenbedingungen für das Unternehmen werden immer enger, da die Arbeitnehmerrechte vom Gesetzgeber immer mehr konkretisiert und inhaltlich ausgefüllt werden. Neben existenziellen Bedürfnissen der Arbeitnehmer nach Beschäftigungssicherheit steigt das Interesse der Mitarbeiter nach Selbstverwirklichung und Entfaltungsmöglichkeiten in ihrer Arbeitswelt und nach qualifizierten Arbeitsinhalten. Auf dem Gebiet der Personalplanung als einem wesentlichen Aufgabenbereich des Personalwesens sind für die Zukunft folgende Perspektiven für die weitere Entwicklung zu erwarten [10.23]:

In den nächsten Jahren wird eine zunehmende Zahl von Unternehmen erstmals überhaupt irgendwelche Instrumente betrieblicher Personalplanung - seien es schriftliche Pläne, seien es einzelne qualitative Maßnahmen - einführen.

Viele Unternehmen, die in neuerer Zeit diesen Entwicklungsschritt bereits vollzogen haben, werden Zug um Zug ihre Personalplanung weiter ausbauen, vervollständigen und differenzieren. Es ist damit zu rechnen, daß die heute noch relativ geringe Zahl an Betrieben, die über eine systematische und ausgebaute betriebliche Personalplanung verfügen, in Zukunft rasch zunehmen wird.

Eine integrierte Personalplanung als ständige Einrichtung, die

- alle Beschäftigungsgruppen einschließt,
- kurz-, mittel- und langfristig plant,
- die Arbeitnehmersituation berücksichtigt und
- auf sozialpolitische Gesetzgebung abgestimmt ist,

könnte auch ein Instrument zur weiteren Annäherung der Arbeitnehmer- und Arbeitgeberinteressen sein. Sie kann allerdings nicht Interessengegensätze beseitigen.

Auf dem Gebiet der innerbetrieblichen Aus- und Weiterbildung kann mit dem bislang zur Verfügung stehenden Aufwand für Bildungsmaßnahmen den zukünftigen Erfordernissen nicht mehr entsprochen werden. Projiziert man den bisherigen Wandlungsprozeß in den vergangenen 10 bis 15 Jarcn für den gleichen Zeitraum in die Zukunft, kommt man zu dem Ergebnis, daß in spätestens 10 Jahren rund 10 bis 12 % der Brutto-Jahres-Lohn- und Gehaltssumme für die gesamte Bildungsaufgabe aufgewendet werden müssen [10.3]. Außerdem wird sich der Wandlungsprozeß bei den Arbeitsplätzen eher beschleunigen als verringern, so daß innerhalb von 10 Jahren mehr als die Hälfte der Belegschaft von einer Freisetzung, Umschulung oder einem neuen Anlernverfahren betroffen sein wird [10.3].

Die zukünftigen betrieblichen Bildungsmaßnahmen können und dürfen aber nicht nur unter dem Aspekt einer möglichst funktionalen Anpassung des Menschen an die sich verändernde Arbeitswelt gesehen werden. Eine wichtige Rolle spielt auch der Aspekt der humanen Gestaltung der Arbeitswelt. Gewerkschaftliche Forderungen beschränken sich nicht mehr "nur" auf Lohn- und Gehaltserhöhungen, sie setzen in Tarifverträgen verstärkt Forderungen nach besseren Arbeitsbedingungen, mehr Bildungsurlaub u. ä. durch. Die persönlichen Bedürfnisse und Erwartungen der einzelnen Mitarbeiter, vor allem in bezug auf qualifizierte Arbeitsplätze, steigen. Dabei gewinnt die Arbeitsstrukturierung immer mehr an Bedeutung. Im produktiven Bereich wird die Fort- und Weiterbildung mit der Einführung neuer Arbeitsstrukturen also immer wichtiger. Die durch neue Arbeitsstrukturen vergrößerten Arbeitsinhalte müssen den Arbeitnehmern vermittelt werden. Hier kommt vor allem der Arbeitspädagogik eine immer wichtigere Rolle zu, wobei neben der reinen tätigkeitsspezifischen Arbeitsunterweisung verstärkt die Vermittlung von sozialen Verhaltensweisen (Befähigung zur Kooperation, Kommunikation) treten muß, wenn Gruppenarbeit eingeführt wird.

Im nichtproduktiven Bereich, d. h. im Bereich der Führungskräfte, zeigen sich verstärkt Tendenzen, dem Teilnehmer an Weiterbildungsveranstaltungen nicht nur rein theoretisches Wissen über soziale Prozesse und die Leistungswirksamkeit von Führungsstilen zu vermitteln. Es werden zunehmend aktive Lehrmethoden eingesetzt. Hier sollen mittels gruppendynamischer Verfahren, wie z. B. Sensitivity Training oder Verhaltenstraining u. a.

- eine bessere Einsicht in die Motive des eigenen und fremden Verhaltens,
- ein erhöhtes Bewußtsein und erhöhte Sensitivität gegenüber Gruppenprozessen, Erkenntnisse des eigenen Einflusses auf die Gruppe und der eigenen Beeinflussung durch die Gruppe,
- Verbesserung der Kommunikations- und Kooperationsfähigkeit sowie
- verbesserte Konfliktfähigkeit und Verhaltensflexibilität

vermittelt werden [10.2].

Eine übergreifende Aufgabe des Personalwesens ist generell die Integration des Mitarbeiters im Unternehmen. Diese kann nur erreicht werden, wenn das Personalwesen, mehr als bisher, das Umfeld des Unternehmens beobachtet und die sich dort abzeichnenden Veränderungen erfaßt und analysiert [10.3]. Es muß wissen, welche Wandlungen sich in der Gesellschaft abzeichnen, welche Ziele die Tarifparteien verfolgen, welche Vorstellungen bei den politischen Parteien vorherrschen und mit welchen gesetzgeberischen Maßnahmen zu rechnen ist. Daraus ergeben sich die Forderungen nach einer langfristigen Personalpolitik und Personalplanung.

Ein wichtiges Hilfsmittel für die Erfassung und die Analyse von Einflußfaktoren auf die Unternehmung und den Personalsektor ist die Verwendung elektronischer Datenverarbeitungsanlagen. Damit möglichst viele Einflußfaktoren in die längerfristige Planung eingehen, werden verstärkt innerbetriebliche Personalinformationssysteme erarbeitet und Simulationsmodelle als Hilfsmittel für die Abschätzung gesamt- oder branchenwirtschaftlicher Entwicklungen eingesetzt.

Bei solchen Personalinformationssystemen wird auf die immer wieder genannte Gefahr zu achten sein, daß nicht Daten gespeichert und kombiniert werden, die über die personalplanerischen Zwecke hinausgehen und tief in die Intimsphäre des einzelnen eingreifen bzw. seinen persönlichen Handlungsspielraum unzulässig einengen können.

So bieten neuere Personalinformationssysteme durchaus die Möglichkeit, Daten zu kombinieren, die z. B. Eß-, Trink- und evtl. Rauchgewohnheiten betreffen. Diese ins Verhältnis gesetzt mit Krankheitstagen könnten z. B. zu der Konsequenz führen, daß Arbeitnehmer, die viel essen, trinken und rauchen, falls sie häufig krank sind, eine Arbeitslosengruppe darstellen.

Insgesamt dürften folgende Entwicklungstrends zu erwarten sein:

- Die quantitative Personalplanung wird in Form schriftlicher, nach Beschäftigungsgruppen differenzierter und für mehrere Jahre geltender Pläne dahin tendieren, ein Standardinstrument betrieblicher Personalplanung zu werden.

- Unter den Instrumenten qualitativer Personalplanung werden sich Verfahren zur Eignungsbeurteilung und Arbeitsplatzanalyse verstärkt durchsetzen.

- Institutionell wird sich ein Konzept der Personalpolitik durchsetzen, das diese als eigenständige Managementfunktion mit dem Rang eines Vorstandsressorts betrachtet.

- Gut ausgebaute Personalinformationssysteme werden zunehmend selbstverständliche Instrumente der Personalpolitik (und damit der Personalplanung) werden, wobei insbesondere eine detaillierte Information über den Ausbildungsstand der Belegschaft von größerer Bedeutung sein wird.

- Die Funktion des Personalwesens und der Personalplanung, den Unternehmenszielen, (z. B. der Gewinnmaximierung) zu dienen, wird sich zwar nicht grundlegend ändern, aber um dieser Zielsetzung näher zu kommen, werden verstärkt die Leistungsfähigkeit, die Leistungsbereitschaft und die Interessen der Arbeitnehmer in die betrieblichen Planungen einzubeziehen sein.

10.6 Aufbau des Arbeitsrechts

10.6.1 Bedeutung des Arbeitsrechts

"Arbeitsrecht ist das Sonderrecht der unselbständig arbeitenden Arbeitnehmer". So wird das Arbeitsrecht in einem juristischen Lehrbuch beschrieben [10.24]. Dieses "Sonderrecht" betrifft nahezu 85 % aller Erwerbstätigen in der Bundesrepublik Deutschland (d. h. ca. 21,5 Millionen Erwerbstätige zuzüglich etwa 6 Millionen in den neuen Bundesländern), die sich als Arbeiter, Angestellte oder Beamte in abhängiger Stellung befinden, wobei Beamte einen rechtlichen Sonderstatus haben [10.25].

Für den einzelnen ist das Innehaben eines Arbeitsplatzes und seine Arbeit von zentraler Bedeutung, da sich in und aus der Arbeit seine wirtschaftliche Existenz, die Entfaltung seiner Persönlichkeit, sein Sozialstatus und seine Freizeit wesentlich bestimmen [10.25]. Dies gilt immer noch, auch wenn sich in den letzten 10 Jahren die Haltung zur Arbeit und zu ihrer sozialen Rolle zu wandeln begonnen hat.

Für das Zusammenwirken der Einzelnen im Betrieb gibt das Arbeitsrecht eine Reihe inhaltlicher und verfahrensmäßiger Regelungen vor, die den Betrieb und den einzelnen Arbeitnehmer unmittelbar betreffen, da sie die gegenseitigen Rechte und Pflichten festlegen. Deshalb sind Grundkenntnisse arbeitsrechtlicher Regelungen sowohl für Arbeitnehmer als auch für Führungskräfte unerläßlich (vgl. hierzu § 5 BetrVG).

10.6.2 Problemstellung des Arbeitsrechts

Im Laufe der historischen Entwicklung wurde deutlich, daß zwischen Arbeitnehmern und Arbeitgebern ein doppelter Interessenkonflikt besteht (Bild 10.7).
Zum einen besteht ein Konflikt in wirtschaftlicher Hinsicht:
Arbeitnehmer ist, wer - im allgemeinen durch einen Vertrag - einem Arbeitgeber - im allgemeinen gegen Entgelt - seine Arbeitskraft zur Verfügung stellt. Arbeitnehmer und Arbeitgeber versuchen legitimerweise ihr Verhältnis und die daraus resultierende Leistungspflicht jeweils für sich zu optimieren. So entsprechen z. B. dem Einkommen der Arbeitnehmer Kosten des Arbeitgebers (vgl. z. B. [10.33]) und Sozialeinrichtungen tragen nicht notwendigerweise zur Produktivität bei, verursachen aber Kosten.
Zum anderen besteht ein Konflikt bezüglich der Verfügungsgewalt:
Der Arbeitgeber verfügt über die Produktionsmittel (Art. 14 GG) und erteilt dem Arbeitnehmer Weisungen (vgl. §121 GewO, §611 BGB, [10.41]). In dieser Situation kann sich ein Gegensatz aus Artikel 1 Grundgesetz (GG) (Menschenwürde) und Artikel 2 GG (freie Entfaltung der Persönlichkeit) gegenüber Artikel 14 GG (Recht auf Eigentum) entwickeln (vgl. hierzu [10.25] und die dort zitierte einschlägige Literatur).
Gegenstand und Problemstellung des Arbeitsrechts ist die Regelung dieser Interessenkonflikte und somit die Regelung aller Fragen, die mit dem "Ankauf" und der "Nutzung" von Arbeitskraft zusammenhängen. Das Arbeitsrecht beinhaltet dabei

- eine Schutzfunktion, damit die Regelung des Arbeitsverhältnisses sich nicht beliebig zu Lasten der Arbeitnehmer verschlechtert, und
- eine Befriedigungsfunktion, damit nicht durch eine einseitige Interessenvertretung die Ordnung der gesellschaftlichen Verhältnisse gefährdet wird (nach [10.25]).

10.6.3 Gliederung des Arbeitsrechts

Es gibt kein zusammengefaßtes Arbeitsrecht, sondern sehr zersplittert eine große Anzahl von Rechtsquellen unterschiedlicher Reichweite und Genauigkeit (Bild 10.8):
Dabei sind von

- großer Reichweite und geringer Genauigkeit:

  - Grundgesetz:
    Art. 1 (Menschenwürde)
    Art. 2 (freie Entfaltung der Persönlichkeit)

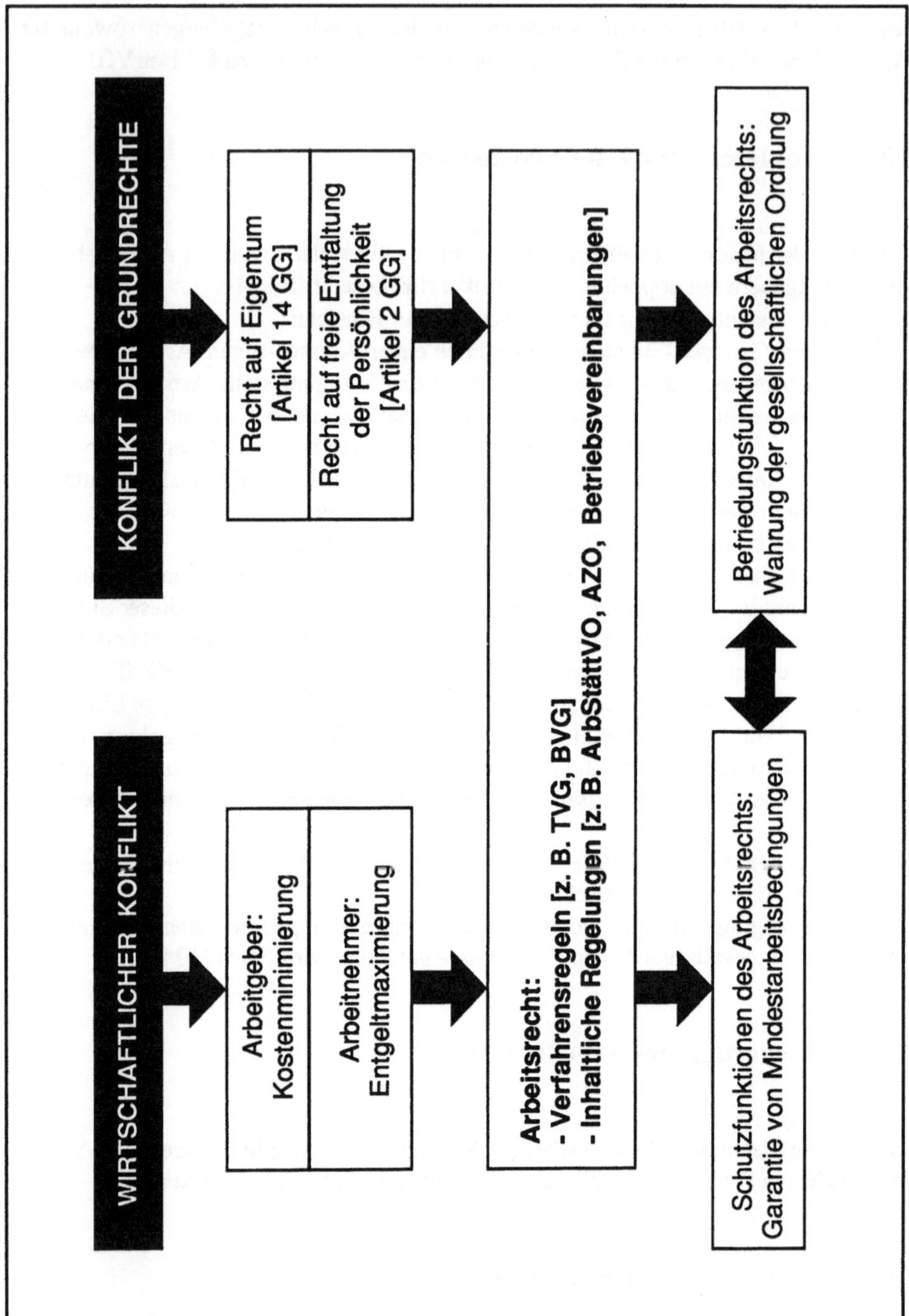

Bild 10.7 Überblick über Problemstellung und Funktion des Arbeitsrechts

Art. 3 (Benachteiligungsverbot)
Art. 9 (Vereinigungsfreiheit)
Art. 12 (freie Berufs- und Arbeitsplatzwahl)
Art. 14 (Eigentumsgarantie)

- mittlerer Reichweite und mittlerer Genauigkeit:
  - internationale Vereinbarungen (z. B. EG-Regelungen)
  - Vorschriften des BGB (§ 611 ff), HGB (§ 60 ff)
  - Mitbestimmungsgesetz
  - Tarifvertragsgesetz
  - Betriebsverfassungsgesetz

  - spezielle Regelungen, wie Lohnfortzahlungsgesetz, Kündigungsschutzgesetz, Bundesurlaubsgesetz, Arbeitstättenverordnung, Reichsversicherungsordnung, usw.

- geringer Reichweite aber hoher Genauigkeit:

  - Rechtsprechung der Arbeitsgerichte
  - Tarifverträge

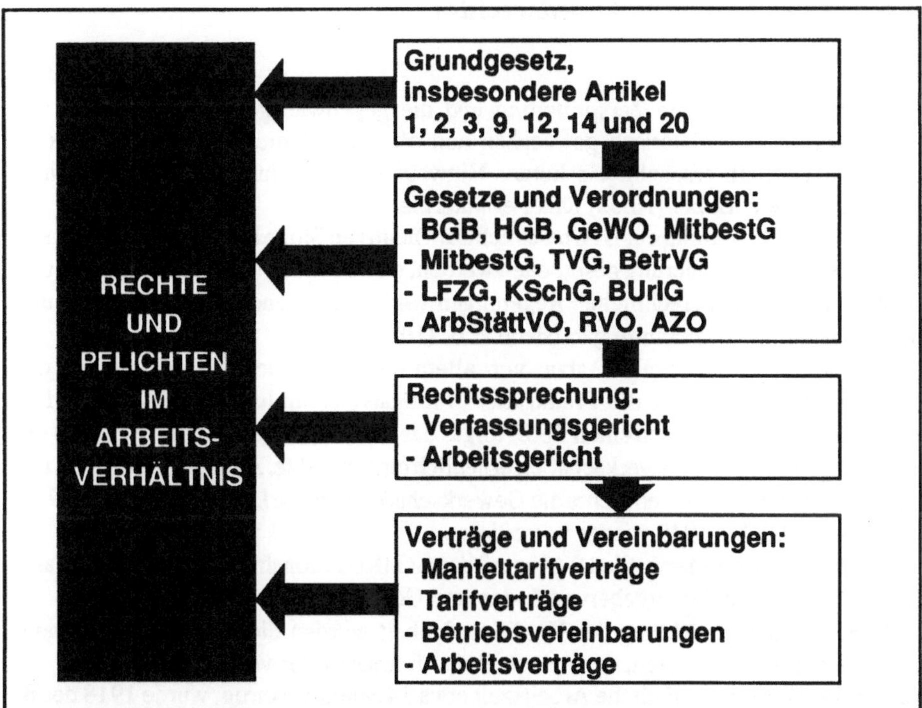

Bild 10.8 Rechtsquellen des Arbeitsrechts

- Betriebsvereinbarungen
- Arbeitsverträge (vgl. dazu im einzelnen [10.25], [10.26]).

Zwischen diesen unterschiedlichen Rechtsquellen gilt im allgemeinen das Rangprinzip, d. h. höherrangiges Recht großer Reichweite geht vor niederrangigem Recht (vgl. [10.25]). Die Inhalte dieser Rechtsquellen beziehen sich auf zwei große Problemkreise:

- die rechtliche Regelung der Interessenvertretung durch Rechtsformen für die Arbeit der Tarifvertragsparteien und der betrieblichen Interessenvertretung und

- die rechtliche Regelung der konkreten Probleme der Arbeit und ihrer Bedingungen durch Rechtsnormen für den Erwerb und Verlust des Arbeitsplatzes und die Sicherung verschiedener Rechte und Pflichten des Arbeitnehmers (vgl. auch [10.25]).

Der erste Problemkreis (oft als "kollektives Arbeitsrecht" bezeichnet [10.25]) ist eher im Sinne von Verfahrensvorschriften für diejenigen juristischen Personen zu verstehen, die - im Rahmen der sonstigen inhaltlichen Bestimmungen - die konkreten Bedingungen für den einzelnen Arbeitnehmer in Abmachungen (z.B. in Tarifverträgen oder Betriebsvereinbarungen) festlegen und das "individuelle Arbeitsrecht" gestalten.

10.6.4 Entwicklung des Arbeitsrechtes

Die Problemstellung, die Zersplitterung und die gegenwärtigen Bestimmungen des Arbeitsrechtes sind historisch gewachsen und oft nur aus diesem Prozeß heraus zu verstehen. Deshalb erscheint ein kurzer Hinweis zur Entstehung des Arbeitsrechtes angebracht, die z. B. bei [10.35] näher erläutert ist.

Von der Entwicklung eines Arbeitsrechts im heutigen Sinne kann eigentlich erst seit Beginn der Industrialisierung gesprochen werden, wenn es auch bereits im Altertum und im Mittelalter "arbeitsrechtliche" Regelungen (Sklaverei, Lehenswesen, Zünfte) und entsprechende Arbeitskämpfe gab (siehe z. B. [10.35]).

Historisch bedeutsam ist aber vor allem die gesetzliche Anerkennung des Vereinigungsrechts durch die Frankfurter Nationalversammlung 1848 [10.25]. Der Gewährung der Koalitionsfreiheit 1869 folgte das Sozialistengesetz von 1878, das die Bewegungsfreiheit der Gewerkschaften erheblich einschränkte. Auch nach dem Fall des Sozialistengesetzes 1890 erreichte die Gewerkschaft ihre volle Legalisierung erst 1918, um sie von 1933 bis 1945 wieder zu verlieren.

Nach 1945 wurde der Artikel 9 Absatz 3 des GG (Koalitionsfreiheit) rechtliche Basis für die Bildung von Arbeitgeberverbänden und Gewerkschaften [10.25].

Parallel zur Entwicklung der Koalitionsfreiheit wurden die Arbeitsbedingungen, insbesondere die Arbeitszeit, der Arbeitnehmer immer weiter verbessert:
Während z. B. 1850 die tägliche Arbeitszeit etwa 14 Stunden betrug, wurde 1918 der 8-Stunden-Tag verbindlich [10.26]. Die Lebensarbeitszeit sank von 135.000 Stunden (vor

1918) auf 61.700 Stunden (1978) [10.36]. Auch nach 1918 blieb die Durchsetzung eines Urlaubsanspruchs Gegenstand von Tarifverhandlungen; zwar wurden nach 1945 zahlreiche Urlaubsgesetze der Länder erlassen, aber erst seit 1963 gibt es eine Bundeseinheitliche gesetzliche Regelung (Bundesurlaubsgesetz (BUrlG) [10.26]. Die neuere Entwicklung des Arbeitsschutzrechtes wurde bestimmt durch den Erlaß der Arbeitsstättenverordnung und durch das Maschinenschutzgesetz.

10.6.5 Beteiligte Institutionen

Die Institutionen und Gruppen, die mit der Schaffung und Durchführung arbeitsrechtlicher Bestimmungen befaßt sind, sind in Bild 10.9 zusammengestellt.

10.6.5.1 Gesetzgeber

Während die Vertretung von Arbeitgebern und Arbeitnehmern auf dem Weg der

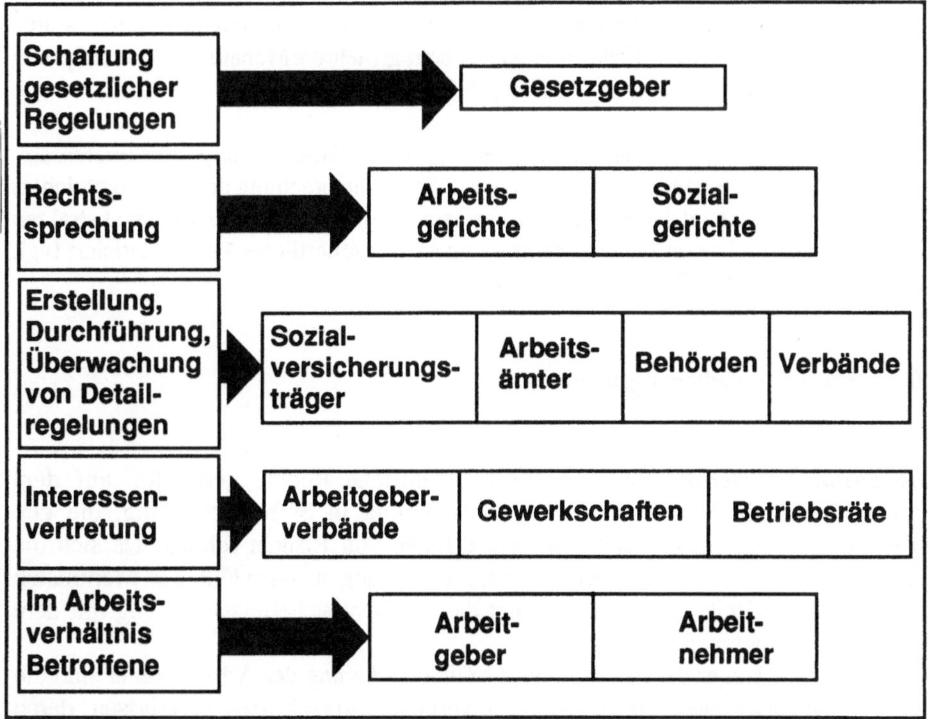

Bild 10.9 Gruppen und Institutionen, die mit der Schaffung und Durchführung des Arbeitsrechts befaßt sind

Vereinbarung (z. B. Tarifvertrag, Betriebsvereinbarung) gesellschaftlich Recht schaffen, [10.25], schafft der Gesetzgeber bundeseinheitliches bzw. landeseinheitliches Recht. Im Gesetzesrecht werden zum einen Fragen des Inhalts und des Verfahrens grundsätzlich geregelt, zum anderen gewisse Mindeststandards gesetzt. Beides führt zu einer Rechtssicherheit und einer gewissen Gleichheit der Wettbewerbsbedingungen. In seiner Arbeit ist der Gesetzgeber natürlich nicht völlig unabhängig von den gesellschaftlichen Gruppierungen und internationalen rechtlichen und wirtschaftlichen Verflechtungen. Das führt dazu, daß das Gesetzesrecht teilweise hinter bestimmten tariflichen Entwicklungen (so z. B. bei Urlaubsregelungen) zurückbleibt [10.25].

10.6.5.2 Rechtsprechung

Da viele Fragen des Arbeitsrechts noch keine gesetzliche Regelung erfahren haben, schaffen die Arbeitsgerichte bei ihrer Rechtsprechung neue rechtliche Bestimmungen.

In einem dreizügigen Instanzenweg (Arbeitsgericht, Landesarbeitsgericht, Bundesarbeitsgericht, nach § 8 ArbGG) entscheiden die Arbeitsgerichte gemäß Arbeitsgerichtsgesetz (ArbGG) Rechtsstreitigkeiten zwischen Arbeitnehmer und Arbeitgeber bzw. deren Vertretern (Betriebsrat, Gewerkschaft, Verbände).

95 % aller Klagen werden von Arbeitnehmern, Gewerkschaften oder Betriebsräten eingereicht; die durchschnittliche Prozeßdauer beträgt mehrere Monate, bei Ausschöpfung aller rechtlichen Mittel ca. 2 bis 3 Jahre [10.30].

Da es den Beteiligten im Arbeitsgerichtsprozeß um die Durchsetzung ihrer Interessen - im Rahmen des geltenden Rechts - geht, wird die Rechtsprechung des Arbeitsgerichtes oft aus dem Blickwinkel der jeweiligen Interessenlage und nicht aus dem einer abstrakten Gerechtigkeit gesehen und - insbesondere von gewerkschaftlicher Seite - kritisiert (vgl. dazu z. B. [10.32, 10.37, 10.38, 10.39, 10.40]).

10.6.5.3 Sozialversicherungsträger

Die *Sozialversicherung* ist eine durch öffentliche Rechte geregelte, auf dem Solidaritätsprinzip beruhende Zwangsversicherung in Selbstverwaltung, die den Arbeitnehmer und seine Familie vor einer Reihe von Risiken schützt. Da sich die Beitrags- und Leistungspflicht in der Sozialversicherung in vielen Fällen an Merkmalen des Arbeitsverhältnisses orientiert, hängt das Sozialversicherungsrecht eng mit dem Arbeitsrecht zusammen.

Wichtigste Träger der gesetzlichen *Unfallversicherung* der Arbeitnehmer sind die Berufsgenossenschaften. Sie haben Unfallverhütungsvorschriften zu erlassen, deren Befolgung zu überwachen und im Schadensfall (Unfall, Berufskrankheit) die

Erwerbsfähigkeit des Geschädigten wiederherzustellen [10.64]. Die Arbeitgeber zahlen nachträglich, in Abhängigkeit vom Gesamtschadensaufkommen und der jeweiligen Lohnsumme, in einer Art "Haftpflichtversicherung" die gesamten Beiträge (§ 539 ff, §§ 702 - 721 RVO).

Träger der gesetzlichen *Krankenversicherung* sind im wesentlichen die 338 Allgemeinen Ortskrankenkassen (AOK) und 977 Betriebskrankenkassen (BKK) [10.64]. Ihre Aufgabe ist es, Leistungen bei Krankheit, Arbeitsunfähigkeit, Mutterschaft und Tod zu gewähren [10.64]. Arbeitnehmer und Arbeitgeber zahlen im allgemeinen je zur Hälfte die Beiträge von derzeit ca. 10 bis 12 % des Bruttoentgelts.

Träger der gesetzlichen *Rentenversicherung* sind die Landesversicherungsanstalten (LVA) für gewerbliche Arbeitnehmer und die Bundesversicherungsanstalt für Angestellte (BfA) sowie Sonderanstalten (z. B. Seekasse). Ihre Aufgaben sind die Erhaltung der Erwerbsfähigkeit der Versicherten und die Gewährung von Renten und Altersruhegeld an Versicherte und Hinterbliebene [10.64]. Arbeitnehmer und Arbeitgeber zahlen im allgemeinen je zur Hälfte die Beiträge von derzeit 18,5 % des Bruttoentgelts.

Rechtstreitigkeiten auf dem Gebiet der Sozialversicherung werden von den *Sozialgerichten* (in ggf. drei Instanzen) entschieden, denen außer hauptamtlichen Richtern ehrenamtliche Laienrichter nach Vorschlägen von Gewerkschaften und Arbeitgeberverbänden angehören.

10.6.5.4 Arbeitsämter

Die Vermittlung von Arbeitskräften, Aufgaben der Arbeitslosenversicherung, Förderung der Berufsbildung (nach AFG) sowie eine Reihe weiterer Aufgaben obliegen der Bundesanstalt für Arbeit und den nachgeordneten Arbeitsämtern.

10.6.5.5 Behörden und Verbände

In Bund und Ländern sind Ministerien und ihnen nachgeordnete Behörden (z. B. Gewerbeaufsichtsämter) mit der Erstellung, Durchführung und Überwachung von Detailregelungen - insbesondere auf dem Gebiet des Arbeitsschutzes - befaßt. Häufig werden dabei spezielle Aufgaben privaten Institutionen (z. B. TÜV, DIN, VDI) übertragen.

10.6.5.6 Arbeitgeber

Ca. 90 % der Arbeitgeber sind Mitglied in Arbeitgeberverbänden [10.34]. Aufgabe der

Arbeitgeberverbände ist die Vertretung der sozialrechtlichen und sozialpolitischen Belange der Mitgliedsfirmen; konkret wird dies insbesondere in der Tarifpolitik und den Selbstverwaltungsorganen der Sozialversicherung [10.34].

Im Dachverband, dem BDA, sind mehr als 900 Arbeitgeberverbände zusammengeschlossen. Er vertritt übergreifende Belange seiner Mitglieder, führt aber selbst keine Tarifverhandlungen durch.

Auf betrieblicher und Unternehmensebene hat der Arbeitgeber u. a. die Aufgabe, die sich aus den verschiedensten Rechtsfällen ergebenden Vorschriften anzuwenden. Hierin liegt eine wesentliche Aufgabe des Personalwesens, das im allgemeinen für arbeitsrechtliche Belange (Lohnfragen, Sozialversicherung) zuständig ist [vgl. 10.2].

10.6.5.7 Arbeitnehmer

Die Interessenvertretung der Arbeitnehmer im Betrieb ist im BetrVG geregelt; wichtigstes Organ ist der Betriebsrat. Die Interessenvertretung der Arbeitnehmer im Unternehmen ist im Mitbestimmungsgesetz geregelt. Die überbetriebliche Interessenvertretung der Arbeitnehmer, insbesondere der Abschluß von Tarifverträgen obliegt den Gewerkschaften.

Der Deutsche Gewerkschaftsbund (DGB) umfaßt 17 Einzelgewerkschaften mit zusammen ca. 7,8 Millionen Mitgliedern [10.77]. Daneben existieren noch einige andere gewerkschaftsähnliche Zusammenschlüsse wie die Deutsche Angestelltengewerkschaft ((DAG) 487 000 Mitglieder), der Christliche Gewerkschaftsbund ((CGB) 266 000 Mitglieder) und der Deutsche Beamtenbund ((DBB) 824 000 Mitglieder), die jedoch nicht voll tariffähig sind und auch keine Arbeitskämpfe (Streik) führen können bzw. dürfen. Die meisten Gewerkschaften folgen dem Industriegewerkschaftsprinzip: "Ein Betrieb - eine Gewerkschaft" [10.77].

10.6.6 Abgrenzung der Darstellung

Da es nicht Ziel eines Überblicks über arbeitsrechtliche Regelungen sein kann, der Komplexität des Arbeitsrechts voll gerecht zu werden, wurde die vorliegende Darstellung auf die drei großen Gebiete

- Interessenvertretung der Arbeitnehmer,
- Arbeitsverhältnis und
- Arbeitsschutz

eingegrenzt.

Für weitergehende Fragen, insbesondere der sozialen Absicherung der Arbeitsvermittlung oder der Fort- und Weiterbildung, muß auf die Literatur verwiesen werden. Als einführende Publikationen seien [10.25, 10.26, 10.30, 10.64, 10.72, 10.78] genannt.

10.7 Gesetzliche Regelungen zur Interessenvertretung der Arbeitnehmer

Durch das Mitbestimmungsgesetz (MitbG), das Tarifvertragsgesetz (TVG) und das Betriebsverfassungsgesetz (BetrVG) wird eine abgestufte Interessenvertretung der Arbeitnehmer geregelt. Die Zahl der jeweils betroffenen Arbeitnehmer zeigt Bild 10.10. Auf die verschiedenen Formen der Interessenvertretung (Bild 10.11) wird im folgenden eingegangen.

MITBESTIMMUNG FÜR ARBEITNEHMER

Wo ?	Für wieviele ? (in Mio.)	Wie ?
Montanindustrie	0,6	Parität im Aufsichtsrat
Große Kapitalgesellschaften	4,3	Gleichgewichtige Besetzung des Aufsichtsrats
Kleinere Kapitalgesellschaften	0,9	"Drittel - Parität" im Aufsichtsrat
Übrige Unternehmen (5 und mehr Beschäftigte)	9,4	Nur innerbetriebliche Mitbestimmung (Betriebsräte)
Öffentlicher Dienst	3,6	Nur innerbetriebliche Mitbestimmung (Personalräte)
Kleinbetriebe (weniger als 5 Beschäftigte)	3,0	Keine Mitbestimmungsrechte

Bild 10.10 Betroffene der gesetzlichen Regelungen zur Mitbestimmung [10.60]

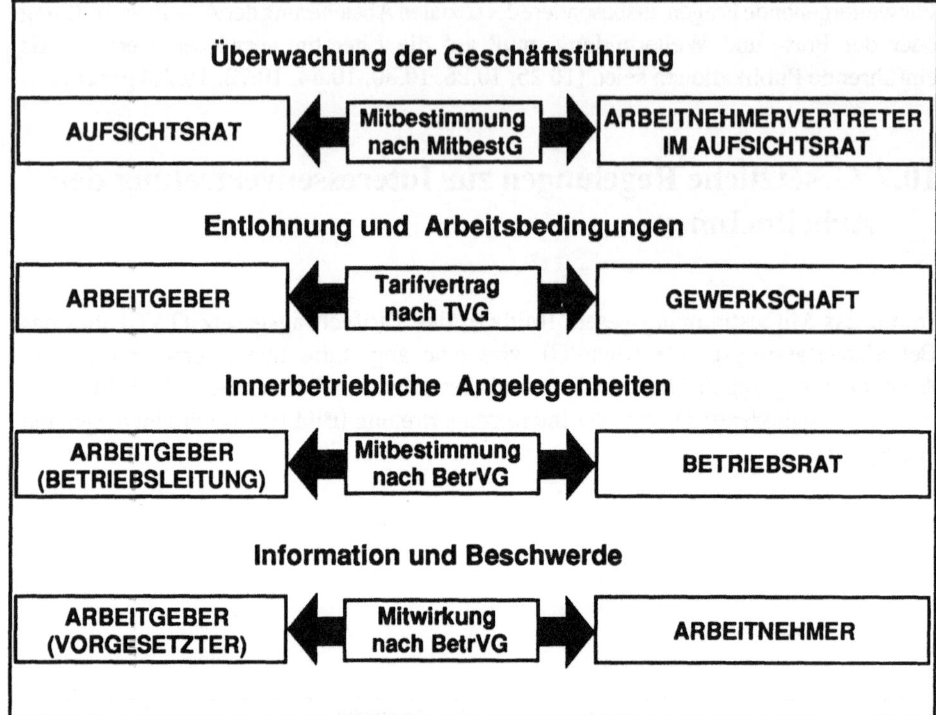

Bild 10.11 Interessenvertretung der Arbeitnehmer

10.7.1 Mitbestimmung

Die gewerkschaftliche Forderung nach Mitbestimmung in Unternehmen ist so alt wie die Arbeiterbewegung und immer mit politischer Brisanz behaftet, da sie auf einen zentralen Punkt der Wirtschaftsverfassung, nämlich die Verfügung über das Eigentum ((vgl. Art. 14 GG) vgl. [10.25]), zielt.
Nach verschiedenen Ansätzen im Kaiserreich und der Weimarer Republik (vgl. z. B. bei [10.42]) wurden nach 1945 nach heftigen Diskussionen zwei wesentliche Gesetze zur Mitbestimmung verabschiedet: Das Montan-Mitbestimmungsgesetz vom 21.05.1951 und das Mitbestimmungsgesetz vom 04.05.1976.

10.7.1.1 Das Montanmitbestimmungsgesetz (Montan-MitbG)

Das Montan-MitbG regelt die Mitbestimmung von ca. 350 000 Arbeitnehmern [10.43] in bestimmten Unternehmen der Kohle- und Stahlerzeugenden Industrie, die die Rechtsform einer AG oder GmbH haben und mehr als 1 000 Arbeitnehmer beschäftigen (näheres in 1 Montan-MitbG). Die Mitbestimmung der Arbeitnehmer wird über den

Aufsichtsrat ausgeübt, der sich zu gleichen Teilen aus Anteileigner- und Arbeitnehmer-Vertretern zuzüglich eines weiteren (neutralen) Mitglieds zusammensetzt (§§ 3 und 4 Montan-MitbestG). Dieses wird im Streitfall letztendlich von der Hauptversammlung bestimmt (§ 8 Montan-MitbG). Weiter wird als gleichberechtigtes Mitglied der Geschäftsleitung der Arbeitsdirektor bestellt, der nicht gegen die Stimmen der Arbeitnehmervertreter gewählt werden kann (§ 13 Montan-MitbestG).

10.7.1.2 Das Mitbestimmungsgesetz (MitbestG)

Das MitbestG regelt die Beteiligung der Arbeitnehmer in den Aufsichtsräten von "Unternehmen, die in der Rechtsform der AG, KGaA, GmbH ..." "in der Regel mehr als 2 000 Arbeitnehmer beschäftigen" (§ 1 Abs. 1 MitbestG). Der Aufsichtsrat (AR) "überwacht die Geschäftsführung" (§ 111 AktG). Insofern sind vom AR im allgemeinen weiterreichende unternehmerische Entscheidungen zu treffen, so daß im MitbestG ein Einfluß der Arbeitnehmer (AN) auf das Unternehmen geregelt ist, der ansonsten - z. B. nach TVG oder BetrVG - nicht besteht.

Je nach Anzahl der Beschäftigten in diesen Unternehmen umfaßt der Aufsichtsrat 12, 16 oder 20 Mitglieder, die je zur Hälfte von Anteilseigner (AE)- und AN-Vertretern gestellt werden, wobei zwei bis drei der AN-Vertreter von den Gewerkschaften gestellt werden (näheres in § 7 MitbestG).

Der Aufsichtsratsvorsitzende und sein Stellvertreter sind mit 2/3 Mehrheit zu wählen. Ist dies nicht möglich, wählen die Arbeitgeber (AG)-Vertreter den AR-Vorsitzenden und die AN-Vertreter seinen Stellvertreter mit je einfacher Mehrheit (§ 27 MitbestG). In Abstimmungen stehen dem Aufsichtsratsvorsitzenden bei Stimmengleichheit in zwei Abstimmungen in einem dritten Abstimmungsgang zwei Stimmen zu (§ 29 MitbestG).

Außer in Unternehmen mit der Rechtsform einer KGaA wird nach § 33 MitbestG ein Arbeitsdirektor zur "Wahrung der sozialen und wirtschaftlichen Belange der Arbeitnehmer" bestellt. "In der Regel ist der Arbeitsdirektor Ressortchef für das Personal- und Sozialwesen" [10.64].

Während bis 1967 die Verfassungsmäßigkeit des Montanmodells kein Problem war - die juristische Literatur sah darin weder einen Verstoß gegen die Eigentumsgarantie des Art. 14 GG noch gegen das in Art. 9 Absatz 3 mitgarantierte Tarifsystem [10.25] -, wurde diese Frage im Vorfeld der Diskussion um das Mitbestimmungsgesetz in immer stärkerem Maße aufgeworfen [10.45].

Einige Unternehmen und Arbeitgeberverbände reichten Klage vor dem Bundesverfassungsgericht gegen das Mitbestimmungsgesetz ein [10.46]. Der Klage wurde nicht entsprochen [10.59].

Der verfassungsrechtlichen Argumentation stehen die entsprechenden Grundsatzpositionen bezüglich der - vom GG übrigens nicht definierten [10.48, 10.49, 10.59] - Wirtschaftsverfassung gegenüber; als bezeichnend für die Kontroverse seien Aussagen von zwei Politikern zitiert:

"Die Absicht, die Arbeitnehmervertreter in Aufsichtsräten über die Gewerkschaften in eine Sonderpflicht zu nehmen, in eine besondere Solidarität gegenüber den Gewerkschaften einzubinden, und so ihre Aufsichtsratmandate als Instrumente zentraler Wirtschafts- und Unternehmensplanung zur Verfügung zu stellen, ist mit der sozialen Marktwirtschaft einfach nicht vereinbar. Dies wäre tatsächlich die Verfilzung der Wirtschaft unter weitgehender Aufhebung des Wettbewerbs." [Kurt Biedenkopf, CDU, zitiert aus [10.46]).

"Das Grundgesetz der Bundesrepublik Deutschland ist nicht die Hausordnung priviligierter Schichten ... Mitbestimmung ist eine zwingende Voraussetzung zur Selbstverwirklichung des Menschen in der Arbeitswelt und gleichzeitig Voraussetzung für den sozialen Frieden in der Gesellschaft." (Herbert Wehner, SPD, zitiert aus [10.44]).

In der derzeitigen Praxis des Mitbestimmungsgesetzes werden die Möglichkeiten der Arbeitnehmervertreter - insbesondere von gewerkschaftlicher Seite - als gering eingeschätzt:

- durch Änderungen der Rechtsform, Aufspaltung des Unternehmens oder Abbau der Beschäftigtenzahl können Unternehmen aus dem Geltungsbereich des Gesetzes gelangen [10.47, 10.59];
- durch Änderung der Befugnisse des Aufsichtsrates, der Geschäftsordnung und der Besetzung der Aufsichtsratsausschüsse kann die Ausübung der Mitbestimmung unwesentlich werden (Beispiele in [10.46, 10.59];
- Wesentliches kann außerhalb des Aufsichtsrates diskutiert werden; so ist es vorgekommen, daß gewerkschaftliche Aufsichtsratsmitglieder unternehmerische Entscheidungen (z.B. Bau eines neuen Werkes im Ausland) aus der Zeitung erfuhren [10.46] (vgl. auch [10.30].

Aufgrund der Doppelstimmen (§ 29 MitbestG) des letztlich von den Anteilseigner-Vertretern bestimmten (§27 MitbestG) Aufsichtsratsvorsitzenden und der Zugehörigkeit leitender Angestellter zu den Arbeitnehmer-Vertretern (Arbeitnehmer gemäß § 5 BetrVG mit § 3 Abs. 3 Nr. 2 MitbestG und § 15 Abs. 2 MitbestG) kann sowohl davon ausgegangen werden, daß es auch in einem mitbestimmten Unternehmen bei zielgerichtetem Vorgehen gelingen müßte, die unternehmerische Entscheidungsfreiheit zu erhalten (vgl. auch Urteil des BVG vom 01.03.1979 zum MitbestG, nach [10.59]).

10.7.2 Tarifvertragsrecht

Das Tarifvertragsrecht, insbesondere das Tarifvertragsgesetz, regelt das Zustandekommen und die Wirkung von Tarifverträgen. Tarifverträge sind als gesellschaftlich geschöpftes Recht Bestandteil des Arbeitsrechts. Zur Zeit sind ca. 30 000 Tarifverträge beim Bundesminister für Arbeit registriert [10.30]. Durch die Tarifautonomie wird das politische System, insbesondere die Arbeit im Parlament entlastet, da dieser Bereich des Ausgleichs unterschiedlicher Interessen Arbeitgebern und Gewerkschaften überlassen wird [10.25, 10.55].

10.7.2.1 Entstehung des Tarifvertrages

"Ein gültiger, wirksamer Tarifvertrag setzt voraus, daß er auf Arbeitnehmer- wie auf Arbeitgeberseite von einer tariffähigen Partei abgeschlossen wurde, die nach ihrer Satzung für die geregelten Arbeitsverhältnisse zuständig ist. Der Tarifvertrag muß schriftlich niedergelegt werden und besitzt im Regelfall einen obligatorischen und einen normativen Teil. In der Praxis kommt er meist aufgrund oft langwieriger Verhandlungen zustande ..." [10.25].

Nach § 2 Abs. 1 TVG sind auf Arbeitnehmerseite ausschließlich die Gewerkschaften tariffähig. Nach Art. 9 Abs. 3 GG müssen (Arbeitnehmer-)Koalitionen - hierzu zählen u. a. die Gewerkschaften - vom Staat oder politischen Organisationen unabhängig sein und "zum Arbeitskampf bereit sein, da sie unter den gegebenen wirtschaftlichen Verhältnissen nur dann die Interessen ihrer Mitglieder effektiv vertreten" können [10.25].

Auf Arbeitgeberseite sind sowohl die einzelnen Arbeitgeber als auch die Arbeitgeberverbände tariffähig (§ 2 Abs. 1 TVG). Abschluß und Gestaltung von Tarifverträgen liegen im Rahmen der Vorschriften des TVG in der Autonomie der Tarifvertragsparteien [10.30].
Der Tarifvertrag enthält zwei Arten von Abmachungen:

- im obligatorischen oder schuldrechtlichen Teil werden die Rechte und Pflichten der Tarifparteien gegeneinander (nicht aber ihrer Mitglieder) geregelt;
- im normativen Teil werden Regeln gesetzt, die für die erfaßten Arbeitsverhältnisse gelten sollen [10.25].

Die Terminologie über die Arten von Tarifverträgen ist uneinheitlich. Üblicherweise unterscheidet man drei Arten:
In *Lohntarifverträgen* wird im allgemeinen nur die Lohnhöhe festgelegt. In *Rahmentarifverträgen* werden Lohngruppen nach Tätigkeitsmerkmalen festgelegt, u. U. auch Vorschriften über Lohnfindungsmethoden. In *Manteltarifverträgen* werden sonstige Arbeitsbedingungen festgelegt, wie z. B. Arbeitszeitregelungen [10.25].

10.7.2.2 Wirkungen des Tarifvertrages

Der obligatorische Teil des Tarifvertrages bindet, wie jeder übliche Vertrag, Vertragsparteien daran, ihre hieraus resultierenden Verpflichtungen einzuhalten und darüber hinaus ihre Mitglieder zur Einhaltung des Vertrages anzuhalten (Bild 10.12). Der normative Teil des Tarifvertrags hingegen gestaltet die Arbeitsverhältnisse von Personen, die nicht an den Tarifverhandlungen beteiligt waren.

Dies wird erreicht durch die "unmittelbare" Wirkung des Tarifvertrags (§ 4 Absatz 1 TVG): Der Tarifvertrag gilt ohne besondere Geltungsvereinbarung wie ein *Gesetz*. Darüber hinaus hat der Tarifvertrag eine "zwingende" Wirkung: Dem einzelnen

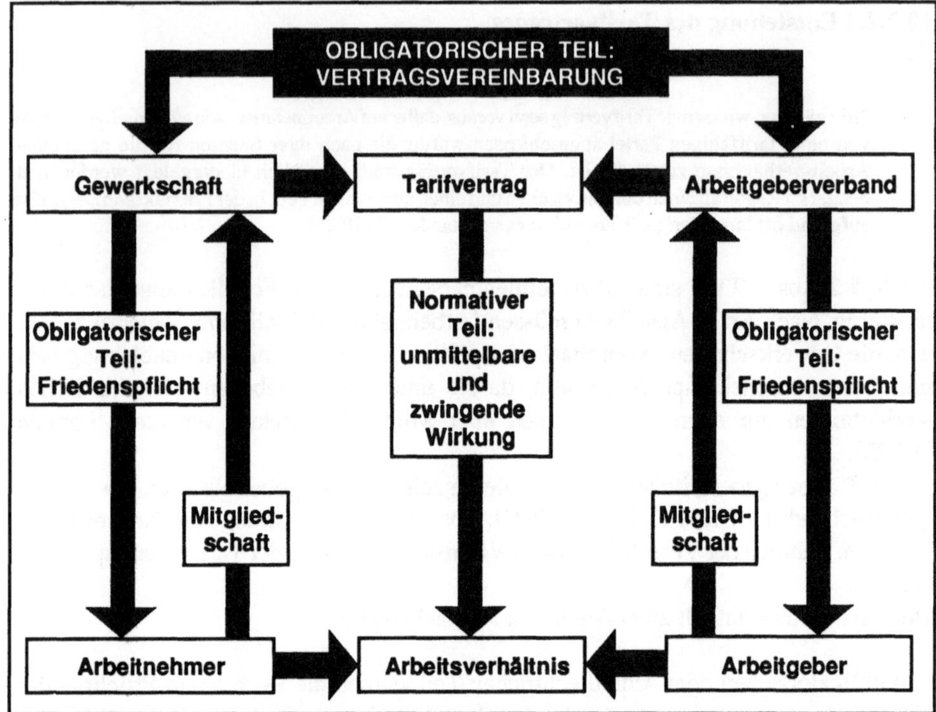

Bild 10.12 Rechtliche Beziehungen durch einen Tarifvertrag

Arbeitnehmer oder Arbeitgeber ist es nicht möglich, zu ungunsten des Arbeitnehmers vom Tarifvertrag abzuweichen (§ 4 Abs. 1 und § 3 TVG) [10.25].
Der Tarifvertrag gilt nur für die Mitglieder der Tarifparteien im vereinbarten räumlichen, fachlichen und personellen Geltungsbereich [10.25]. Üblicherweise werden jedoch vom Arbeitgeber gewerkschaftlich Organisierten wie Unorganisierten gleiche Arbeitsbedingungen gewährt.

Der Arbeitsminister kann nach § 5 TVG den Tarifvertrag für "allgemeinverbindlich" erklären, so daß dieser seine Wirkung auch für nicht vertragsschließende Unternehmen entfaltet [10.25, 10.30].

Während der Laufzeit eines Tarifvertrages gilt die Friedenspflicht, d. h., es besteht automatisch die unabdingbare Pflicht, keine Arbeitskampfmaßnahmen zur Veränderung eines Inhalts durchzuführen und "kampfwillige" Mitglieder gegebenenfalls von Aktionen abzuhalten [10.52].

10.7.2.3 Inhalte von Tarifverträgen

Meistbeachteter Gegenstand von Tarifverträgen ist das Arbeitsentgelt.

Die Lohntarifabschlüsse erbrachten von 1950 bis 1971 eine Steigerung der Brutto-Reallöhne um rund das Dreifache [10.53]. Die Lohnquote, d. h. der Anteil der Unselbständigen am Volkseinkommen, stieg von 1950 bis 1973 von 58,5 % auf 69,9 %.

Hierbei ist zu berücksichtigen, daß die Zahl der Unselbständigen in diesem Zeitraum von 68,5 % auf 85,5 % der Erwerbstätigen angestiegen ist [10.54], auch: [10.77].

Nach § 3 des Stabilitätsgesetzes von 1967 sollten in der sogenannten "Konzertierten Aktion" Orientierungsdaten für Tarifabschlüsse gesetzt werden, ohne daß ein (unzulässiger!) staatlicher Eingriff in die Tarifautonomie vorlag. In diesem Zusammenhang sind auch die Diskussion um Inflationsgleitklauseln und die tarifliche Vereinbarung von Nettolöhnen (Steuerprogression!) zu sehen.

In einer Reihe von Tarifverträgen werden durch sogenannte Effektivgarantieklauseln vom Arbeitgeber freiwillig gewährte übertarifliche Entgelte in den neuen Tarifvertrag einbezogen. Derartige Klauseln sind teilweise rechtlich umstritten (vgl. z. B. [10.25].

Außer über die Höhe von Entgelten und die Art ihrer Bestimmung können sich Tarifverträge auf Arbeitsbedingungen beziehen. Hierzu können Regelungen über Überstunden, Pausen, Urlaub, Gesundheitsschutz am Arbeitsplatz usw. getroffen werden [10.56]. Torkontrolle, die Kontrolle (Berechtigung, Kosten) des Telefonverkehrs und anderes mehr werden nicht durch Tarif, sondern durch Betriebsvereinbarungen geregelt.

Derartige Regelungen sind im Zusammenhang mit dem Arbeitsschutzrecht und der "Humanisierung der Arbeitswelt" zu sehen. Bei der Festlegung von Erschwernis- oder Gefahrenzulagen ist zu diskutieren, inwieweit Geld Gesundheitsrisiken kompensieren kann und ob nicht andere Regelungen (z. B. Pausen) zu finden sind.

In gewissem Umfang können Tarifverträge, im Rahmen des BetrVG (insbesondere § 13), auch betriebsverfassungsrechtliche Fragen regeln.

Grundsätzlich können die Tarifverträge auch die Kompetenzen von Unternehmensorganen (wie Aufsichtsrat) oder einzelne Unternehmensentscheidungen zum Gegenstand haben, allerdings wird dies in Deutschland, im Gegensatz zu den USA, Großbritanien und Italien, kaum praktiziert [10.25]. Lediglich im Bereich der Rationalisierungsschutzabkommen wurden hier durch Tarifvertrag

- der Begriff "Rationalisierungsmaßnahme" genauer definiert,
- die Einschaltung des Betriebsrates geregelt und
- die Lohnregelungen festgelegt [10.25].

Gegenstand der Rationalsisierungsschutzabkommen sind nicht die Maßnahmen des Arbeitgebers, sondern die Regelung von deren Folgewirkungen auf die Arbeitnehmer.

10.7.2.4 Anwendung von Tarifverträgen

Auf tariflich entstandene Rechte kann nicht verzichtet werden (§ 4 Abs. 4 TVG), sie können unter bestimmten Umständen allerdings verwirkt werden (§ 242 BGB, nach [10.25]).

Sowohl der einzelne Arbeitnehmer als auch die Gewerkschaften können auf dem Rechtsweg auf Einhaltung des Tarifvertrages drängen.

Unter bestimmten Voraussetzungen besteht nach § 273 BGB ein Zurückbehaltungsrecht der Leistung der Arbeitnehmer, wobei allerdings eine strikte Abgrenzung zum wilden Streik zu beachten ist [10.25].

10.7.2.5 Tarifkonflikt

Nach Kündigung des alten Tarifvertrages treffen sich Vertreter der Tarifparteien zu Tarifverhandlungen. Auf gewerkschaftlicher Seite ist hier der Hauptvorstand, u. U. der Bezirksvorstand, zuständig, dem eine Tarifkommission zur Seite steht. Das Verfahren der Verhandlung liegt weitgehend im Ermessen der Verhandlungskommission.

Kommt eine Einigung zustande, so wird - sofern ein entsprechendes Schlichtungsabkommen besteht - das Schlichtungsverfahren in Gang gesetzt. Ein paritätisch besetzes Gremium mit einem neutralen Vorsitzenden versucht, einen Interessenausgleich zu finden. Scheitert das Schlichtungsverfahren, kann die Tarifkommission die Urabstimmung empfehlen, bei der eine Mehrheit von 75 % der Gewerkschaftsmitglieder für einen Streik zustandekommen muß. Damit kann der Vorstand den Streik ausrufen, er muß aber nicht [10.25, 10.30]. Das oben geschilderte Verfahren kann kompliziert sein, ein Beispiel zeigt Bild 10.13.

Das zentrale rechtliche Problem ist die Rechtmäßigkeit eines Streiks, da sich hieraus die Grenzen des Streikrechts und die Folgen eines Streiks für die Arbeitnehmer und ihre Gewerkschaften ableiten.

Die Kriterien für die Rechtmäßigkeit eines Streiks stammen weniger aus gesetzlichen Vorschriften als aus der Rechtssprechung des Bundesarbeitsgerichts.

Die wesentlichen drei (von neun) Kriterien sind [10.25]:

- Streik um ein tariflich regelbares Ziel.
- Kein Anstoß gegen die Friedenspflicht.
- Der Streik muß von der Gewerkschaft getragen sein.

Unbestritten legal ist damit nur ein gewerkschaftlicher Streik um bessere Lohn- und Arbeitsbedingungen.

Die sogenannten "wilden" Streiks, die nicht von den Gewerkschaften genehmigt sind, gelten als nicht rechtmäßig. Aufgrund der Friedenspflicht sind die Gewerkschaften verpflichtet, ihnen entgegenzutreten. Weder das Verbot durch das Bundesarbeitsgericht noch die Friedenspflicht konnten "wilde" Streiks unterbinden. So wird geschätzt, daß von 1964 bis 1968 83,3 % aller Streiks "illegale" Arbeitsniederlegungen waren, an denen 66 % aller in einen Streik verwickelten Arbeitnehmer teilnahmen [10.57].

Betriebswirtschaftliche Untersuchungen über das Ausmaß von Streikschäden fehlen [10.58].

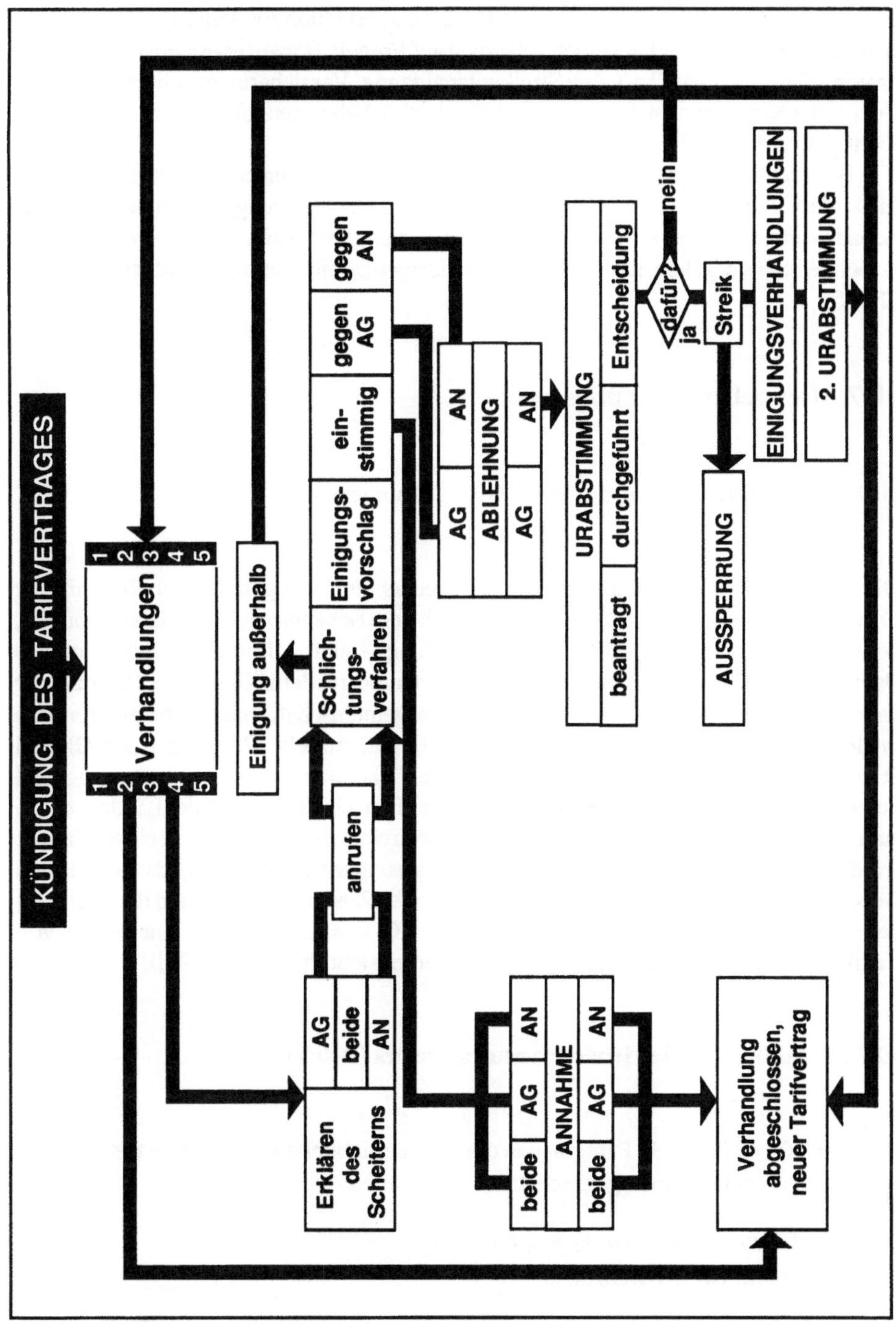

Bild 10.13 Schema zum möglichen Ablauf eines Tarifkonflikts (in Anlehnung an [10.29]

Ein rechtmäßiger Streik suspendiert die Rechte und Pflichten aus dem Arbeitsverhältnis, d. h., der Arbeitnehmer hat keinen Anspruch auf Entgelt. Soweit er organisiert ist, erhält er von seiner Gewerkschaft eine Streikunterstützung. Versicherungsrechtlich endet der Schutz der Krankenversicherung nach 3 Wochen. Arbeitslosengeld wird im allgemeinen nicht gewährt [10.25].

Bei rechtswidrigen Streiks, die von den Gewerkschaften organisiert sind, haften diese dem Arbeitgeber für Schadensersatz. Durch Schlichtungsabkommen wird die Schadensersatzpflicht u. U. begrenzt. Der Arbeitgeber kann auch gegen einzelne Arbeitnehmer vorgehen, da diese bei rechtswidrigen Streiks gesamtschuldnerisch haften [10.25].

10.7.3 Betriebsverfassungsrecht

10.7.3.1 Zur Entwicklung des Betriebsverfassungsrechts

Die Entwicklung des Betriebsverfassungsrechts lief weitgehend parallel mit der Entwicklung des gesamten Arbeitsrechts. Nach dem Scheitern der Weimarer Republik, deren Betriebsrätegesetz (BRG) neben Beratungs- auch Mitbestimmungsrechte des Betriebsrates (BR) vorsah (§ 84 bis § 86 BRG), wurde mit dem "Gesetz zur Ordnung der nationalen Arbeit" (AOG) von 1934 die "Betriebsgemeinschaft" nach dem Führerprinzip in den Vordergrund gestellt (vgl. § 2 AOG) und mittels Wahl- (§ 8 AOG) und Disziplinarvorschriften (§ 36 AOG) eine betriebliche Interessenvertretung weitgehend unterbunden [10.25]. In Ablösung verschiedener Betriebsrätegesetze der Länder - deren zum Teil weitreichende Mitbestimmungsrechte von einer Besatzungsmacht eingeschränkt wurden [10.61] - entstand 1952 das Betriebsverfassungsgesetz (BetrVG), das gemäß dem Gebot der Sozialpartnerschaft, der vertrauensvollen Zusammenarbeit und der Wahrung des Betriebsfriedens konzipiert war. Im BetrVG von 1972 wurde eine Reihe von Kritikpunkten aus gewerkschaftlicher Sicht berücksichtigt (nach [10.25]).

10.7.3.2 Aufbau des Betriebsverfassungsgesetzes (BetrVG)

Das BetrVG regelt in 132 Paragraphen die innerbetriebliche Interessenvertretung. Das Gesetz ist folgendermaßen gegliedert:

Erster Teil: Allgemeine Vorschriften (§§ 1 - 6)
- Errichtung von BR, Abgrenzungen

Zweiter Teil: Organe (§§ 7 - 59)
- Zusammensetzung und Wahl des BR

- Amtszeit des BR
- Geschäftsführung des BR
- Betriebsversammlung
- Gesamtbetriebsrat
- Konzernbetriebsrat

Dritter Teil: Jugendvertretung (§§ 60 - 73)

Vierter Teil: Mitwirkung und Mitbestimmung der Arbeitnehmer
- Allgemeines (§§ 74 - 80)
- Mitwirkungs- und Beschwerderechte (§§ 81 - 86)
- Soziale Angelegenheiten (§§ 87 - 89)
- Gestaltung von Arbeitsplatz, Arbeitsablauf und Arbeitsumgebung (§§ 90, 91)
- Personelle Angelegenheiten (§§ 92 - 105)
    - Personalplanung
    - Berufsbildung
    - Personelle Enzelmaßnahmen
- Wirtschaftliche Angelegenheiten (§§ 106 - 113)
    - Unterrichtung
    - Betriebsveränderungen

Fünfter Teil: Besondere Vorschriften für einzelne Betriebsarten (§§ 114 - 118)
- Seeschiffart, Luftfahrt
- Tendenzbetriebe

Sechster Teil: Straf- und Bußgeldvorschriften (§§ 119 - 121)

Siebenter Teil: Änderungen von Gesetzen

Achter Teil: Übergangs- und Schlußvorschriften.

10.7.3.3 Gültigkeit des Betriebsverfassungsgesetzes

Das BetrVG befaßt sich mit Betrieben (§ 1 BetrVG), nicht mit Unternehmen. Nach Auffassung des Bundesarbeitsgerichts (BAG) stellt der Betrieb eine "organisatorische Einheit dar, innerhalb derer ein Arbeitgeber ... bestimmte arbeitstechnische Zwecke fortgesetzt verfolgt ..." [10.63]. Im Gegensatz dazu wird das Unternehmen nicht durch arbeitstechnische, sondern durch wirtschaftliche oder ideelle Ziele charakterisiert. Das bedeutet, daß unternehmerische Entscheidungen nicht dem Einwirkungsbereich des Betriebsrates unterliegen; der BR hat sich im allgemeinen mit den untergeordneten Fragen der Ausführung und Umsetzung zu befassen. So hat der BR z. B. nur insoweit einen Einfluß auf Investitionen, als dadurch Fragen der Arbeitsplatzbewertung o. ä.

berührt werden. Ob der Betriebsrat einen Einfluß auf die Arbeitssituation als solche haben kann [10.25], ist von Fall zu Fall unter Umständen strittig. So kann der BR z. B. die Beachtung gesicherter arbeitswissenschaftlicher Erkenntnisse verlangen, er ist in Belangen des Datenschutzes zu hören. Bei der Möglichkeit der Verhaltens- und Leistungskontrolle der Mitarbeiter durch technische Einrichtungen gilt nach überwiegender Auffassung das Mitbestimmungsrecht.

Nach § 118 BetrVG gilt das BetrVG in sogenannten Tendenzbetrieben - d. h. in Betrieben, die überwiegend politischen, karitativen, wissenschaftlichen, künstlerischen oder publizistischen Bestimmungen dienen - insoweit nicht, als ihm die Eigenart des Betriebes entgegensteht. Eingeschränkt ist insbesondere die Unterrichtung in wirtschaftlichen Angelegenheiten (§§ 106 - 110 BetrVG) und die Bestimmungen bezüglich Betriebsänderungen (§§ 111 - 113 BetrVG). Für Religionsgemeinschaften gilt das Gesetz nicht.

Gemäß § 130 BetrVG gilt das BetrVG nicht für den Öffentlichen Dienst (dort gilt ein Personalvertretungsrecht). Insgesamt sind ca. 6 Millionen AN (27 %) vom BetrVG ausgenommen (vgl. auch Bild 10.11). Analoges dürfte für die neuen Bundesländern gelten. In 6 % der dem BetrVG unterliegenden Betriebe bestand laut Bundesministerium für Arbeit (BMA) 1968 ein BR; in den restlichen 94 % des Betriebe sind ein Drittel der vom Gesetz erfaßten AN tätig.

Dem Arbeitgeber entsteht im Normalfall kein Nachteil, wenn in seinem Betrieb kein BR existiert [10.25]. Bei der Regelung von Streitigkeiten ist allerdings dann eine arbeitsgerichtliche Auseinandersetzung eher wahrscheinlich.

10.7.3.4 Handlungsrahmen nach BetrVG

Das Gesetz (§ 2 BetrVG) verpflichtet Arbeitgeber und BR zur vertrauensvollen Zusammenarbeit zum Wohl der Arbeitnehmer und des Betriebs. Es besteht ein Arbeitskampfverbot (§ 74 Abs. 2 BetrVG); der BR ist verpflichtet, nicht konflikorientiert, sondern kooperativ vorzugehen und den Betriebsfrieden zu wahren. Der BR unterliegt einer Schweigepflicht (§ 79 Abs. 1 BetrVG).

10.7.3.5 Betriebsrat

Gemäß BetrVG ist ein BR in Betrieben mit mindestens fünf ständigen AN zu wählen (vgl. [10.27].

Betriebsratwahlen finden alle 4 Jahre in der Zeit vom 1. März bis 31. Mai statt (§ 13 Abs. 1 BetrVG), erstmals 1972 (§ 125 BetrVG). Die Wahl darf nicht behindert werden (§§ 20, 119 BetrVG). Wahlberechtigt sind alle über 18 Jahre alten Arbeitnehmer (§ 7 BetrVG); wählbar ist, wer 6 Monate dem Betrieb angehört (§ 8 BetrVG). Die Wahlvorschriften sind in den §§ 14 - 20 BetrVG und der Wahlordnung vom 29.09.1989 detailliert dargestellt.

Die Zahl der BR-Mitglieder richtet sind nach der Anzahl der wahlberechtigten Arbeitnehmer; so sind z. B. bis 20 AN ein BR-Mitglied, von 601 bis 1 000 AN 11-BR-Mitglieder, von 7 001 bis 9 000 AN 31 BR-Mitglieder vorgesehen (näheres in § 9 BetrVG).

Die Zahl der von ihrer beruflichen Tätigkeit freigestellten BR-Mitglieder richtet sich in ähnlicher Weise nach der Betriebsgröße (§ 38 BetrVG).

Es besteht ein absoluter Kündigungsschutz für BR-Mitglieder (§ 103 BetrVG iVm § 15 KSchG) während ihrer Amtszeit und ein Jahr darauf. Für erfolglose Wahlbewerber gilt ein Kündigungsschutz von sechs Monaten.

Der Betriebsrat darf in seiner Tätigkeit nicht behindert werden (§ 119 Abs. 2 BetrVG), die Kosten der Betriebsratsarbeit trägt der Arbeitgeber (§ 40 BetrVG). Nach § 37 Abs. 7 BetrVG haben BR-Mitglieder Anspruch auf bezahlte Teilnahme an anerkannten Schulungsmaßnahmen.

Der BR hat einen Vorsitzenden zu wählen (§ 26 BetrVG), kann Ausschüsse bilden (§§ 27, 28 BetrVG) und regelt seine Geschäftsführung im allgemeinen durch eine Geschäftsordnung (§ 26 BetrVG). Bestehen in einem Unternehmen mehrere BR, so ist ein Gesamtbetriebsrat (GBR) zu errichten (§ 47 Abs. 1 BetrVG). In einem Konzern (gemäß § 18 Abs. 1 AktG) kann ein Konzernbetriebsrat eingerichtet werden (§ 57 BetrVG). Der Konzernbetriebsrat bzw. GBR ist für übergeordnete Belange zuständig und den einzelnen GBR bzw. BR nicht übergeordnet (§§ 50, 58 BetrVG).

Der BR handelt im Interesse der Belegschaft, die Gewerkschaft im Interesse ihrer (freiwilligen) Mitglieder. Trotz dieser grundsätzlichen Trennung von BR und Gewerkschaft dürfen BR gewerkschaftlich tätig sein (§ 74 Abs. 3 BetrVG), müssen Gewerkschaften zu Betriebsversammlungen eingeladen werden, wenn nur ein Mitglied im BR ist, ansonsten dürfen sie grundsätzlich teilnehmen (§ 46 Abs. 1 BetrVG), haben die Beauftragten der Gewerkschaft ein Zugangsrecht zum Betrieb (§ 2 Abs. 2 BetrVG).

10.7.3.6 Arbeit des Betriebsrates

10.7.3.6.1 Arten von Rechten des Betriebsrates

Zur Sicherung eines umfassenden Informationsstandes hat der Arbeitgeber die Pflicht, den BR "rechtzeitig und umfassend" zu informieren (§ 80 Abs. 2 BetrVG). Der Auskunftsanspruch des BR bezieht sich auf alle Sachgebiete, deren Kenntnis für die BR-Arbeit bedeutsam sein könnte, u. U. z. B. auch auf die Steuerbilanz [10.25].

Die Beteiligungsrechte des BR lassen sich nach ihrer Intensität wie folgt unterscheiden (Bild 10.14):

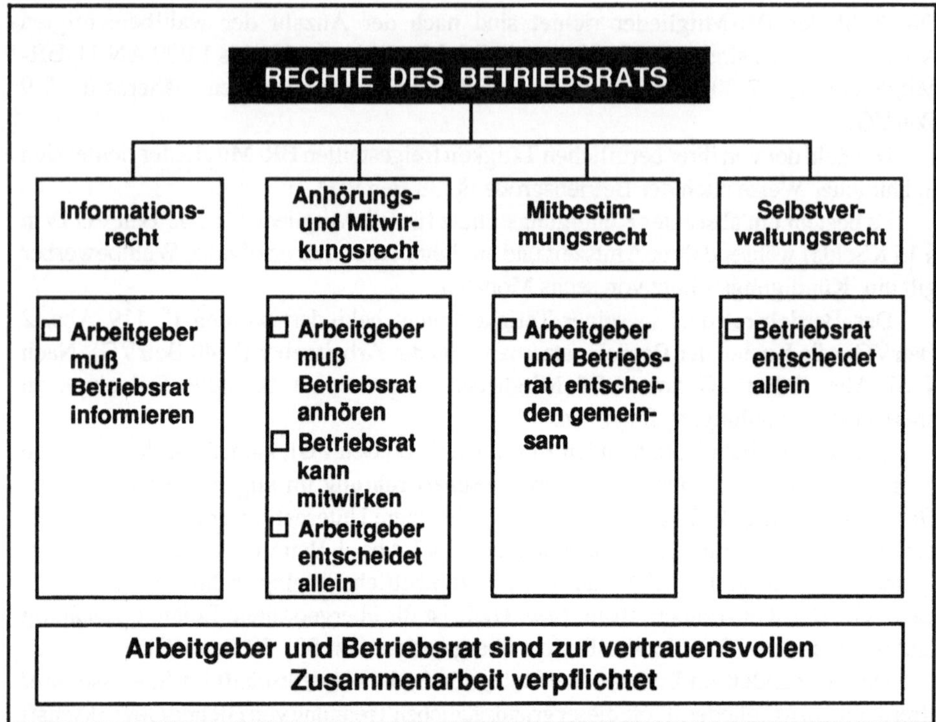

Bild 10.14 Rechte des Betriebsrates (BR) und Rahmen seiner Zusammenarbeit mit dem Arbeitgeber (AG)

-Anhörungs- und Mitwirkungsrecht:
Der BR wird zu einer bestimmten (geplanten) Maßnahme angehört oder kann im Vorbereitungsstadium einer Maßnahme mit dem Arbeitgeber verhandeln.

Der Arbeitgeber kann sich über die Stellungnahme hinwegsetzen; Nachteile drohen ihm nur dann, wenn er die Einschaltung des Betriebsrates unterläßt.

-Mitbestimmungsrechte:
BR und Arbeitgeber entscheiden gemeinsam.

Der Arbeitgeber kann ohne Zustimmung des BR nicht wirksam handeln, der einzelne AN braucht entsprechende Weisungen nicht zu befolgen. Kommt es zu keiner Einigung, entscheidet die Einigungsstelle, da der BR keinerlei Arbeitskampfmaßnahmen einleiten darf.

-Selbstverwaltungsrechte:
Der BR entscheidet in einem sehr engen Rahmen allein; im wesentlichen betrifft dies die Organisation seiner eigenen Arbeit [10.25].

Beachtet der Arbeitgeber die Mitbestimmungsrechte nicht, so kann die Beachtung durch Strafandrohung nach § 119, Abs. 1 Ziff. 2 des BetrVG erzwungen werden. Die

Bußgeldvorschriften sind in § 131 des BetrVG geregelt. Der Anwendung stehen jedoch oftmals Beweisschwierigkeiten oder psychologische Hemmnisse entgegen [10.25].

Einstweilige Verfügungen gegenüber dem Arbeitgeber nach § 85 Abs. 2 des ArbGG [10.25] sind nur ein Mittel in extremen Eilfällen, in der Regel sind die Urteilsverfahren nach § 2 ArbGG und die Beschlußverfahren nach § 2a ArbGG ausreichend. § 23 Abs. 3 des BetrVG regelt die Auflösung des Betriebsrats, § 21 die Amtszeit des BR.

10.7.3.6.2 Allgemeine Aufgaben

Die wichtigsten der im § 9 BetrVG aufgezählten Aufgaben des BR sind:

- Überwachung der Einhaltung der zugunsten der Arbeitnehmer geltenden Gesetze, Verordnungen, Unfallverhütungsvorschriften, Tarifverträge und Betriebsvereinbarungen (ggf. in Zusammenarbeit mit den zuständigen Behörden);
- Beantragung von Maßnahmen, die dem Betrieb und der Belegschaft dienen;
- Betreuung Schwerbehinderter, Jugendlicher, ausländischer Arbeitnehmer (näheres in § 80 BetrVG).

Weiterhin hat der BR regelmäßig Betriebsversammlungen durchzuführen und darin einen Tätigkeitsbericht zu erstatten (§§ 42 - 46 BetrVG). Eine Zusammenfassung ist in Bild 10.15 dargestellt.

10.7.3.6.3 Soziale Angelegenheiten

Mitbestimmungsrechte in diesem Bereich werden im allgemeinen über Betriebsvereinbarungen (BV) nach § 77 Abs. 2 BetrVG ausgeübt. Die BV wirkt wie ein "Tarifvertrag im Kleinen", allerdings für die gesamte Belegschaft.
Nach § 87 BetrVG kann der BR, soweit eine gesetzliche oder tarifliche Regelung nicht besteht, u. a. in folgenden Angelegenheiten mitbestimmen:

- Fragen der Ordnung des Betriebes,
- Arbeitszeit,
- Einführung und Wendung von technischen Einrichtungen zur Überwachung des Verhaltens oder der Leistungen der Arbeitnehmer,
- Regelungen über die Verhütung von Arbeitsunfällen und Berufskrankenheiten,
- Sozialeinrichtungen,
- Fragen der betrieblichen Lohngestaltung,
- Festsetzung der Akkord- und Prämiensätze (vollständige Liste siehe § 87 Abs. 1 BtrVG).

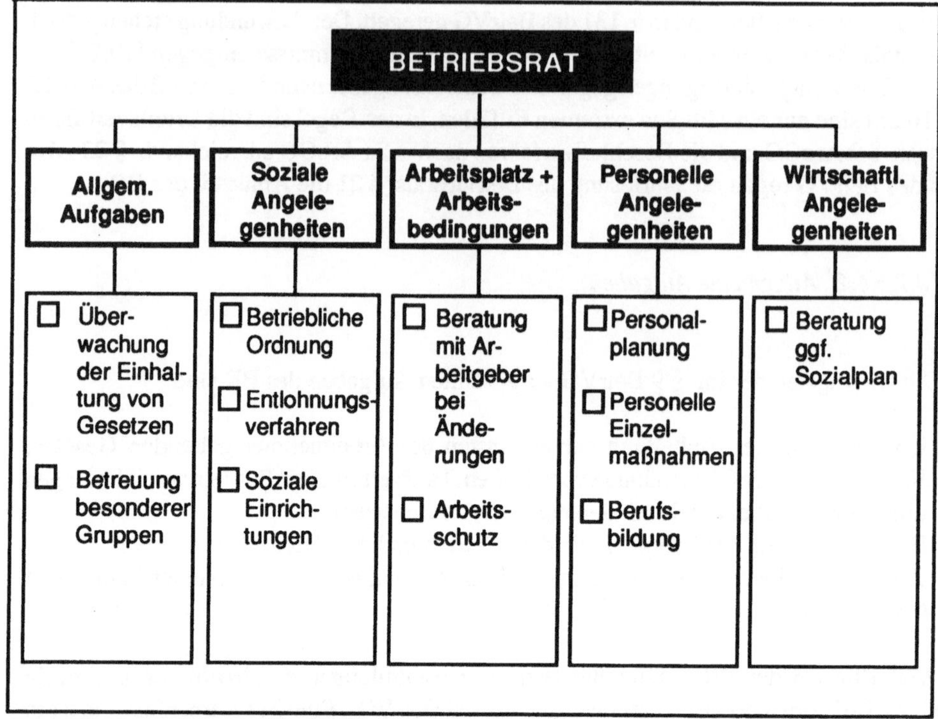

Bild 10.15: Aufgaben des Betriebsrates

10.7.3.6.4 Arbeitsplatz

Der Arbeitgeber hat den BR über betriebliche Änderungen rechtzeitig zu unterrichten und mit ihm im Hinblick auf deren Auswirkungen auf die Arbeitnehmer zu beraten. Hierbei sollen die gesicherten arbeitswissenschaftlichen Erkenntnisse über die menschengerechte Gestaltung der Arbeit berücksichtigt werden (§ 90 BetrVG).

Bei besonders krassen Widersprüchen zu den gesicherten arbeitswissenschaftlichen Erkenntnissen kann der Betriebsrat angemessene Maßnahmen zur Abwendung der Belastung verlangen. Im Streitfall entscheidet die Einigungsstelle (§ 1 BetrVG).

Während keine Einigkeit darüber besteht, was unter "gesicherten arbeitswissenschaftlichen Erkenntnissen" zu verstehen ist, besteht nach dem Regierungsentwurf des BetrVG Klarheit darüber, daß "angemessene Maßnahmen" technisch möglich und wirtschaftlich vertretbar sein müssen [10.25].

10.7.3.6.5 Personelle Angelegenheiten

Nach § 92 BetrVG hat der BR ein Informations- und Beratungsrecht bezüglich der

Personalplanung, insbesondere im Hinblick auf die sich daraus ergebenden personellen Maßnahmen des Arbeitgebers.

Personalfragebogen, Beurteilungsgrundsätze und Auswahlrichtlinien bedürfen der Zustimmung des BR (§§ 94, 95 BetrVG). In Fragen der Berufsbildung hat der BR abgestufte Beratungs-, Vorschlags- und Mitbestimmungsrechte (§§ 96 - 98 BetrVG).

Der Arbeitgeber hat den BR vor jeder Einstellung, Umgruppierung und Versetzung zu unterichten und die Zustimmung des BR zu den geplanten Maßnahmen einzuholen (§ 99 Abs. 1 BetrVG). Unter bestimmten, genau festgelegten Vorausetzungen kann der BR seine Zustimmung verweigern (§ 99 Abs. 2 BetrVG). Verweigert der BR seine Zustimmung, so kann der Arbeitgeber beim Arbeitsgericht beantragen, die Zustimmung auszusetzen (§ 99 Abs. 4 BetrVG).

Der BR ist vor jeder Kündigung zu hören. Eine ohne Anhörung des BR ausgesprochene Kündigung ist unwirksam (§ 102 Abs. 1 BetrVG). Unter bestimmten Bedingungen kann der BR der ordentlichen Kündigung widersprechen (§ 102 Abs. 2 und 3 BetrVG). Bei einer darauffolgenden Klage des AN auf Feststellung, z. B. nach dem KSchG, muß der Arbeitgeber den AN auf Verlangen bis zum Abschluß des Rechtsstreits weiterbeschäftigen (vgl. § 102 Abs. 5 BetrVG).

10.7.3.6.6 Wirtschaftliche Angelegenheiten

Außer in den nach § 118 BetrVG ausgeschlossenen Tendenzbetrieben hat der BR Rechte in wirtschaftliche Angelegenheiten.

Es ist ein Wirtschaftsausschuß mit mindestens einem BR-Mitglied zu bilden, der mit dem Unternehmer die wirtschaftlichen Angelegenheiten des Unternehmens und geplante Vorhaben berät (§§ 106, 107 BetrVG). Der Unternehmer hat Betriebsänderungen, die wesentliche Nachteile für die Belegschaft zur Folge haben können, mit dem BR zu beraten (§ 111 BetrVG). Gegebenenfalls ist der Interessenausgleich - z. B. als Sozialplan - schriftlich zu fixieren (§ 112 BetrVG).

10.7.3.7 Mitwirkungs- und Beschwerderechte des Arbeitnehmers

Nicht nur der BR, sondern auch der einzelne AN hat laut BetrVG eine Reihe von Rechten.

Nach § 81 BetrVG hat der Arbeitgeber den AN über dessen Aufgabe und Verantwortung sowie über die Art seiner Tätigkeit und ihrer Einordnung in den Arbeitsablauf des Betriebes zu unterrichten und ihn über Unfall- und Gesundheitsrisiken zu belehren.

Der Arbeitnehmer hat das Recht, in ihn betreffenden betrieblichen Angelegenheiten von den zuständigen Personen (z. B. Vorgesetzten) gehört zu werden (§ 82 Abs. 1 BetrVG). Außerdem kann er verlangen, daß ihm die Berechnung seines Arbeitsentgelts erläutert wird und die Beurteilung seiner Leistungen und seiner beruflichen Entwicklungsmöglichkeiten mit ihm besprochen werden (§ 82 Abs. 2 BetrVG). Er hat zudem das Recht auf Einsicht in seine vollständige Personalakte (§ 83, Abs. 1, BetrVG).

Der Arbeitnehmer hat ein Beschwerderecht, wenn er sich im Betrieb benachteiligt fühlt (näheres in § 84 BetrVG).

10.7.3.8 Weitere Organe nach dem BetrVG

Nach § 60 ff BetrVG wird eine Jugendvertretung für die unter 18 Jahre alten AN des Betriebs gewählt, die im Hinblick auf Fragen jugendlicher AN in die BR-Arbeit einbezogen wird.

Der Vertrauensmann der Schwerbehinderten (gemäß § 20 ff des Schwerbehindertengesetzes) kann an allen Sitzungen des BR (entsprechend GBR) beratend teilnehmen (§§ 32, 52 BetrVG).

Zur Beilegung von Meinungsverschiedenheiten zwischen Arbeitgeber und BR ist bei Bedarf eine *Einigungsstelle* zu bilden. Sie besteht aus einer gleichen Anzahl von Beisitzern, die von Arbeitgeber und BR bestellt werden, und einem unparteiischen Vorsitzenden (§ 76 Abs. 1 und 2 BetrVG). Der Vorsitzende enthält sich zunächst der Stimme und nimmt erst nach erneuter Beratung an der erneuten Beschlußfassung teil (§ 76 Abs. 3 BetrVG).

Die vom Arbeitgeber zu tragenden Kosten für die Einigungsstelle (z. B. Arbeitsausfall, Sachverständiger) sind im Verhältnis zum Wert des zu verhandelnden Sachverhaltes zu sehen.

10.8 Recht des Arbeitsverhältnisses

10.8.1 Grundbegriffe

Für die meisten der nachfolgenden Begriffe fehlt eine gesetzliche Definition. Die Auffassungen in der Literatur sind z. T. nicht einheitlich.

Unter einem *Arbeitsverhältnis* versteht man das Rechtsverhältnis zwischen dem einzelnen Arbeitnehmer und seinem Arbeitgeber, aufgrund dessen der Arbeitnehmer in den Betrieb des Arbeitgebers eingegliedert und er dem Arbeitgeber gegenüber zur Arbeitsleistung gegen Entgelt verpflichtet ist [10.64].

"*Arbeitgeber* " ist, wer als Inhaber oder verantwortlicher Leiter an der Spitze eines Unternehmens steht [10.65].

Arbeitnehmer ist eine real existierende Person, die aufgrund eines privatrechtlichen Vertrags im Dienste eines anderen zur Arbeit verpflichtet ist [10.65].

Die historisch begründete Einteilung in *Arbeiter* und *Angestellte* spielt im wesentlichen nur noch eine Rolle

- bezüglich der Kündigungsfristen,
- in der gesetzlichen Krankenversicherung (Versicherungspflicht für Angestellte nur bis zu einer bestimmten Verdienstgrenze),
- bei der Entlohnung: im allgemeinen stehen Arbeiter im Stundenlohn, während Angestellte Gehalt beziehen (vgl. Abschnitt 5.2),
- in der gesetzlichen Rentenversicherung.

Die Zuordnung erfolgt im allgemeinen aufgrund der Tätigkeit nach dem Angestelltenversicherungsgesetz (§ 3 AVG) [10.65].

Leitender Angestellter ist, wer zu selbständigen Einstellungen oder Entlassungen berechtigt ist, Prokura hat oder unternehmerische Aufgaben wahrnimmt (Abs. 5 BetrVG), näheres in [10.65]). Leitende Angestellte fallen nicht unter die Arbeitszeitordnung (AZO) (§ 1 Abs. 2 AZO). Bei Kündigungen kann sich der Arbeitgeber freikaufen (§ 14 KSchG). Leitende Angestellte unterliegen einer erweiterten Treuepflicht [10.65].

10.8.2 Begründung des Arbeitsverhältnisses

In der Bundesrepublik Deutschland besteht kein Recht auf Arbeit; Arbeitsverhältnisse werden in freier Entscheidung der Beteiligten über den Arbeitsmarkt vermittelt [10.26].

Die Souveränität des Arbeitgebers ist lediglich in drei Punkten eingeschränkt:

- Mitbestimmung des BR (§ 99 BetrVG),
- bevorzugter Zugang für Schwerbehinderte,
- Verfahrensregeln für den Einstellungsvorgang.

Wesentliche rechtliche Bestandteile des Arbeitsverhältnisses sind in Bild 10.16 zusammengestellt.

10.8.2.1 Einstellungsvorgang

Durch die Bewerbung entsteht noch kein Arbeitsverhältnis. Aufgrund eines vertragsähnlichen Vertrauensverhältnisses wird beiden Seiten eine bestimmte Sorgfaltspflicht auferlegt [10.65]. Der Arbeitgeber darf grundsätzlich nur nach Tatsachen fragen, die mit der beabsichtigten Beschäftigung zusammenhängen; bezüglich tätigkeitsrelevanter Tatsachen ist die Rechtslage unterschiedlich (näheres in [10.26, 10.65]). Einige psychologische Tests sind - wie auch graphologische Gutachten - zulässig; wenn auch nur mit ausdrücklicher Einwilligung des Bewerbers. Intelligenztests, allgemeine Persönlichkeitstests und Streßinterviews sind im allgemeinen unzulässig (näheres in [10.26]).

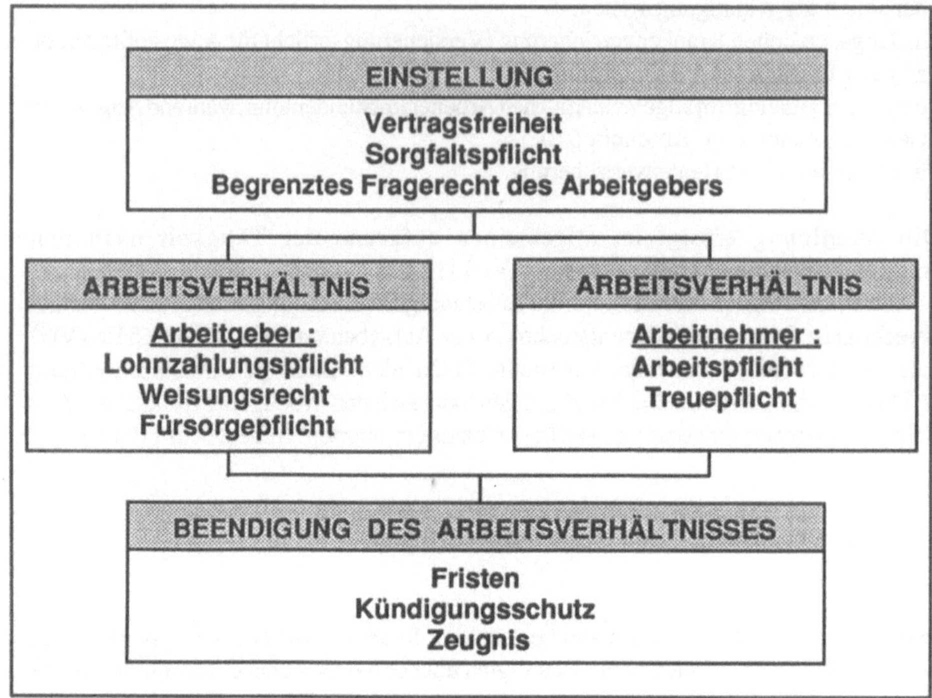

Bild 10.16 Wesentliche Bestandteile des Rechts des Arbeitsverhältnisses

Inwieweit aber ein Bewerber in der Bewerbungssituation bereit ist, auf seine Rechte zu bestehen, ist eine andere Frage.

10.8.2.2 Vertragliche Festlegung

Aufgrund übereinstimmender Willenserklärungen von Arbeitgeber und Arbeitnehmer wird - im allgemeinen schriftlich - ein *Arbeitsvertrag* geschlossen.

Während im sogenannten freien *Dienstvertrag* (z. B. Arzt) die Tätigkeit weitgehend selbstbestimmt ist, ist sie im Arbeitsvertrag an die Weisungen des Arbeitgebers gebunden. Während beim *Arbeitsvertrag* für eine bestimmte Zeit eine Arbeitsleistung geschuldet wird, wird beim *Werkvertrag* ein Arbeitsergebnis (z. B. ein Rechnerprogramm) geschuldet [10.65].

Der Vertrag ist nach Form und Inhalt dem freien Übereinkommen der Vertragspartner überlassen, es sei denn, es werden bestimmte gesetzliche oder tarifliche Festlegungen (z.B. Urlaubsanspruch) verletzt [10.65]. Der nähere Inhalt des Arbeitsvertrags ergibt sich häufig aus gesetzlichen bzw. tariflichen Regelungen.

Probezeiten müssen - außer bei Ausbildungsverhältnissen - ausdrücklich vereinbart werden [10.65].

10.8.2.3 Fehlerhaftes Arbeitsverhältnis

Falls der Arbeitsvertrag mit rechtlichen Mängeln behaftet ist - z. B. Irrtum oder arglistige Täuschung in wesentlichen Fragen - entfaltet der Vertrag keine rechtliche Wirkung, es sei denn, die Arbeit wurde bereits aufgenommen. Die Schadensersatzverpflichtungen richten sich nach den jeweiligen Umständen ([10.26, 10.65]).

10.8.3 Das Arbeitsverhältnis

Das Arbeitsverhältnis begründet

- für den Arbeitnehmer:
    - als Hauptpflicht die Arbeitspflicht,
    - als Nebenpflicht die Treuepflicht,

- für den Arbeitgeber:
    - als Hauptpflicht die Lohnzahlungspflicht,
    - als Nebenpflicht die Fürsorgepflicht [10.65] sowie
    - das Weisungsrecht.

10.8.3.1 Weisungsrecht des Arbeitgebers

Das nur für gewerbliche Arbeitsverhältnisse geltende Weisungsrecht des § 121 der Gewerbeordnung (GewO) wird durch Richter- und Gewohnheitsrecht auf andere Arbeitsverhältnisse übertragen. Grenzen des Weisungsrechtes ergeben sich aus Gesetzen und Tarif- oder Arbeitsverträgen; innerhalb dieses Rahmens müssen Weisungen lediglich dem Grundsatz der Billigkeit [10.26] oder der Zumutbarkeit [10.65] entsprechen.

10.8.3.2 Fürsorgepflicht des Arbeitgebers

Die Fürsorgepflicht zwingt den Arbeitgeber, im Rahmen der berechtigten betrieblichen Interessen, auf das Wohl seiner Arbeitnehmer zu achten [10.65]. Die Fürsorgepflicht leitet sich im wesentlichen aus der Rechtssprechung des Bundesarbeitsgerichts (BAG) ab, das einen Katalog von entsprechenden Nebenpflichten entwickelt hat. Zu nennen sind:

- Fürsorge für Leben und Gesundheit der AN (z. B. nach §617, §618 BGB Betriebs- und Gefahrenschutz),

- Beachtung sozialversicherungsrechtlicher Vorschriften (z. B. Abführung der Beiträge),
- Ausstellung eines Zeugnisses bei Beendigung des Arbeitsverhältnisses (§ 630 BGB) [10.65].

10.8.3.3 Die Arbeitspflicht des Arbeitnehmers

Der Arbeitnehmer muß die "versprochenen Dienste" (§ 611 BGB) "höchstpersönlich" (§ 613 BGB) erbringen. Die fachliche und inhaltliche Abgrenzung der Tätigkeit richtet sich nach dem Arbeitsvertrag. Auch wenn dies nicht vereinbart wurde, muß der Arbeitnehmer gewisse Nebentätigkeiten übernehmen, die üblicherweise mit der Haupttätigkeit verbunden sind. In Notfällen muß der Arbeitnehmer auch andere Tätigkeiten übernehmen. Nicht zu den Notfällen zählt ein drohender Auftragsverlust oder permanenter Arbeitskräftemangel [10.65]. Längerfristige Änderungen der Tätigkeit bedürfen einer mitbestimmungspflichtigen Änderungskündigung.

Die Intensität der Arbeit ergibt sich aus der Pflicht zum individuell Möglichen (Urteil des BAG, siehe [10.26]) in einem gewissen Spielraum und mit der Obergrenze der sog. Normalleistung. Überdurchschnittliche Leistungen sind gesondert zu vereinbaren [10.26].

Die Arbeitszeit richtet sich nach dem Arbeitszeitrecht.

10.8.3.4 Nebenpflichten des Arbeitnehmers

Die Gliederung der Nebenpflichten in der Literatur ist uneinheitlich. Die sog. Treuepflicht umfaßt [19,65]:

- Unterlassungspflichten:
    - Störung des Betriebsfriedens,
    - Rufschädigungen des Arbeitgebers,
    - Weitergabe von betrieblichen oder geschäftlichen Geheimnissen,
    - Wettbewerb mit dem Arbeitgeber;
- Handlungspflichten:
    - Abwendung drohender Schäden,
    - Mehrarbeit in dringenden Fällen.

Wegen der Unbestimmtheit dieser Pflichten kommt es im Einzelfall häufig zu rechtlichen Problemen (vgl. [10.26].

10.8.3.5 Lohnanspruch des Arbeitnehmers

Unter "Lohn" ist hier jede Form der Arbeitsvergütung zu verstehen.
Die üblichen Formen sind: Zeitlohn, Gehalt, Leistungslohn (z. B. Akkord), Provision, Erfolgsbeteiligung, Zuschläge (z. B. für Nachtarbeit) [10.65]. Die Lohnhöhe ergibt sich im allgemeinen im Rahmen des Arbeitsvertrags aus der Eingruppierung der Tätigkeit, dem tariflich geregelten Lohn und ggf. aus der Leistung des Arbeitnehmers. Auf die verschiedenen Lohnarten und die Methoden der Arbeitsbewertung und Lohnfindung wird in Abschnitt 5.2 näher eingegangen. Nach § 612 BGB ist ein Mindestlohnanspruch festgelegt, dessen Höhe allerdings nicht eindeutig ist [10.26].

Das Prinzip der sog. *Lohnsicherung* besagt, daß der Arbeitnehmer das ihm zustehende Entgelt tatsächlich erhalten muß. Daher sind das sogenannte Trucksystem, (im allgemeinen) der Naturallohn, Abzahlungsgeschäfte zwischen Arbeitgeber und AN (§ 115 GewO) und Lohnverwendungsabreden (§ 117 GewO) untersagt, ebenso wie eine "Kahlpfändung" (§ 850 Abs. 4 ZPO).

Im Falle einer Schlechtleistung (z. B. Ausschuß) darf der Lohn nicht gemindert werden. Bei schuldhaftem Verhalten des AN kann der Arbeitgeber Schadenersatz verlangen [10.26].

Bei unterbleibender Arbeitsleistung aufgrund von Störungen aus der Sphäre des Arbeitgebers (z. B. Annahmeverzug wegen technischer Probleme) wird die Lohnfortzahlungspflicht des Arbeitgebers aufgrund seines Betriebsrisikos im allgemeinen im Grundsatz bejaht.

Bei Störungen aus der Sphäre des AN ist in den meisten Fällen, insbesondere aber bei Krankheit, eine Lohnfortzahlungspflicht gegeben (Lohnfortzahlungsgesetz (LFZG) v. 1969). Grundsätzlich darf die Störung nicht vom Arbeitnehmer verschuldet sein [10.26, 10.65].

Im Falle der Zahlungsunfähigkeit des Arbeitgebers erstattet das Arbeitsamt nach § 141 b Arbeitsförderungsgesetz (AFG) die Differenz zum zu beanspruchenden Nettobetrag; im Konkursfall regelt die Konkursordnung die Lohnsicherung. Bei Kurzarbeit wird Kurzarbeitergeld nach §§ 63 - 73 AFG gewährt. Diese Regelungen können im allgemeinen nicht eine vollständige Lohnsicherung sicherstellen [10.26].

10.8.3.6 Sanktionen und Haftung

Bezüglich des Sanktionsrechts des Arbeitgebers scheint die Rechtslage z. T. unklar.

Das Aussprechen von Verwarnungen und das Auferlegen von Geldbußen sind nur mit Zustimmung des BR zulässig (§ 87 Abs. 1 Ziff. 1 BetrVG).

Der Arbeitnehmer haftet auf Schadenersatz, wenn er seinem Arbeitgeber schuldhaft Vermögensnachteile zufügt. Die Haftung richtet sich nach der Schwere des Verschuldens des AN und dem mitwirkenden Verschulden des Arbeitgebers (z. B. bei unterbliebenen Hinweisen) [10.26].

Der Arbeitgeber haftet gegenüber dem AN bei Arbeitsunfällen gemäß § 636 ff RVO über die Berufsgenossenschaft, bei Sachschäden unter bestimmten Voraussetzungen. Der Arbeitgeber haftet unter bestimmten Voraussetzungen gegenüber Dritten für Schäden, die seine Arbeitnehmer verursachen [10.65].

10.8.4 Beendigung des Arbeitsverhältnisses

Ein Arbeitsverhältnis kann durch Fristablauf (620 BGB), Kündigung oder Vertrag (305 BGB) enden. Da die Kündigung die meisten rechtlichen Probleme aufwirft, wird im folgenden nur hierauf eingegangen.

10.8.4.1 Kündigung

"Die Kündigung ist eine einseitige empfangsbedürftige Willenserklärung mit dem Inhalt, daß das Arbeitsverhältnis ... beendet sein soll" [10.65]. Die Kündigung unterliegt keinen Formvorschriften, Schriftform wird empfohlen. Ein Kündigungsgrund muß nicht unbedingt angegeben werden (näheres in [10.65]). Der BR muß vor jeder Kündigung gehört werden (§ 102 Abs. 1 BetrVG).

Bei der ordentlichen Kündigung muß der Kündigende bestimmte Fristen einhalten, die sich aus § 622 BGB oder aus dem Tarif- oder Arbeitsvertrag ergeben.

Unter bestimmten Voraussetzungen ("wichtiger Grund") ist eine außerordentliche Kündigung zulässig, bei der die Fristen nicht beachtet werden müssen. In bestimmten Fällen ist die Zustimmung des BR (§ 15 KSchG, § 103 BetrVG) oder eine Behörde (§ 9 Abs. 3 MuSchG) einzuholen.

Generell besteht nach dem Kündigungsschutzgesetz (KSchG) ein besonderer Schutz des Arbeitnehmers. Nach KSchG ist eine ordentliche Kündigung nur zulässig, wenn sie sozial gerechtfertigt ist, d. h., daß

- Gründe in der Person des Arbeitsnehmers,
- Gründe im Verhalten des Arbeitnehmers oder
- dringende betriebliche Erfordernisse

einer Weiterbeschäftigung entgegenstehen (nach [10.65]).

Der Arbeitgeber hat die Tatsachen zu beweisen.
Darüber hinaus sind soziale Gesichtspunkte (z. B. Familienstand) zu berücksichtigen.

Der AN muß für die Klage beim Arbeitsgericht auf Feststellung, daß das Arbeitsverhältnis nicht aufgelöst ist, eine Frist von 3 Wochen einhalten (§ 4 KSchG). Das KSchG erfüllt seinen Zweck nur bedingt. So ist in Kleinbetrieben, die dem KSchG nicht unterliegen, die Quote der Kündigungen etwa fünfmal so hoch wie in

Großunternehmen. Von den 1,2 Mio. Arbeitnehmern aber, denen 1978 gekündigt wurde, haben nur 97 000 auf Rücknahme der Kündigung geklagt. In 13 600 Fällen ergingen Urteile, die in 4 100 Fällen die Nichtauflösung des Arbeitsverhältnisses bescheinigen, was aber nur in 1 650 Fällen zur Weiterbeschäftigung führte. Das bedeutet, daß in 13 von 10 000 Kündigungsfällen der AN aufgrund eines Urteils vom AG weiterbeschäftigt wurde.
Die Betriebsräte haben in 8 % der Kündigungen förmlichen Widerspruch eingelegt. Rund 60 % der Klagen enden mit Vergleichen, die zu 94 % eine Auflösung des Arbeitsverhältnisses vorsehen; meist gekoppelt mit einer Abfindungszahlung, die meist unter DM 3 000,— liegt [10.80]. Die absoluten Zahlen schwanken seither (auch konjunkturbedingt), an der Größenordnung hat sich seither aber relativ wenig geändert.

10.8.4.2 Abwicklung

Der Arbeitgeber muß dem Arbeitnehmer die Arbeitspapiere aushändigen (z. B. Lohnsteuerkarte, Versicherungskarte) und ein Zeugnis ausstellen (§ 630 BGB, § 113 GewO, §73 HGB).

Der AN kann ein sog. qualifiziertes Zeugnis verlangen, das neben elementaren Daten wie der Dauer der Beschäftigung Angaben über Leistung und Führung des AN enthält (§ 630 BGB). Das Zeugnis muß wahr und klar sein, alle wesentlichen Tatsachen und Bewertungen enthalten und wohlwollend abgefaßt sein. Eine "Geheimsprache" ist nach § 113 GewO nicht zulässig [10.65].

Der Arbeitnehmer hat im wesentlichen nur ein Wettbewerbsverbot zu beachten, falls ein solches vereinbart wurde (§ 74 HGB) (nach [10.65]); teilweise gilt auch nach Auflösung des Arbeitsverhältnisses weiterhin eine Schweigepflicht.

10.9 Arbeitsschutzrecht

Aus den Bemühungen der Arbeiterbewegung heraus hat sich eine staatliche Kontrolle innerbetrieblicher Verhältnisse mit Hilfe von Vorschriften und durch Behörden entwickelt, die dem Interesse des einzelnen Arbeitnehmers, der Gesamtheit der Unternehmen und des Staats dient.

Das Arbeitsschutzrecht umfaßt den Arbeitszeitschutz, den Gesundheits- und Unfallschutz und den Persönlichkeitsschutz (Bild 10.17). Die Vorschriften des Arbeitsschutzes sind nicht nur in Gesetzen festgelegt, sondern auch in den Veröffentlichungen der Berufsgenossenschaften (VBG) und beziehen sich teilweise auf außerjuristische Tatbestände, die wiederum - z. B. die "allgemeinen anerkannten Regeln der Technik" - von privaten Institutionen wie VDI oder VDE abgefaßt sind.

Einen Überblick über das Zusammenwirken der Vorschriften und Institutionen des Arbeitsschutzes gibt Bild 10.18 (näheres vgl. z. B. [10.28, 10.29].

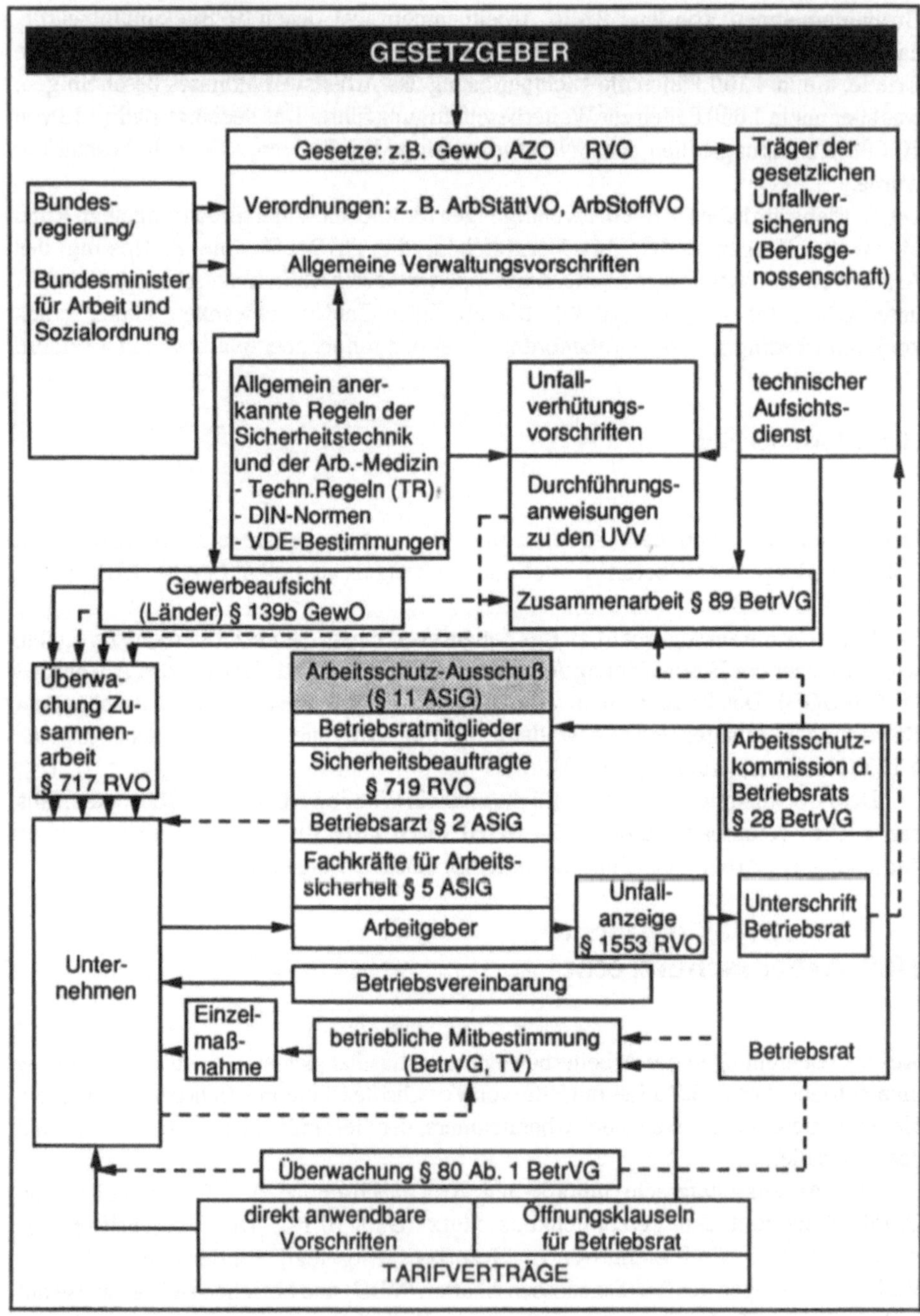

Bild 10.17 Aufbau des Arbeitsschutzrechtes

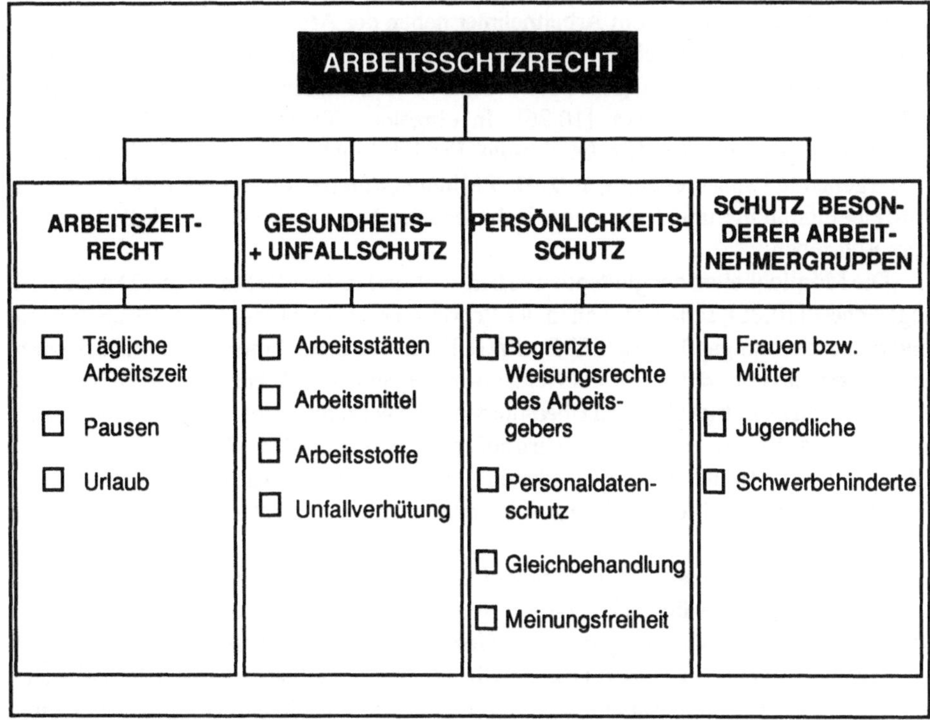

Bild 10.18 Gesamtsystem des Arbeitsschutzes [10.30]

Darüber hinaus lassen sich die umfangreichen arbeitsschutzrechtlichen Gesetzte, Vorschriften und Bestimmungen entsprechend dem Schutzzweck gliedern in den

- sozialen
- technischen und
- medizinischen Arbeitsschutz.

Die Gliederung ist allerdings nicht zwingend durchzuführen, da viele Einzelbestimmungen dieser drei Arbeitsschutzbereiche gleichzeitig mehreren Schutzzwecken dienen (Bild 10.19).

10.9.1 Arbeitszeitrecht

Die Arbeitszeitordnung (AZO) ordnet an: "Die regelmäßige werktägliche Arbeitszeit darf die Dauer von 8 Stunden nicht überschreiten" (§ 3 AZO).

Die AZO gilt nicht für Landwirtschaft, Fischerei, Seeschiffart, Luftfahrt. Unter bestimmten Voraussetzungen (z. B. Vor- und Anschlußarbeiten wie Reinigung) ist eine Ausdehnung der Arbeitszeit auf 10 Stunden zulässig. Für angeordnete Mehrarbeit (§ 6 AZO) ist ein angemessener Zuschlag (25 %, AZO) zum normalen Arbeitslohn zu zahlen.

Zu bemerken ist, daß die dem Arbeitnehmer neben der Arbeit verbleibende Zeit nicht reine Freizeit ist, da die frei verfügbare Zeit z. B. durch Wegzeiten eingeschränkt ist.

§ 12 Abs. 2 Satz 1 AZO schreibt bei einer Arbeitszeit von mehr als 6 Stunden eine halbstündige Ruhepause vor [10.26]. In einzelnen Tarifverträgen und Betriebsvereinbarungen wurden für bestimmte Produktionsbereiche (z. B. Fließband) weitergehende Pausenregelungen (z. B. 5 Minuten/Stunde) vereinbart. In § 12 Abs. 1 wird eine elfstündige ununterbrochene Ruhezeit zwischen Arbeitsende und Arbeitsbeginn vorgeschrieben.

Die Möglichkeiten der gleitenden Arbeitszeit sind in der AZO (§ 4 Abs. 1) nicht voll abgesichert [10.26], scheinen sich in der Praxis aber zu bewähren. Gleitzeitregelungen sind mitbestimmungspflichtig (§ 87 BetrVG). Für den Arbeitnehmer steht dem Positivum einer "Zeitsouveränität" u. U. als Negativum gegenüber, daß kurzfristige Mehrarbeit über Gleitzeit bewältigt wird und Überstunden nicht vergütet werden. Die durch Gleitzeit zu erwartende Leistungssteigerung wird auf ca. 13 % veranschlagt [10.26]. In den letzten Jahren sind eine Reihe von verschiedenen Arbeitszeitflexibilisierungen (auf Stunden-, Monats- oder auch Jahresbasis) eingeführt worden, die sich großer Akzeptanz erfreuen [10.26a].

Schichtarbeit ist aus rechtlicher Sicht (§ 10 AZO) unbestritten zulässig [10.26]. In der arbeitswissenschaftlichen Literatur werden allerdings z. T. erhebliche Bedenken im Hinblick auf die physische und psychische Gesundheit der Arbeitnehmer und die Qualität des Arbeitsergebnisses geäußert [10.66]. Die Zahl der Schichtarbeiter ist nicht bekannt. Man schätzt, daß je nach Branche bis zu zwei Drittel der Arbeitnehmer in Zwei-Schicht-Betrieben tätig sind; Nachtschicht leisten ca. 2 Millionen Arbeitnehmer (1972). Die Tendenz ist zunehmend [10.26].

10.9.2 Sozialer Arbeitsschutz

Die Vorschriften des sozialen Arbeitsschutzes sind zwingendes Recht. Diese gesetzlichen Regelungen sind somit von beiden Parteien (Arbeitergeber und Arbeitnehmer) zu beachten. Sie können weder eingeschränkt werden, noch kann man auf sie verzichten (Ausnahmen!).

Die wichtigsten Gesetze des sozialen Arbeitsschutzes sind:

- Lohnfortzahlungsgesetz,
- Kündigungsschutzgesetz,
- Bundesurlaubsgesetz,
- Gesetz zur Verbesserung der betrieblichen Altersversorgung,
- Gesetz über Konkursausfallgeld (Bestandteil des AFG),
- Schwerbehindertengesetz,
- Mutterschutzgesetz,
- Jugendarbeitsschutzgesetz.

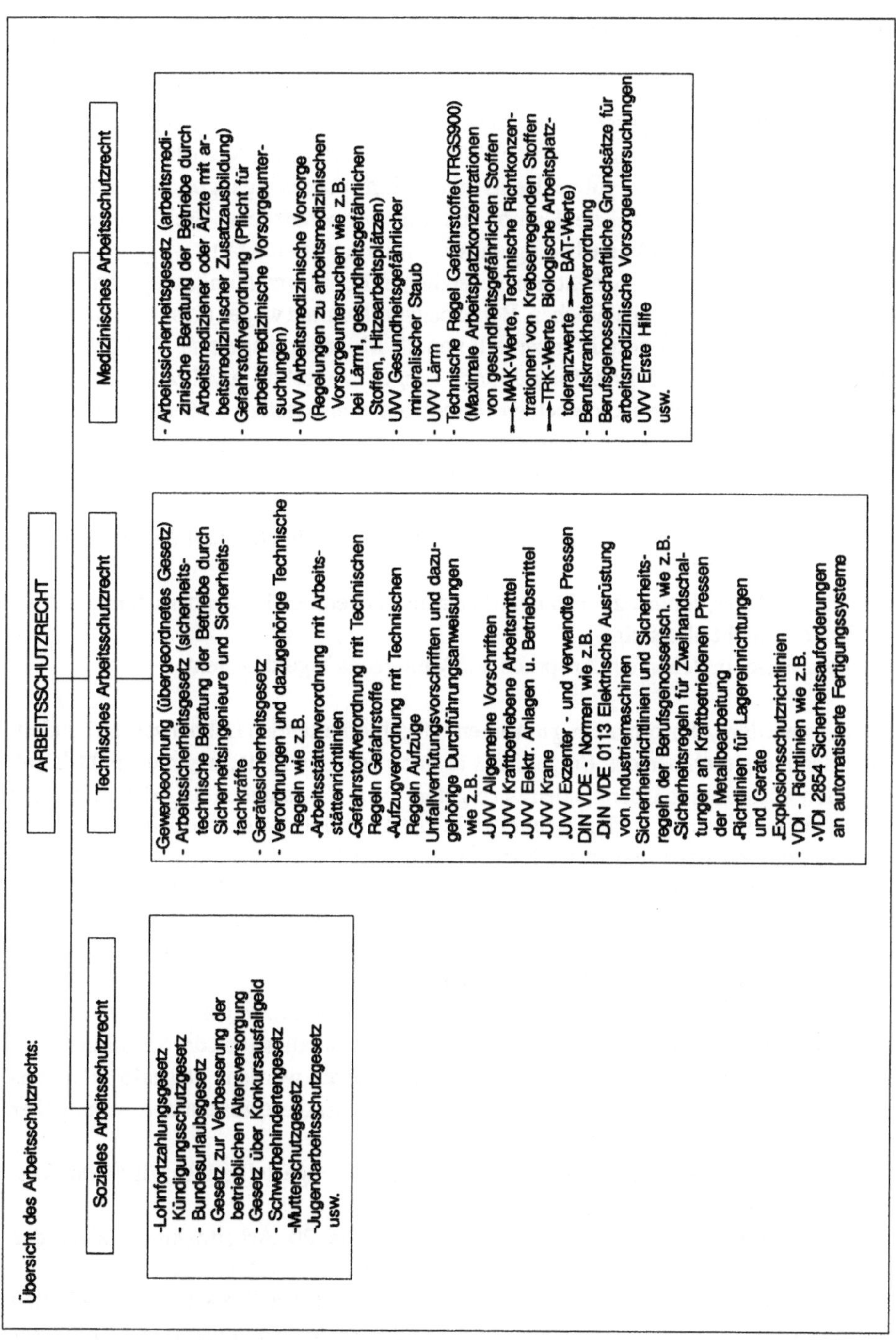

Bild 10.19 Übersicht des Arbeitsschutzrechtes

10.9.2.1 Lohnfortzahlungsgesetz

Das Lohnfortzahlungsgesetz, das Arbeitern die Weiterzahlung des Lohnes im Krankheitsfalle für die Dauer von sechs Wochen sichert, ist ein Kernstück der sozialen Sicherung in der Bundesrepublik Deutschland. Ihm vorausgegangen ist der seit dem vorigen Jahrhundert geführte Kampf um die wirtschaftliche Sicherstellung der Arbeitnehmer beim krankheitsbedingten Ausfall ihrer Arbeitskraft.

Für alle Teilnehmer besteht ein gesetzlicher Lohnfortzahlungsanspruch für die Dauer von mindestens sechs Wochen. Bei Arbeitsunfähigkeit wegen derselben Krankheit (gleiches Grundleiden) besteht innerhalb von 12 Monaten insgesamt für höchstens 6 Wochen Anspruch auf Lohnfortzahlung. Liegen zwischen zwei Zeiträumen mit Arbeitsunfähigkeit aufgrund desselben Grundleidens mindestens 6 Monate, so entsteht jedoch ein neuer Lohnfortzahlungsanspruch für die Dauer von 6 Wochen.
Die Regelungen über die Lohnfortzahlung gelten nicht

- für Arbeitnehmer, deren Arbeitsverhältnis von vornherein höchstens 4 Wochen befristet ist,
- für Arbeitnehmer, deren regelmäßige Arbeitszeit wöchentlich 10 Stunden oder monatlich 45 Stunden nicht übersteigt,
- für Zeiträume, in denen ein Anspruch auf Mutterschaftsgeld besteht.

Da es sich bei der Lohnfortzahlung um einen aufrechterhaltenden Lohnanspruch handelt, erhält der Arbeitnehmer das Entgelt, das er auch erhalten hätte, wenn er nicht krank geworden wäre. So sind Überstunden zu vergüten, wenn Überstunden bei Arbeitsfähigkeit geleistet worden wären. Andererseits besteht nur Anspruch auf Kurzarbeiterlohn, wenn während der Krankheit im Betrieb kurzgearbeitet wird.

Ein Lohnfortzahlungsanspruch besteht nicht, wenn der Arbeitnehmer seine Krankheit selbst verschuldet hat. Ein Verschulden liegt dann vor, wenn das Verhalten eines Arbeitnehmers einen groben Verstoß gegen das von einem verständigen Menschen im eigenen Interesse zu erwartende Verhalten darstellt.

Ist eine Erkrankung durch einen Dritten verursacht worden, und hätte der Arbeitgeber an sich Anspruch auf Schadensersatz wegen Verdienstausfall, so soll der Schädiger nicht durch die Lohnfortzahlung des Arbeitgebers entlastet werden. Deshalb sieht das Lohnfortzahlungsgesetz einen Forderungsübergang kraft Gesetzes auf den Arbeitgeber vor.

Für Heimarbeiter/Hausgewerbetreibende und Gleichgestellte sieht das Lohnfortzahlungsgesetz besondere Regelungen vor.

Für Kleinbetriebe (in der Regel nicht mehr als 20 Arbeitnehmer) sieht das Lohnfortzahlungsgesetz ein überbetriebliches Ausgleichsverfahren vor.
Dieses wird von den gesetzlichen Krankenkassen durchgeführt. Die Arbeitgeber erhalten 80 % der nach dem Lohnfortzahlungsgesetz zu leistenden Zahlungen. Die Mittel zur Durchführung des Ausgleichs werden durch eine Umlage der am Ausgleich beteiligten Arbeitgeber aufgebracht.

10.9.2.2 Kündigungsschutzgesetz

Ein zentrales Interesse des Arbeitnehmers geht dahin, den einmal eingenommenen Arbeitsplatz nicht unfreiwillig zu verlieren. Dem entgegengesetzt ist das Interesse des Arbeitgebers an einer möglichst ungestörten Herrschaft der Arbeitsplätze. Da es sich bei einem freiwillig eingegangenen Arbeitsverhältnis um einen Vertrag bürgerlichen Rechts handelt, könnte es an sich ohne jeden Grund mit einer gesetzlichen oder vereinbarten Frist gekündigt werden. Dies wäre jedoch für den Arbeitnehmer, der auf seine Arbeit existenziell angewiesen ist, nicht hinnehmbar. Aufgrund der Verfassungsgrundsätze über die Würde des Menschen und des Sozialstaatsprinzips muß die Vertragsfreiheit des Arbeitgebers in dieser Hinsicht begrenzt werden.
Das Kündigungsschutzgesetz erhält im wesentlichen folgende Regeln:

- *Soziale Rechtfertigung einer Kündigung:*
  Jede ordentliche, d. h. mit der geltenden Kündigungsfrist ausgesprochene Kündigung bedarf zu ihrer Wirksamkeit der sozialen Rechtfertigung. Dies ist dann gegeben, wenn sie

  - durch Gründe in der Person des Arbeitnehmers (z. B. Verlust der Arbeitsfähigkeit) oder
  - durch Gründe im Verhalten des Arbeitnehmers (z. B. dauernde Unpünktlichkeit oder
  - durch dringende betriebliche Erforderisse (z. B. Auftragsmangel oder Rationalisierung) bedingt ist und nicht durch Umschulung oder Umsetzung abgewendet werden kann.

- *Gerichtliche Geltendmachung:*
  Der Arbeitnehmer muß, um die Sozialwidrigkeit der Kündigung geltend zu machen, innerhalb von 3 Wochen Klage beim Arbeitsgericht erheben.
  Kündigungen aus betrieblichen Gründen, d. h. typische Fälle von Kündigungen als personalpolitische Konsequenz von Unternehmensentscheidungen, können mit Hilfe des Kündungsschutzgesetzes nur in wenigen Fällen abgewendet werden. Kündigungen, die ihren Grund in der Person oder im Verhalten des betroffenen Arbeitsnehmers haben, sind daraufhin überprüfbar, ob der angegebene Grund wirklich vorliegt und ausreicht. Das Kündigungsschutzgesetz gilt nicht in Kleinbetrieben bis zu fünf Arbeitnehmern, ausschließlich der Auszubildenden und geringfügig Beschäftigten.

10.9.2.3 Bundesurlaubsgesetz

Das Urlaubsrecht ist gesetzlich erst nach 1945 geregelt worden. Dies geschah zunächst durch Urlaubsgesetze der Länder, die 1963 durch das Bundesurlaubsgesetz abgelöst wurden. Das Bundesurlaubsgesetz garantiert jedem Arbeitnehmer, aber auch arbeitnehmerähnlichen Personen und Heimarbeitern einen jährlichen Mindesturlaub von 18 Werktagen. Dieser gesetzliche Mindesturlaub ist inzwischen durch die Entwicklung der tarifvertaglichen Urlaubsansprüche für die meisten Arbeitnehmer weitgehend überholt worden. Angesichts dieser materiell über das Bundesurlaubsgesetz hinausgehenden tarifvertraglichen Ansprüche ist dessen Hauptfunktion vor allem die Regelung der rechtlichen Einzelheiten des Urlaubsanspruchs.

So bestimmt das Gesetz, daß der Urlaub in der Regel zusammenhängend gewährt werden soll. Eine Abgeltung von Urlaubsansprüchen ist nur dann möglich, wenn der Urlaub wegen der Beendigung des Arbeitsverhältnisses ganz oder teilweise nicht gewährt werden kann. Während des Urlaubs darf der Arbeitnehmer keine dem Urlaubszweck widersprechende Erwerbstätigkeit leisten. Erkrankt ein Arbeitnehmer während des Urlaubs, so werden die nachgewiesenen Tage der Arbeitsunfähigkeit auf den Jahresurlaub nicht angerechnet.

Der volle Anspruch auf Erholungsurlaub wird erworben nach sechsmonatigem Bestehen eines Arbeitsverhältnisses.

Die Höhe des Urlaubsentgeltes richtet sich nach dem durchschnittlichen Arbeitsverdienst, das der Arbeitnehmer in den letzten 13 Wochen vor Beginn des Urlaubs erhalten hat. Tarifvertraglich ist of ein zusätzliches Urlaubsgeld vereinbart.

10.9.2.4 Gesetz zur Verbesserung der betrieblichen Altersversorgung

Das Gesetz der Verbesserung der betrieblichen Altersversorgung, das nach wie vor von der Freiwilligkeit zur Einführung derartiger Leistungen ausgeht, hat den arbeitsrechtlichen Schutz betrieblicher Ruhegelder in wesentlichen Punkten weiterentwickelt:

- Unverfallbarkeit: Der Arbeitnehmer behält eine Anwartschaft auf eine ihm zugesagte betriebliche Altersversorgung auch dann, wenn sein Arbeitsverhältnis vor Eintritt des Versorgungsfalles endet.
- Schutz vor Auszehrung: Betriebliche Versorgungsleistungen dürfen nach ihrer Festsetzung im Versorgungsfall nicht mehr durch dynamisierte andere Versorgungsleistungen, insbesondere aus der gesetzlichen Rentenversicherung, geschmälert werden.
- Altersruhegeld vor Vollendung des 65. Lebensjahres: Bei Bezug von Altersruhegeld aus der gesetzlichen Rentenversicherung vor dem 65. Lebensjahr, insbesondere aufgrund der flexiblen Altersgrenze, werden grundsätzlich auch die Leistungen der betrieblichen Altersversorgung fällig.
- Leistungsanpassung: Zur Anpassung der Leistung aus einer betrieblichen Altersversorgung an die Geldentwertung gibt es die Pflicht des Arbeitgebers, eine Anpassung der laufenden Leistungen der betrieblichen Altersversorgung alle drei Jahre zu überprüfen und hierüber unter Berücksichtigung der Belange des Versorgungsempfängers und der eigenen wirtschaftlichen Lage nach billigem Ermessen zu entscheiden.

- Insolvenzsicherung: Um Betriebsrentner vor der Zahlungsfähigkeit des Arbeitgebers zu schützen, ist der Persionssicherungsverein gegründet worden, an den alle Arbeitgeber, bei denen eine betriebliche Altersversorgung existiert, Beiträge leisten müssen. Dieser Verein übernimmt Versorgungsleistungen der betrieblichen Altersversorgung, die wegen Zahlungsunfähigkeit des Arbeitgebers nicht erbracht werden können.

Inzwischen existieren in vielen Bereichen Tarifverträge zur Regelung der betrieblichen Altersversorgung.

10.9.2.5 Gesetz über Konkursausfallgeld

Seit 1974 schützt das Gesetz über Konkursausfallgeld als Bestandteil des Arbeitsförderungsgesetzes Arbeitnehmer vor der Zahlungsunfähigkeit ihres Arbeitgebers.

Nach diesem Gesetz haben alle Arbeitnehmer bei Zahlungsunfähigkeit ihres Arbeitgebers Anspruch auf Ausgleich ihres ausgefallenen Arbeitentgelts für die letzten drei Monate vor Eröffnung des Konkursverfahrens. In diesen Fällen erhalten die Arbeitnehmer als Konkursausfallgeld das Arbeitsentgelt, das ihnen auch tatsächlich zugestanden hätte. In dieser Höhe gehen die Ansprüche eines Arbeitnehmers gegen seinen Arbeitgeber auf die Bundesanstalt für Arbeit als zuständigen Träger über. Dieser verfolgt die Ansprüche dann in einem Konkursverfahren.

10.9.2.6 Schwerbehindertengesetz

Auch das Schwerbehindertengesetz enthält einige Vorschriften arbeitsrechtlicher Natur.

Schwerbehinderte nach diesem Gesetz sind alle Personen, die in ihrer Erwerbsfähigkeit nicht nur vorübergehend um wenigstens 50 % gemindert sind. Die Ursache der Behinderung ist dabei bedeutungslos. Das Schwerbehindertengesetz soll den Schwerbehinderten die Eingliederung in den Arbeitsprozeß erleichtern und ihm einen Arbeitsplatz verschaffen, auf dem er seine ihm verbliebenen Fähigkeiten und Kräfte nach eigenem Interesse und zum Wohl der Allgemeinheit einsetzen kann.

Alle Arbeitgeber, die über mindestens 16 Arbeitsplätze verfügen, haben auf wenigstens 6 von 100 der Arbeitsplätze Schwerbehinderte zu beschäftigen. Erfüllt ein Arbeitgeber diese Quote nicht, so hat er für jeden unbesetzten Pflichtplatz monatlich eine Ausgleichsabgabe zu entrichten. Die Zahlung dieser Abgabe hebt die Pflicht zur Beschäftigung Schwerbehinderter nicht auf.

Die Ausgleichsabgabe wird wieder für Zwecke der Arbeits- und Berufsförderung Schwerbehinderter sowie für Leistungen zur nachgehenden Hilfe im Arbeitsleben verwendet.

Von besonderer Bedeutung ist der Kündigungsschutz für Schwerbehinderte. Die Kündigung des Arbeitsverhältnisses eines Schwerbehinderten durch den Arbeitgeber bedarf in jedem Falle der vorhergigen Zustimmung der Hauptfürsorgestelle. Dabei beträgt die Kündigungsfrist mindestens 4 Wochen. Auch bei einer außerordentlichen Kündigung ist die Zustimmung der Hauptfürsorgestelle erforderlich.

Schwerbehinderte haben Anspruch auf einen bezahlten zusätzlichen Urlaub von sechs Werktagen im Jahr.

10.9.2.7 Arbeitsrecht

Das Arbeitsrecht läßt sich nach dem Ursprung der Rechtsquellen in das kollektive und das Individual-Arbeitsrecht einteilen.

Art. § 9 Abs. 3 GG gewährleistet jedem die Freiheit, zur Wahrung und Förderung der Arbeits- und Wirtschaftsbedingungen Vereinigungen zu bilden. Diese Vereinigungen heißen auf Arbeitnehmerseite Gewerkschaften; bei den Arbeitgebern sind dies die Arbeitgeberverbände. Beide handeln für ihre Mitglieder in Tarifverträgen (auf der Basis des Tarifvertragsgesetzes, TVG) Arbeitsbedingungen aus, z. B. Lohnhöhe, Urlaubsdauer, Kündigungsfristen, Arbeitszeit. Da Tarifverträge Regelungen für eine Vielzahl von Arbeitnehmern - zumindest für die Mitglieder der Gewerkschaften, die ihn geschlossen haben - enthalten und insofern einer Rechtsform vergleichbar sind, gehören sie zum "kollektiven Arbeitsrecht".

Gleiches gilt für Betriebsvereinbarungen (Rechtsgrundlage: Betriebsverfassungsgesetz, BetrVerfG) und Dienstvereinbarungen (Rechtsgrundlage: Personenvertretungsgesetz des Bundes oder der Länder). Sie werden zwischen dem Arbeitgeber und der einen und dem Betriebsrat oder Personalrat auf der anderen Seite auf betrieblicher Ebene für die Belegschaft geschlossen. Mit diesen Vereinbarungen können z. B. Lage und Dauer der Arbeitspausen, Art der Arbeitskontrolle, Arbeitsbedingungen an EDV-gestützten Arbeitsplätzen, Gestaltung des Kantinenbetriebs, Vorgehensweise bei Alkoholmißbrauch usw. innerbetrieblich bzw. betriebsspezifisch geregelt werden.

Im Gegensatz zum kollektiven Arbeitsrecht setzt das Individualarbeitsrecht den rechtlichen Rahmen für die Beziehungen des einzelnen Arbeitnehmers zum einzelnen Arbeitgeber, unabhängig von der Zugehörigkeit zu einer Koalition. Insbesondere gehören hierzu die Bestimmungen über den Abschluß, die Erfüllung und die Beendigung von Arbeitsverträgen (Arbeitsvertragsrecht). Zum Individualarbeitsrecht gehören aber auch die Rechtsnormen, die den Schutz jedes einzelnen Arbeitnehmers zum Ziel haben (z. B. das Bundesurlaubsgesetz, das den Mindesturlaub regelt, das Kündigungsschutzgesetz, das das Widerspruchtsrecht gegen nicht gerechtfertigte Kündigungen formuliert.

Der Unterscheidung zwischen den beiden Rechtsformen kommt wegen der verschiedenen Adressaten erhebliche Bedeutung zu. Sie darf aber nicht so verstanden werden, daß eine arbeitsrechtliche Frage immer nur einem der beiden Rechtsgebiete zuzurechnen ist. Vielmehr ist das Gegenteil der Fall: Sehr viele arbeitsrechtliche Fragen werden sowohl vom kollektiven als auch vom Individualarbeitsrecht tangiert.

10.9.3 Gesundheits- und Unfallschutz

10.9.3.1 Zur Bedeutung des Gesundheits- und Unfallschutzes

Eine Untersuchung [10.74] der volkwirtschaftlichen Kosten der Arbeitsunfälle kam für das Jahr 1972 zu dem Ergebnis, daß für die insgesamt 2,5 Mio. meldepflichtigen Arbeit- und Wegeunfälle

- Personenschäden in Höhe von 1,03 Mrd DM entstanden,
- unfallbedingte Sachschäden von mindestens 0,43 Mrd DM,
- unfallbedingte Produktionsausfälle von mindestens 12 Mrd DM,
- Freizeiteinbußen im Wert von rund 4 Mrd DM und
- Unfallgemeinkosten von mindestens 0,86 Mrd DM

aufzubringen waren (näheres in [10,74]).

Die Unfallhäufigkeit pro geleisteter Arbeitsstunde liegt in der Bundesrepublik Deutschland etwa doppelt so hoch wie z. B. in Frankreich oder in den Niederlanden [10.26]. Da hierbei nur meldepflichtige Unfälle (mit mehr als 3 Tagen Arbeitsunfähigkeit) erfaßt sind, ist von einer erheblich höheren tatsächlichen Unfallhäufigkeit auszugehen. Eine Untersuchung in einem Automobilwerk ergab z. B., daß nur 15,4 % aller Unfälle meldepflichtig waren [10.26, 10.75].

Bezüglich der Statistik der Berufskrankheiten ist anzumerken, daß nur anerkannte Berufskrankheiten Eingang in die Statistik finden - was nicht notwendig heißt, daß alle tatsächlich arbeitsbedingten Erkrankungen erfaßt sind. Die Ursachenzurechnung bei Berufskrankheiten ist bei häufigen Arbeitswechseln methodisch sehr schwierig.

52,5 % aller versicherten Arbeiter und 36,7 % aller versicherten Angestellten erhalten eine Rente wegen Berufs- oder Erwerbsunfähigkeit [10.76].

10.9.3.2 Allgemeines

Im Jahr 1891 wurde der heute noch geltende § 120 a GewO eingeführt, der die Unternehmer zu Vorkehrungen verpflichtet:

- Arbeitsräume, Betriebsvorrichtungen, Maschinen und Gerätschaften so einzurichten und den Betrieb so zu regeln, daß die AN gegen Gefahren für Leben und Gesundheit soweit geschützt sind, wie es die Natur des Betriebs gestattet;
- für genügende Beleuchtung und Be- und Entlüftung zu sorgen;
- Schutzvorrichtungen gegen betriebliche Gefahrenstellen anzubringen und

- entsprechende Vorschriften über die Ordnung des Betriebes und das Verhalten der Arbeiter zu erlassen (nach § 120 a GewO).

Trotz ihrer ungenauen Formulierung ("genügend", "Natur des Betriebs") drückt die Vorschrift das Grundprinzip des Gesundheits- und Unfallschutzes aus. Von daher wurde sie im Laufe der Jahre durch sehr viele Verordnungen und Vorschriften präzisiert.

Ein wichtiges Sonderproblem bei der Erstellung arbeitsschutzrechtlicher Vorschriften ist der notwendige Konkretisierungsgrad: bei globaler Formulierung ist ein Leerlauf der Vorschrift möglich, bei sehr genauer Festlegung kann der Aufwand für Erstellung und Anwendung sehr hoch sein.

Da arbeitsschutzrechtliche Vorschriften rechtlich und technisch wirksam werden müssen, stellt sich das Problem der Verknüpfung technischen und juristischen Sachverstands. Vielfach wird so verfahren, daß die Festlegung der Vorschriften im Zuge der technischen Bestimmungen Gremien privater Institutionen übertragen wird (z. B. TÜV, VDI, VDE, DIN, DFG), die sich ihrerseits wiederum aus Vertretern von Behörden, Verbänden oder Industrie zusammensetzen. Auf diese Weise wird zwar ein breiter Sachverstand genutzt, Interessenkollisionen (z. B. Absatzinteressen einer Chemiefirma vs. Festlegung von MAK-Werten) sind aber kaum zu umgehen.

Der Praktiker im Betrieb sollte im Zweifelsfall davon ausggehen, daß eine Vorschrift existiert und bei den Fachleuten des Betriebs, des Gewerbeaufsichtsamts oder der Berufsgenossenschaft entsprechende Erkundigungen einziehen. Als einführendes Nachschlagewerk mit vielen Verweisen ist z. B. [10.72] zu nennen.

10.9.3.3 Arbeitsstättenverordnung (ArbStättV)

Die ArbStättV von 1975 enthält zahlreiche detaillierte Vorschriften über die Beschaffenheit von Arbeitplätzen, die in den Arbeitsstättenrichtlinien weiter konkretisiert sind. Der Konkretisierungsgrad geht bis zu den Abmaßen von Gängen, Tischen o. ä.

Im folgenden sei ein Überblick über die Inhalte der ArbStättV gegeben [10.67]:

- allgemeine Anforderungen an Räume, Verkehrswege und Einrichtungen in Gebäuden:
    - Klima, Beleuchtung,
    - Fußboden, Wände, Decken, Dächer,
    - Fenster, Türen, Tore,
    - Schutz gegen Absturz und herabfallende Gegenstände,
    - Schutz gegen Brände,
    - Schutz gegen Lärm, Gase, Dämpfe,
    - Anforderungen an Verkehrswege;
- Anforderungen an bestimmte Räume:
    - Arbeitsräume: Abmessungen,
    - Pausen- und Sanitärräume;

- Anforderungen an Arbeitsplätze im Freien, Baustellen, Wasserfahrzeuge,
- Betrieb der Arbeitsstätten:
    - Fluchtwege.

Nach § 56 findet die ArbStättV nur Anwendung in gewerblichen Arbeitsstätten (nicht: Öffentlicher Dienst!, § 1 ArbStättV), mit deren Bau nach dem 1. Mai 1976 begonnen wurde; bei älteren Bauten ist sie insoweit nicht anzuwenden, als ihre Umsetzung "umfangreiche Änderungen" zur Folge hätte, es sei denn, es stehe ohnehin eine wesentliche Änderung der Arbeitsstätte an oder "nach Art des Betriebes vermeidbare Gefahren für Leben und Gesundheit der Arbeitnehmer" seien zu befürchten. Insofern erscheint eine detaillierte Darstellung der Vorschriften - z. B. der Höchstwerte für Lärmschutz - hier nicht erforderlich.

10.9.3.4 Arbeitsmittel

Das Gesetz über technische Arbeitsmittel (GtA; auch das Maschinenschutzgesetz (MaschSchG) verpflichtet Hersteller und Importeure, technische Arbeitsmittel nur dann in Verkehr zu bringen, wenn sie nach den allgemein anerkannten Regeln der Technik sowie der Arbeitsschutz- und Unfallverhütungsvorschriften für Benutzer oder Dritte arbeitssicher sind (nach § 3 GtA).

Der Gefahrenschutz schließt alle möglichen Einwirkungen, z. B. auch Lärm, Staub, Überbeanspruchung usw. ein. Als technische Arbeitsmittel gelten alle verwendungsfertigen Arbeitseinrichtungen, vor allem Werkzeuge und Maschinen, aber auch Haushaltsgeräte und Spielzeug [10.72].

Eine Verpflichtung zur Überprüfung der technischen Arbeitsmittel besteht nicht. Der Hersteller kann freiwillig bei einer der 61 anerkannten Prüfstellen [10.26] eine Überprüfung durchführen lassen. Prüfzeichen werden von den Berufsgenossenschaften, von VDE, DIN, TÜV, DIN-DVGW und der Trägergemeinschaft Sicherheitszeichen e. V. vergeben [10.72].

Die Verantwortung für die Arbeitssicherheit bleibt in allen Fällen beim Anwender, insbesondere bei der Betriebsleitung [10.72].

An den jährlich 180 000 neuen Geräte- und Maschinentypen werden ca. 9 000 Typprüfungen durchgeführt [10.68, 10.69]. Der im Extremfall vom Gewerbeaufsichtsamt in Anwendung zu bringende § 5 Abs. 1 GtA untersagt lediglich das weitere Inverkehrbringen des Arbeitsmittels, nicht aber den Weiterverkauf schon im Handel befindlicher Geräte und erst recht nicht deren Weiterbenutzung [10.26].

Bestimmte Anlagen wie Dampfkessel, Aufzüge u. ä. mit besonderen Gefährdungen sind nach § 24 ff GewO überwachungsbedürftig (z. B. durch den TÜV).

10.9.3.5 Arbeitsstoffe

Zum Schutz der Arbeitnehmer vor giftigen, ätzenden, explosionsgefährdenden u. ä. Stoffen wurde eine Reihe von Bestimmungen erlassen (vgl. bei [10.70], wie z. B. Sprengstoffgesetz, Atomgesetz, Strahlenschutzverordnung und die Verordnung über gefährliche Arbeitsstoffe von 1971 (ArbStoffVO).
Die ArbStoffVO als die betrieblich wichtigste Vorschrift regelt Inverkehrsbringen, Verpackung und Kennzeichnung, Lagerung, Umgang und Verwendung von gefährlichen Arbeitsstoffen (näheres in § 1 ArbStoffVO). Den Zubereitungen der Arbeitsstoffe müssen Sicherheitsratschläge beigefügt sein.

Für gesundheitsschädliche Arbeitsstoffe werden maximale Arbeitsplatzkonzentrationen (MAK-Werte) definiert. Sie bezeichnen diejenige Konzentration eines Arbeitsstoffes in der Atemluft, die - nach derzeitiger Kenntnis - auch bei längerfristiger Einwirkung die Gesundheit der Beschäftigten nicht beeinträchtigt. Die MAK-Werte-Liste wird von einer Kommission der DFG erstellt und laufend ergänzt und umfaßt derzeit über 400 verschiedene Stoffe. Für krebsgefährdende Stoffe werden keine als unbedenklich anzusehenden Konzentrationen angegeben [10.72].

Die festgesetzten MAK-Werte können - wie eine Reihe anderer Grenzwerte des Arbeitsschutzes - nicht als endgültig und absolut verstanden werden, da der Fortschritt der Nachweismethoden und die Entwicklung der gesellschaftlichen Ansprüche an den Gesundheitsschutz eine fortwährende Revision der Werte erfordern.

So wurde der MAK-Wert für Vinylchlorid (VC) - dessen Gefährlichkeit seit 1949 bekannt ist - von 500 ppm (1969) auf 100 ppm (1970) herabgesetzt. In Kenntnis der krebserzeugenden Wirkung von VC gilt seit 1975 eine technische Richtkonzentration von 5 ppm. In den USA liegt der Wert seit 1974 auf 1 ppm [10.26].

10.9.3.6 Unfallverhütung

Die Berufsgenossenschaften (BG) haben nach § 708 Abs. 1 Reichsversicherungsordnung (RVO) als Träger der gesetzlichen Unfallversicherung das Recht, Vorschriften über "Einrichtungen, Anordnungen und Maßnahmen, welche die Unternehmer zur Verhütung von Arbeitsunfällen zu treffen haben" sowie über "das Verhalten, das die Versicherten zur Verhütung von Arbeitsunfällen zu beachten haben" zu erlassen. Diese sog. Unfallverhütungsvorschriften (UVV) werden in Fachausschüssen erarbeitet, müssen von der paritätisch besetzten Vertreterversammlung der BG beschlossen werden (§ 708 RVO) und, zur Erlangung der Rechtskraft, vom BMA genehmigt werden (§ 709 RVO). Das Verfahren dauert 5 bis 6 Jahre und erfaßt somit nicht unbedingt den aktuellsten Stand der Technik [10.26].

Die UVV betreffen Arbeitsstätten, Arbeitsmittel und Arbeitsstoffe und sind im allgemeinen konkreter und bindender als die eben behandelten parallelen Regelungen der ArbStättV, GtA und ArbStoffVO. So werden z. B. in [10.72] unter dem Stichwort "Schleifmaschinen" die Vorschriften von 2 UVV (VBG 7n6, VBG 7t1), 5 Merkblättern

(ZH 1/31.1., ZH 1/385, ZH 1/33, ZH 1/386, ZH 1/34) und einem Arbeitsblatt (WSV 32) zusammengefaßt, die

- Konstruktionsvorschriften für die Befestigung der Schleifmaschinen (Maße, Material, anerkannte Lieferanten des Materials)

- Zulassungsvorschriften für Schleifscheiben, für erhöhte Umfangsgeschwindigkeit (Probelauf, Verankerung der Maschine) und
- zulässige Arbeitsverfahren nach Maschinenart, Schleifscheibe, Höchstumfangsgeschwindigkeit etc.

festlegen. Aufgrund dieses - offensichtlich notwendigen - Detaillierungsgrades der Vorschriften ist es möglich, in diesem Rahmen näher auf die UVV und verwandte Regelungen einzugehen.

10.9.3.7 Durchsetzung des Arbeitsschutzes

Die Einhaltung des Arbeitsschutzrechtes obliegt in erster Linie den Gewerbeaufsichtsräumen, denen nach § 139 b GewO polizeilich Befugnisse zustehen.

Für 1,7 Mio. Betriebe mit 19,7 Beschäftigten im Jahr 1977 waren 2 624 Gewerbeaufsichtsbeamte im Außendienst zuständig. Kontrolliert wurden ca. 20 % der Betriebe mit vier Mängelbeanstandungen pro Betrieb und insgesamt 1 684 Bußgeldbescheiden [10.68].

Die Berufsgenossenschaften (BG) überwachen die Einhaltung der UVV (§ 713 ff UVNG). Sie kontrollierten 1977 ca. 20 % der versicherten Unternehmen [10.26].

Innerbetrieblich kontrollieren in 102 789 Unternehmen 310 189 Sicherheitsbeauftragte (gemäß § 719 Abs. 1 RVO) die Einhaltung der Vorschriften. Sie können allerdings keinerlei verbindliche Anordnungen treffen und unterliegen keinem Kündigungsschutz [10.26].

Nach dem Arbeitssicherheitsgesetz (ASiG) von 1973 werden die Arbeitgeber verpflichtet (§ 2 und § 5 ASiG), Betriebsärzte bzw. Fachkräfte für Arbeitssicherheit (z. B. Sicherheitsingenieure) zu bestellen.
Der diesbezügliche Bedarf konnte bis 1975 zu einem Viertel gedeckt werden [10.26]. Die damit verbundenen Aufgaben sind ähnlich denen der Sicherheitsbeauftragten, erstrecken sich aber auf alle Fragen des Gesundheitsschutzes und der menschengerechten Arbeitsgestaltung.

Darüber hinaus ist der BR verpflichtet (§ 80 BetrVG), die Einhaltung der Vorschriften zu überwachen, und berechtigt, dazu auch ggf. das Gewerbeaufsichtsamt oder Technische Aufsichtsbeamte der BG hinzuzuziehen. Er hat dazu Informations- (§ 89 BetrVG) und Mitbestimmungsrechte (§ 87 BetrVG) [10.26].

Der Gewerbeaufsicht und den Berufsgenossenschaften stehen abgestufte Sanktionen zu; so können z. B. Geldbußen (bis DM 20 000,— bei Verstoß gegen UVV, § 710 RVO) verhängt oder sogar Anlagen stillgelegt werden. Es sind andererseits Fälle bekannt, in denen Arbeitnehmern, die sich aus Sorge über ihre Gesundheit an die Gewerbeaufsicht gewandt hatten, rechtskräftig gekündigt wurde [10.81].

10.9.3.8 Versorgung des kranken Arbeitnehmers

Unfallopfer werden durch die gesetzliche Unfallversicherung, d. h. die BG, versorgt, soweit ein Arbeitsunfall vorliegt. Gelingt dieser Nachweis gemäß § 548 ff UVNG - was nicht immer einfach ist -, hat der Geschädigte Anspruch auf Heilbehandlung, Lohnfortzahlung und (bei Minderung der Erwerbsfähigkeit) auf Rente [10.26].

Bei Erkrankung trägt die gesetzliche Krankenversicherung die Kosten für die Krankenpflege; für Krankengeld, nachdem die Lohnfortzahlungspflicht (z. B. gemäß LFZG) des Arbeitgebers endet [10.26].

Im Falle der Berufs- oder Erwerbsunfähigkeit gewährt der Rentenversicherungsträger eine Rente. In bestimmten Fällen muß der Geschädigte auf Arbeitslosenhilfe oder Sozialhilfe zurückgreifen [10.26].

Für die Betriebe bedeuten hohe Krankenquoten eine wesentliche Kostenbelastung. Etwa 20 % aller Kündigungen werden mit häufiger Erkrankung begründet [10.80].

10.9.4 Persönlichkeitsschutz

Die rechtliche Regelung des Persönlichkeitsschutzes für Arbeitnehmer befindet sich noch in ihrem Anfangsstadium. Sie wird aus der Fürsorgepflicht des Arbeitgebers und einigen Grundrechten hergeleitet [10.26].

10.9.4.1 Allgemeines

Der Arbeitnehmer kann über sein äußeres Erscheinungsbild (Garderobe, Haartracht) nach eigenem Ermessen bestimmen, ist aber grundsätzlich verpflichtet, eine etwaige, allgemein übliche Dienst- oder Arbeitskleidung (z. B. Pförtner) zu tragen. Vorschriften des Arbeitgebers über das äußere Erscheinungsbild des AN (z. B. Kleidung, Haartracht) sind nur bei gravierendem geschäftlichen Interesse (z. B. Verkäufer in einem Modegeschäft) zulässig; sie sind mitbestimmungspflichtig (§ 87 Abs. 1 BetrVG).

Die Vorschriften des Persönlichkeitsschutzes über die Behandlung von Arbeitnehmern durch Vorgesetzte ergeben sich im wesentlichen aus den § 81, § 82 und § 84 BetrVG; sie beinhalten Informations- und Anhörungspflichten des Arbeitgebers.

Eine Totalkontrolle im Betrieb (z. B. über Fernsehanlagen, Einwegscheiben, Abhöranlagen o. ä.) ist unzulässig. Im Zweifelsfall besteht ein Mitbestimmungsrecht des

BR (§ 87 BetrVG). Torkontrollen und Leibesvisitationen sind bei zwingenden sachlichen Gründen zulässig; es besteht Zustimmungspflicht des BR [10.26].

10.9.4.2 Personalsachen

Der Arbeitnehmer hat ein Recht auf Einsicht in seine Personalakte (§ 83 BetrVG) und darf gegebenenfalls Erklärungen hinzufügen.

Das Bundesdatenschutzgesetz (BDSG) regelt u. a. das Speichern, Verändern, Übermitteln und Löschen von Personaldaten. Gespeichert werden dürfen im grundsätzlich nur Daten im Rahmen der Zweckbestimmung des Arbeitsvertrags. Nach § 28 f Bundesdatenschutzgesetz (BDSG) hat jedes Unternehmen mit mindestens fünf AN, das personenbezogene Daten automatisch verarbeitet, einen Beauftragten für den Datenschutz schriftlich zu bestellen, der die Einhaltung der Vorschriften des Datenschutzes überwacht. Der BR hat teilweise Mitbestimmungsrechte im Datenschutz (nach § 94 BetrVG) [10.26]. Wie weit das BVG-Urteil zur Volkszählung, das den Begriff der informationellen Selbstbestimmung eingeführt hat, in diesem Bereich einschlägig ist, wird noch kontrovers beurteilt [10.26a).

10.9.4.3 Gleichbehandlungsgrundsatz

Der Gleichbehandlungsgrundsatz ist durch Art. 3 GG und § 75 Abs. 1 BetrVG rechtlich abgesichert und gilt grundsätzlich auch im Betrieb. Zwischen den einzelnen Betrieben eines Unternehmens sind unter bestimmten Voraussetzungen Unterschiede (z. B. der Arbeitsbedingungen) zulässig.

In der Praxis sind Diskriminierungen einzelner Personen oder Personengruppen (z. B. Frauen) im allgemeinen schwer nachzuweisen [10.26].

10.9.4.4 Meinungsfreiheit

Grundsätzlich gilt das Recht auf Meinungsfreiheit nach Art. 5 Abs. 1 GG auch im Arbeitsverhältnis. Es wird - laut BAG - beschränkt durch die Grundregeln des Arbeitsverhältnisses, z. B. durch die Pflicht des AN, nicht den Interessen des Arbeitgebers zuwiderzuhandeln. Es wird weiter beschränkt durch die Arbeitspflicht: es darf nicht endlos debattiert werden [10.26].

10.9.5 Sonderregelungen

Zum Schutze besonders benachteiligter Arbeitnehmergruppen wurden vom Gesetzgeber Sonderregelungen geschaffen, die die Benachteiligung dieses Personenkreises aufheben sollen. Besonders hervorzuheben sind hier folgende Arbeitnehmergruppen:

- Frauen bzw. Mütter,
- Jugendliche,
- Schwerbehinderte.

Die wichtigsten Sondervorschriften sind entsprechend:

- das Mutterschutzgesetz,
- das Jugendarbeitsschutzgesetz,
- das Schwerbehindertengesetz.

Wichtige Regelungen des *Mutterschutzgesetzes* sind:

- Werdende Mütter dürfen während der Schwangerschaft und 6 Monate nach der Entbindung nicht entlassen werden.
- Mütter haben 6 Wochen vor und 6 Monate nach der Niederkunft Anspruch auf Freistellung von der Arbeit sowie auf Lohnfortzahlung (bis 8 Wochen danach) bzw. Lohnersatz (bis zum 6. Lebensmonat des Kindes, maximal DM 750,—) durch Mutterschaftsgeld.

Das *Jugendarbeitsschutzgesetz* schützt jugendliche Arbeitnehmer (bis zum 18. Lebensjahr), indem es den Arbeitgebern besondere Pflichten und Beschränkungen auferlegt. "Der Schwerpunkt des Jugendarbeitschutzes lag und liegt auf der Festlegung eines Mindestalters für den Eintritt in den Arbeitsprozeß und auf der gesetzlichen Verbesserung der Arbeitsbedingungen" [10.26].

Wichtigste Vorschriften sind:

- Verbot der Kinderarbeit (bis zum 15. Lebensjahr)
- Arbeitszeitbeschränkung und spezielle Pausenregelungen
- Urlaubsvorschriften (mehr Urlaubsanspruch)
- Verbot der Akkordarbeit und anderer tempoabhängiger Arbeiten.

Jugendliche Beschäftigte kennen das Jugendarbeitsschutzgesetz (JArBSch) praktisch nicht [10.78].

Die Bedeutung des Jugendarbeitsschutzes wird daran deutlich, daß bei den vorgeschriebenen ärztlichen Untersuchungen ca. 14 % der Jugendlichen als behandlungsbedürftig eingestuft wurden [10.78].

Als Sonderregelung für *Schwerbehindert* e im Arbeitsprozeß und zur Verbesserung ihrer Chancen auf dem Arbeitsmarkt wurde das "Gesetz zur Sicherung der Eingliederung Schwerbehinderter in Arbeit, Beruf und Gesellschaft", kurz: Schwerbehindertengesetz (SchwbG), geschaffen (10.9.2.6).

10.10 Stand und Entwicklungstendenzen

Aufgrund der Komplexität der mit dem Arbeitsrecht erfaßten Sachverhalte und der Vielzahl an beteiligten Institutionen und unterschiedlichen Rechtsquellen sind durchgängige Entwicklungstendenzen schwer zu prognostizieren. Es wird im folgenden daher mehr auf unterschiedliche Standpunkte als auf Trends eingegangen:

- Eine entsprechende gesetzliche Regelung, die zu Beginn der 70er Jahre vom Gesetzgeber in Angriff genommen worden war, ist 1978 an der Ablehnung der Bundesvereinigung der Deutschen Arbeitgeberverbände gescheitert.

- Andererseits geht es bei den konkreten Auseinandersetzungen vor allem um inhaltliche Probleme. Hier in erster Linie um eine erweiterte Mitbestimmungsgesetzgebung mit all ihren Implikationen.

- Die Tendenz bei den gewerkschaftlichen Forderungen geht hier weit über die Forderung nach einer quantitativen Absicherung der Arbeitnehmer heraus. Sie zielen ab auf eine Mitbestimmung bei qualitativen Gestaltungsmaßnahmen und wirtschaftlichen Grundentscheidungen mit dem Ergebnis der Einschränkung der unternehmerischen Entscheidungsfreiheit.

- Eine ähnlich bedeutsame ordnungspolitische Frage im Verhältnis zwischen Arbeitgeberverbänden und Gewerkschaften ist die Aussperrung, deren Verbot die Gewerkschaften seit langem fordern.

- Im Arbeitsschutz scheint sich - trotz mancher Schwächen des bestehenden Systems - die Tendenz anzubahnen, daß ein "Abkaufen" der Gesundheit durch höhere Entlohnung von den Arbeitnehmern immer weniger akzeptiert wird.

- Im Kündigungsschutz hat eine Verlagerung zu einem "Abfindungsschutz" stattgefunden, so daß Diskussionen um eine Änderung der USchG bestehen.

- Insgesamt ist - als wohl einzige einheitliche Tendenz - eine zunehmende Verrechtlichung festzustellen, mit der Konflikte zunehmend aus dem Betrieb in die Gerichtssäle verlagert werden. Angesichts der Überlastung der Gerichte bleibt zu bezweifeln, ob diese Entwicklung den beteiligten Parteien zum Nutzen gereicht.

10.10.1 Einflußgrößen

Die weitreichendste rechtliche Kompetenz der am Arbeitsrecht beteiligten Institutionen hat der Gesetzgeber mit seinen nachgeordneten Behörden.

Er sichert letztendlich legislativ das Ergebnis der Auseinandersetzungen zwischen den anderen aus der Entwicklung des Arbeitsrechts interessierten Institutionen, insbesondere zwischen Arbeitgeberverbänden und Gewerkschaften.

Die konkreten Positionen, die in diese Auseinandersetzung Eingang finden, verändern sich unter dem Einfluß gesellschaftspolitischer und ökonomischer Entwicklungen sowie durch technische Neuerungen und Auswirkungen wissenschaftlicher Erkenntnisse. (So sieht z. B. das BetrVG bindend die Berücksichtigung neuer arbeitswissenschaftlicher Erkenntnisse bei der Gestaltung von Arbeitsplätzen vor.)

Es ist von daher nur auf dem Hintergrund einer allgemeinpolitischen Einschätzung möglich, Aussagen über die Entwicklung im Arbeitsrecht zu machen. Daher sollen im folgenden aktuelle Konfliktpunkte und die unterschiedlichen Positionen der verschiedenen Interessengruppen dazu benannt werden.

10.10.2 Diskussionspunkte

Die Diskussion um die Entwicklung des Arbeitsrechts verläuft auf zwei Ebenen.
Die Regelung der formalen Seite ist strittig. Es steht vor allem Fragen zur Debatte, die eine Vereinheitlichung des Arbeitsrechts betreffen, sowie die Detaillierungs- und Bindungsgrade der Vorschriften, und damit im Zusammenhang Möglichkeiten von Kontrolle und Sanktionen bei Rechtsverletzungen.
Die Arbeitnehmervertreter tendieren zu Regelungen, die mehr Transparenz und mehr Kontroll- und Sanktionsmöglichkeiten für die Betroffenen bieten. D. h., es wird ein einheitliches Arbeitsrecht gefordert, dessen Vorschriften einen hohen Detaillierungsgrad besitzen sollen, um es dem einzelnen Arbeitnehmer zu ermöglichen, ohne großen Aufwand seine Rechte zu erkennen und sie durchsetzen.

10.11 Wiederholungsfragen

1. Erklären Sie die Ursachen für die Unterschiede in der Wahl von Begriffen für die Aufgaben des Personalwesens.

2. Begründen Sie den dynamischen Aspekt des Personalwesens.

3. Benennen Sie einige Faktoren, die zur Herausbildung des Personalwesens in modernen Unternehmen führten.

4. Benennen Sie einige Anforderungen an ein modernes Personalwesen und begründen Sie diese.

5. Definieren Sie den Begriff "Personalverwaltung".

6. Unterscheiden Sie die Träger der einzelnen Aufgaben in der Personalverwaltung nach Betriebsgrößen und begründen Sie die Unterschiede.

7. Benennen Sie die "Routinetätigkeiten", die im Bereich der Personalverwaltung für die Personalabteilung anfallen.

8. Beschreiben Sie das Verhältnis von Personalabteilung und Fachabteilung.

9. Zählen Sie einige Möglichkeiten der Personalabteilung im Rahmen der Pesonalbeschaffung auf.

10. Nennen Sie einige Probleme bei der Bewerberauswahl.

11. Welche Aufgaben hat die Personalabteilung bei der Einstellung von Mitarbeitern, welche bei Entlassungen?

12. Welche gesetzliche Grundlage besteht für die Abwicklung von Lohn- bzw. Gehaltszahlungen?

13. Unterscheiden Sie betriebliche Sozialleistungen nach gesetzlich vorgeschriebenen, gesetzlich begünstigten, tarifvertraglich festgelegten und freiwilligen Leistungen. Nennen Sie je drei Beispiele.

14. Welche Aufgaben fallen unter "Personalbetreuung"? Welchen Charakter haben diese Aufgaben, und inwieweit können sie von einer Personalabteilung übernommen werden?

15. Begründen Sie die Schwierigkeiten, die bei der Ermittlung und Ausweisung von Kosten für betriebliche Bildungsmaßnahmen entstehen.

16. Welche Aufgaben ergeben sich für die Personalentwicklung hinsichtlich der Qualifikationsstruktur der Beschäftigten im Unternehmen?

17. Nennen Sie einige gesetzliche Grundlagen für den Aus- und Weiterbildungsbereich.

18. Skizzieren Sie kurz den Begriff "duales Ausbildungssystem".

19. Nennen Sie einige rechtliche Grundlagen.

20. Nennen Sie einige betriebsexterne Träger von Fort- und Weiterbildungsmaßnahmen.

21. Begründen Sie die Tatsache, daß viele Fort- und Weiterbildungsmaßnahmen aus den Betrieben ausgelagert werden.

22. Nennen Sie Schwerpunkte der betrieblichen Fort- und Weiterbildungsmaßnahmen von Großunternehmen.

23. Nennen und beschreiben Sie drei verschiedene Führungsstile.

24. Definieren Sie den Begriff "Personalplanung".

25. Nennen Sie die Interessenschwerpunkte von Arbeitgeber, Arbeitnehmer und Staat an der Personalplanung.

26. Welche Vorteile bieten langfristige, welche kurzfristige Planungsdaten?

27. Welche Vorteile entstehen aus der betriebsverfassungsrechtlichen Verankerung der Personalplanung?

28. Nennen Sie die rechtlichen Grundlagen der Personalplanung.

29. Welche Daten können, sollen und dürfen im Rahmen von Personalstatistiken erhoben werden?

30. Diskutieren Sie die Frage "Kosten" versus "Nutzen" von Personalstatistiken.

31. Nennen Sie einige wichtige Bestimmungen des Bundesdatenschutzgesetzes.

32. Welche Aufgaben hat die Personalbedarfsplanung?

33. Welche Rolle spielt in diesem Zusammenhang der Betriebsrat im Unternehmen?

34. Welche Unterschiede gibt es hinsichtlich Gegenstand und Methode zwischen quantitativer und qualitativer Bedarfsplanung?

35. Nennen Sie die Aufgaben der Personalbeschaffungsplanung.

36. Diskutieren Sie die Vor- und Nachteile der internen Beschaffung.

37. Welche Aufgaben hat die Personaleinsatzplanung?

38. Welche besonderen Probleme ergeben sich für die Personaleinsatzplanung hinsichtlich der Vergleichbarkeit von Anforderungen und Tätigkeiten?

39. Welche Daten benötigt die Personaleinsatzplanung?

40. Welche Einflußmöglichkeiten hat der Betriebsrat auf die Personaleinsatzplanung?

41. Welche Personengruppen sind besonders geschützt?

42. Beschreiben Sie die Aufgaben der Personalkostenplanung.

43. Was sind Personalkosten und wodurch entstehen sie?

44. Welche Instrumente können zur Personalkostenplanung eingesetzt werden, welche Schwierigkeiten ergeben sich hierbei?

45. Definieren Sie die Aufgaben der Personalentwicklungsplanung.

46. Welche Mitbestimmungsrechte hat der Betriebsrat bei der Personalentwicklungsplanung?

47. Wovon ist der Methodeneinsatz der Personalentwicklung abhängig?

48. Welche Probleme sehen Sie bei den Arbeitsgrundlagen der Personalentwicklungsplanung?

49. Aus welchen Gründen kommt es zum Personalabbau?

50. Welche Einflußmöglichkeiten hat der Betriebsrat?

51. Wozu dient die Personalabbauplanung?

52. Welche Möglichkeiten gibt es hinsichtlich des indirekten Personalabbaus?

53. Diskutieren Sie die These, daß im betrieblichen Bildungswesen die Vermittlung von sozialen Verhaltensweisen einen stärkeren Stellenwert erhält.

54. Welche Vorteile bzw. welche Probleme ergeben sich aus dem Einsatz der EDV im Personalwesen?

55. Geben Sie eine zusammenfassende Stellungnahme zu Funktion und Entwicklung des Personalwesens ab.

56. Welche Interessenkonflikte machen arbeitsrechtliche Regelungen notwendig?

57. Nennen Sie wesentliche Rechtsquellen des Arbeitsrechts.

58. Skizzieren Sie kurz die historische Entwicklung arbeitsrechtlicher Bestimmungen im deutschen Verfassungsrecht.

59. Welche Institutionen sind an der Arbeitsgesetzgebung und ihrer Umsetzung beteiligt?

60. Nennen Sie die wesentlichen Bestandteile der Sozialversicherung und ihre Träger.

61. Beschreiben Sie die gesetzliche Stufung der Interessenvertretung der Arbeitnehmer.

62. Nennen Sie die wichtigsten gesetzlichen Regelungen zur Mitbestimmung in der Bundesrepublik Deutschland.

63. Was sagt dieses Gesetz im Detail über die Mitbestimmung der AN?

64. Diskutieren Sie die verfassungsrechtlichen Implikationen.der Mitbestimmungsproblematik. Welche Bestimmungen des Grundgesetzes sind von ihr betroffen?

65. Wer entscheidet über Tarifvereinbarungen?

66. Welche Arten von TV sind Ihnen bekannt und was regeln sie?

67. Charakterisieren Sie die Wirkungen eines TV *ohne* besondere Geltungsvereinbarung.

68. Definieren Sie den Begriff "Friedenspflicht". Für welchen Zeitraum gilt sie?

69. Beschreiben Sie den Ablauf eines Tarifkonfliktes.

70. Wodurch ist in der Literatur die "Rechtmäßigkeit" eines Streiks festgelegt?

71. Welche Institutionen haben die bestehende Rechtslage vorrangig geschaffen?

72. Skizzieren Sie den Aufbau des BetrVG in seinen wichtigsten Teilen.

73. Beschreiben Sie den Gültigkeitsbreich des BetrVG. Finden Sie Beispiele.

74. Nennen Sie die wichigsten Regelungen zur Einrichtung eines Betriebsrates.

75. Welche Arten von Rechten hat der Betriebsrat? Beispiele.

76. Diskutieren Sie die Bestimmungen der § 90 und § 91 des BetrVG. Welche Probleme sehen Sie?

77. Welche Mitwirkungs- und Beschwerderechte hat der einzelne Arbeitnehmer?

78. Wie kommt ein Arbeitsverhältnis zustand?

79. Welche Rechte und Pflichten ergeben sich für die Vertragspartner in einem Arbeitsverhältnis?

80. Wie unterscheidet sich die Kündigung vertragsrechtlich von einem Arbeitsvertrag?

81. Welches Mitwirkungsrecht des BR existiert nach BetrVG im Falle einer Kündigung?

82. Wie ist das Arbeitsschutzrecht gegliedert; wie wirken die Organe zusammen?

83. Diskutieren Sie die Frage des Detaillierungsgrades arbeitsrechtlicher Vorschriften am Beispiel des Arbeitsschutzes.

84. Nennen Sie die wichtigsten Bestimmungen der AZO und des BUrlG.

85. Diskutieren Sie die Fragen der volks- und betriebswirtschaftlichen Kostenzurechnungen bei Arbeitsunfällen und arbeitsbedingten Erkrankungen.

86. Skizzieren Sie den Geltungsbereich von GewO und ArbStättO.

87. Diskutieren Sie die Notwendigkeit und Effizienz der behördlichen Überprüfung der Einhaltung von Arbeitsschutzvorschriften.

88. Diskutieren Sie die Frage der Festlegung von Grenzwerten für gesundheitsschädigende Einflüsse (z. B. Lärm, Chemikalien, Radioaktivität).

89. Definieren Sie die Begriffe
    - Arbeitsverhältnis,
    - Arbeitgeber,
    - Unternehmer,
    - Arbeitnehmer.

90. Welche Zulässigkeitskriterien für eine Kündigung definiert das KSchG?

91. Welche Sanktionen sieht das Gesetz bei Übertretung der Bestimmungen des Arbeitsschutzes vor?

92. Was versteht man unter MAK-Werten?

93. Welche Stoffe werden von den MAK-Werten ausgenommen?

94. Wer wacht über die Einhaltung des Arbeitsschutz-Rechtes?

95. Diskutieren Sie Kompetenzen und Eingriffsmöglichkeiten der einzelnen Organe.

10.12 Abkürzungen

Da im vorliegenden Text auf die Grundzüge der gesetzlichen Regelungen eingegangen wird, werden Gesetze im allgemeinen lediglich mit ihrer Bezeichnung, nicht aber mit Angabe der jeweiligen Fassung oder Änderungen zitiert. Die verwendeten Abkürzungen sind im folgenden erläutert:

ABlEG	Amtsblatt der Europäischen Gemeinschaft
Abs.	Absatz
AE	Anteilseigner
AFG	Arbeitsförderungsgesetz
AG	Arbeitgeber
AktG	Aktiengesetz
AN	Arbeitnehmer
AOK	Allgemeine Ortskrankenkasse
AR	Aufsichtsrat
ArbGG	Arbeitsgerichtsgesetz
ArbStättV	Arbeitsstättenverordnung
ArbStoffVO	Arbeitsstoffverordnung
Art.	Artikel
ASiG	Arbeitssicherheitsgesetz
AZO	Arbeitszeitordnung
BAG	Bundesarbeitsgericht
BAU	Bundesanstalt für Arbeitsschutz & Unfallforschung
BDA	Bundesverband deutscher Arbeitgeberverbände
BDI	Bundesverband der deutschen Industrie
BDSG	Bundesdatenschutzgesetz
BetrVG	Betriebsverfassungsgesetz (von 1972)
BfA	Bundesversicherungsanstalt für Angestellte
BG	Berufsgenossenschaft(en)
BGB	Bürgerliches Gesetzbuch
BKK	Betriebskrankenkasse(n)
BMA	Bundesministerium für Arbeit und Sozialordnung
BMFT	Bundesministerium für Forschung und Technologie
BR	Betriebsrat
BRG	Betriebsrätegesetz
Bsp.	Beispiel
BT	Bundestag
BUrlG	Bundesurlaubsgesetz
BV	Betriebsvereinbarung
BVG	Bundesverfassungsgericht

CGB	Christlicher Gewerkschaftsbund
DAG	Deutsche Angestelltengewerkschaft
DBB	Deutscher Beamtenbund
DFG	Deutsche Forschungsgemeinschaft
DGB	Deutscher Gewerkschaftsbund
DGP	Deutsche Gesellschaft für Personalführung
DIHT	Deutscher Industrie- und Handelstag
DIN	Deutsches Institut für Normung e.V.
DIN-DVGW	Deutscher Verein von Gas- und Wasserfachmännern e.V.
EG	Europäische Gemeinschaft
GBR	Gesamtbetriebsrat
GewO	Gewerbeordnung
GG	Grundgesetz
GmbH	Gesellschaft mit beschränkter Haftung
GtA	Gesetz über technische Arbeitsmittel
HGB	Handelsgesetzbuch
i. allg.	im allgemeinen
IG	Industriegewerkschaft
IHK	Industrie- und Handelskammer
iVm	in Verbindung mit
JArbSchG	Jugendarbeitsschutzgesetz
KA	Konzertierte Aktion
KGaA	Kommanditgesellschaft auf Aktien
KSchG	Kündigungsschutzgesetz
lat.	lateinisch
LFZG	Lohnfortzahlungsgesetz
LStK	Lohnsteuerkarte
LVA	Landesversicherungsanstalt
MAK	Maximale Arbeitsplatzkonzentration
MaschSchG	Maschinenschutzgesetz
MitbestG	Mitbestimmungsgesetz
MuSchG	Mutterschutzgesetz
o.J.	ohne Jahr
o.O.	ohne Ort

ppm	parts per million
RVO	Reichsversicherungsordnung
SchwbG	Schwerbehindertengesetz
sog.	sogenannt
TRK	Technische Richtwertkonzentration
TÜV	Technischer Überwachungsverein
TV	Tarifvertrag
TVG	Tarifvertragsgesetz
UVNG	Gesetz zur Neuregelung des Rechts der gesetzlichen Unfallversicherung
UVV	Unfallverhütungsvorschriften
VBG	Veröffentlichung der Berufsgenossenschaften
VDE	Verband deutscher Elektrotechniker
vgl.	vergleiche
vs.	versus (Lat.: (ent-)gegen)
WSV	Werkstattgerechte Schutzvorrichtung (Arbeitsblätter der Arbeitsgemeinschaft der Eisen- und Stahlberufsgenossenschaften)
ZEFU	Zentralstelle für Unfallverhütung und Arbeitmedizin des Hauptverbandes der gewerblichen Berufsgenossenschaften
ZH 1/...	Bestellnummer der Merkblätter der ZEFU
ZPO	Zivilprozeßordnung

10.13 Literaturhinweise

10.1 Bellinger, B.: Personalwesen, in: Handbuch der Betriebswirtschaft, Stuttgart 1958.

10.2 Bisani, F.: Personalwesen, Opladen 1976.

10.3 Panne, H.: Personalwesen, Bielefeld 1978.

10.4 Schwarz, H.: Betriebsorganisation als Führungsaufgabe, München 1969.

10.5 Gaugler, E.: Betriebliche Personalplanung, Göttingen 1974.

10.6 Geisler, E.B.: Manpower Planning: An Emerging Staff Function. Ama Management Bulletin No. 101, New York 1967.

10.7 REFA: Methodenlehre des Arbeitsstudiums Bd. 4.

10.8 Dedering, M.: Personalplanung und Mitbestimmung, Opladen 1972.

10.9 Marx, A.: Personalplanung in der modernen Wettbewerbswirtschaft, Baden-Baden 1963.

10.10 Ministerium für Wirtschaft, Mittelstand und Verkehr Baden-Württemberg (Hrsg.): Weiterbildung im Unternehmen, Stuttgart 1977.

10.11 Stopp, U.: Betriebliche Personalwirtschaft, Stutgart 1975.

10.12 Schönfeld, H.-M.: Personalplanung, in: Agyplan-Handbuch zur Unternehmensplanung, Berlin 1970.

10.13 REFA: Methodenlehre des Arbeitsstudiums, Bd. 6

10.14 Grochla, E.: Handwörterbuch der Organisation, Stuttgart 1969.

10.15 Simpendörfer, J.M.: Mitarbeiterbeurteilung, in: Management Enzyklopädie Bd. 4, München 1970, S. 643-655.

10.16 Olbrich, E.: Die Bewertung der Eignung im Rahmen eines Kommunikationssystems der Personalführung, in: Studienkommission für die Reform des öffentlichen Dienstrechts, Bd. 10, 1973. Der Bundesminister des Inneren.

10.17 Hoyos, D.G.: Arbeitspsychologie, Stuttgart 1974.

10.18 Hoyos, C.G.; Frieling, E.: Die Methodik der Arbeits- und Berufsanalyse, in: Handbuch der Berufspsychologie, Göttingen 1977, S. 103-140.

10.19 Dvorak, H.; Kannheiser, W.: Zum Wandel der Eignungsanforderungen im Schrankenwärterdienst - Eine Untersuchung mit dem "Arbeitsplatzanalyse-Fragebogen" PAQ, in: "Der Ärztliche Dienst". Amtliches Fortbildung- und Weiterbildungsorgan für die Ärzte der Deutschen Bundesbahn, 35. Jahrgang 1974, Heft 3/4, S. 41-44.

10.20 Schmale, H.; Schmidtke, H.: Eignungsprognose und Ausbildungserfolg, Köln und Opladen 1969, S. 35 ff.

10.21 Meyer, F.W.: Entwicklung einer rechnergestützten Methode zum Vergleich von Anforderungs- und Fähigkeitsdaten. Ein Beitrag zum Aufbau von Arbeitsplatz- und Personalinformationssystemen. Dissertation an den Rheinisch-Westfälischen Technischen Hochschule Aachen 1973.

10.22 Lienert, G.A.: Testaufbau und Testanalyse, Weinheim 1969.

10.23 Lutz, B.: Personalplanung in der gewerblichen Wirtschaft der Bundesrepublik Bd. I, München 1977.

10.24 Hueck-Nipperdey: Lehrbuch des Arbeitsrechts, 7. Auflage, Bd. I, Berlin und Frankfurt/M. 1963.

10.25 Däubler, W.: Das Arbeitsrecht, Rowohlt Reinbek 1976.

10.26 Däubler, W.: Das Arbeitsrecht 2, Rowohlt Reinbek 1979.

10.27 Schaub, G.: Der Betriebsrat, Beck-Rechtsinformation, dtv, München 1973.

10.28 Spinnarke, J.: Arbeitssicherheit, Beck-Rechtslexika, dtv, München 1978.

10.29 Gottschalk, F.; Gürtler, H.: Arbeitsschutz und Arbeitssicherheit, Luchterhand, Neuwied und Darmstadt 1979.

10.30 Kittner, M.: Arbeits- und Sozialordnung, Ausgewählte und eingeleitete Gesetzestexte. 4. Auflage, Bund-Verlag, Köln 1979.

10.31 Däubler, W.: Das soziale Ideal des Bundesarbeitsgerichts, 2. Auflage, Frankfurt-Köln 1975.

10.32 Zachert, in: Arbeit und Recht, 1977, S. 2.

10.33 Bullinger, H.J.; Hichert, R.: Kostenrechnung für Ingenieure, Vorlesungsmanuskript am IFF, Stuttgart 1977.

10.34 Schneider, H.: Die Interessenverbände, 4. Auflage,Verlag Olzog, München 1975.

10.35 Herbig, R.: Notizen aus der Sozial-, Wirtschafts- und Gewerkschaftsgeschichte. (Hrsg.: DGB-Bundesvorstand), Düsseldorf 1976.

10.36 Frankfurter Allgemeine Zeitung vom 11.12.1979.

10.37 Rottleuthner: Richterliches Handeln. Zur Kritik der juristischen Dogmatik, Frankfurt/Main, 1973.

10.38 Wassermann: Justiz im sozialen Rechtsstaat. Darmstadt und Neuwied 1974.

10.39 Bendix: Zur Psychologie der Urteilstätigkeit des Berufsrichters, Neuwied und Berlin 1968.

10.40 Dahrendorf, R.: Deutsche Richter. Ein Beitrag zur Soziologie der Oberschicht, in: Gesellschaft und Freiheit. München 1965, S. 185.

10.41 Birk: AR-Blattei, Direktionsrecht I, Übersicht B I 3.

10.42 Anthes, J.; Blume, O.; u. a.; Mitbestimmung - Ausweg oder Illusion? Rowohlt, Reinbek 1972.

10.43 Hackstein, R.: Arbeitswissenschaft im Umriß 1 u. 2, Girardet, Essen 1977.

10.44 Zöllner/Mikosch: Einführung in das Arbeitsrecht I und II, Verlag Beck, München 1979.

10.45 Biedenkopf, FS Kronstein, Karlsruhe 1967, S. 90 ff (zit. nach [10.25], S. 381).

10.46 o.V. Mitbestimmung: In der Praxis gleich Null. Wirtschaftswoche Nr. 8 v. 19.02.1979, S. 32-39.

10.47 Der STERN, Nr. 48/77, S. 266 f.

10.48 Sörgel, W.: Konsensus und Interessen. Eine Studie zur Entstehung des Grundgesetzes für die BRD, Stuttgart 1969.

10.49 Hartwich, H.H.: Sozialstaatspostulat und gesellschaftlicher Status quo, 2. Auflage, Opladen 1977.

10.50 Bergmann, J.; Jacobi, O,; u. a.: Gewerkschaften in der Bundesrepublik Deutschland, Frankfurt-Köln 1975.

10.51 Däubler, W.; Mayer-Maly, Th.: Negative Koalitionsfreiheit? Tübingen 1971.

10.52 BAG: Arbeitsrechtliche Praxis Nr. 1 und 2 (zit. nach [10.25]), S. 69-337.

10.53 Osterland, M.; Deppe, W.; u. a.: Materialien zur Lebens- und Arbeitssituation der Industriebearbeiter in der BRD, Frankfurt/Main 1973.

10.54 Goldberg, in: Blätter für die deutsche und intenationale Politik, 1977, S. 376 (zit. nach [10.25]) (vgl. hierzu auch [10.77]).

10.55 Weitbrecht: Effektivität und Legitimation der Tarifautonomie, Berlin 1969.

10.56 Hueck, A.; Nipperdey, H.C.; Stahlhacke, E.: Kommentar zum Tarifvertragsgesetz, 4. Auflage, München und Berlin 1964.

10.57 Jacobi; Müller-Jentsch; Schmidt: Gewerkschaften und Klassenkampf, Kritisches Jahrbuch, Frankfurt/Main 1972 ff, hier: Kalbitz, ebd., 1973, S. 114.

10.58 Zöllner: Aussperrung und arbeitskampfrechtliche Parität, Düsseldorf 1974 (hier: S. 8, zit. nach [10.25]).

10.59 o.V. Mitbestimmung ohne Wenn und Aber; DER SPIEGEL, 10/1979 v. 05.03.1979, S. 21 ff.

10.60 Globus-Graphik Nr. 3069; aus: Erziehung und Wissenschaft, Heft 4/79, S. 2.

10.61 Schmidt, E.: Die verhinderte Neuordnung 1945 - 52, 2. Auflage, Frankfurt/M. 1971.

10.62 BetrVG v. 15. Jan. 1972 (BGBR I S. 13) (mit Änderungsgesetzen bis 2. März 1974).

10.63 ABlEG, 1975 Nr. L 48, S. 29, zit. nach [10.25].

10.64 Weber-Bitzer: Arbeitsrecht- und Sozialfibel, 12. Auflage, Bund-Verlag Köln, 1975.

10.65 Götz, H.: Arbeitsrecht, Vieweg, Braunschweig 1976.

10.66 Rutenfranz, J.; Singer: Aktuelle Probleme der Arbeitswelt, Nacht- und Schichtarbeit, Umgebungseinflüsse am Arbeitsplatz, Gentner, Stuttgart 1971.

10.67 Bundesanstalt für Arbeitsschutz und Unfallforschung (Hrsg.): Arbeitsstätten - Vorschriften und Richtlinien (Vertrieb beim Hrsg.), Dortmund, o.J.

10.68 Unfallverhütungsbericht der Bundesregierung, BT-Drucksache 7/189, S. 164.

10.69 Andrese: in Kasiske, R. (Hrsg.): Gesundheit am Arbeitsplatz, Rowohlt, Reinbek 1976 (S. 132).

10.70 Fitting, K.; Auffahrt, F.; Kaiser, H.: Betriebsverfassungsgesetz, Handkommentar, 12. Auflage, München 1977.

10.71 Funke, Geißler, Thomae: Gesundheitsverschleiß und Industriearbeit, Frankfurt - Köln 1974.

10.72 Wörterbuch der Arbeitssicherheit (v. P. Volkmann), Universum Verlagsanstalt, Wiesbaden 1973/75.

10.73 Sammelwerk der Einzel-Unfallverhütungsvorschriften der gewerblichen Berufsgenossenschaften (VBG-Vorschriften), o. O., o. J.; zu beziehen über: Carl Heymanns Verlag KG, 5 Köln 1, Gereonstraße 18-32.

10.74 Voigt, F.; Franke, A; Jokl, S.: Die volkswirtschaftlichen Kosten der Arbeitsunfälle - eine empirische Analyse der makro-ökonomischen Folgewirkungen von Arbeitsunfällen in der Bundesrepbulik Deutschland für das Jahr 1972 (=Forschungsvorhaben F 113 der BAU, Dortmund).

10.75 REFA, Methodenlehre des Arbeitsstudiums.

10.76 Kasiske, R. (Hrsg.): Gesundheit am Arbeitsplatz. Rowohlt, Reinbek 1976.

10.77 Institut der Deutschen Wirtschaft (Hrsg.): Zahlen zur wirtschaftlichen Entwicklung der Bundesrepublik Deutschland, Ausgabe 1980; Deutscher Instituts-Verlag, Köln, 1980.

10.78 Weymar, H.-P.: Jugendarbeitsschutz - mißachtet und nicht verstanden, in [10.76].

10.79 Warnecke, H.-J.; Kohl, W.: Höherqualifizierung in neuen Arbeitsstrukturen. Z.Arb.wiss. (1979) 2, S. 62.

10.80 Untersuchung der Sozialwissenschaftlichen Forschungsgruppe am Max-Planck-Institut für ausländisches und internationales Privatrecht. Hamburg, im Auftrag des Bundesarbeitsministeriums. Zitat nach Stuttgarter Zeitung v. 29.04.1981.

10.81 Janzen, K.-H.: Im namen des volkes?, in: Der Gewerkschafter 11/80, S. 10.

10.82 Weltz, F.: Personalentwicklung Teil G. In: Bullinger, H.-J.: (Hrsg.): Handbuch des Informationsmanagements in Unternehmen, Teil II. C. H. Beck, München 1951, S. 1141 1270.

10.83 Duhnsen, R.: Nätze,J.; Schlund, R.: Fertigungsinseln als zukunftsweisendes Produktionskonzept. In: Arbeitswissenschaften 34 (1990) Heft 4, S. 250-255.

10.84 Schneider, J.: Zuverlässigkeit, Verträglichkeit, Verletzlichkeit, Haftung (1991). In: Bullinger, H.-J. (Hrsg.): Handbuch des Informationsmanagements in Unternehmen, Teil II. Beck, C.H., München 1951, S. 1376-1409.

10.85 Bellgardt, Peter (Hrsg.) (1990). EDV-Einsatz im Personalwesen. Entwicklungen, Anwendungsbeispiele, Datensicherheit und Rechtsfragen. Heidelberg: Sauer.

10.86 Brödner, Peter (1986). Fabrik 2000. Alternative Entwicklungspfade in die Zukunft der Fabrik. Berlin: Edition Sigma.

10.87 Bundesminister für Bildung und Wissenschaft, Referat Öffentlichkeitsarbeit (Hrsg.) (1990). Berufsbildungsbericht 1990. Bad Honnef: Bock.

10.88 Däubler, Wolfgang (1987). Gläserne Belegschaft? Datenschutz für Arbeiter, Angestellte und Beamte. Köln: Bund-Verlag.

10.89 Deutscher Gewerkschaftsbund, Bundesvorstand, Abt. BeruflicheBildung (Hrsg.) (1987). Berufliche Bildung. Arbeitshilfen zur Berufsbildung. Erweiterte Fassung / Stand: Dezember 1986. Beschlüsse des Bundesausschusses für Berufsbildung (§ 50 BBiG) zur Ordnung und Durchführung der Berufsbildung. Bochum: Berg-Verlag.

10.90 Droege & Comp. (1991). Zukunftssicherung durch strategische Unternehmensführung. Düsseldorf: Wirtschaftswoche/Gesellschaft für Wirtschaftpublizistik.

10.91 Ehmann, Christoph; Heidemann, Winfried (1990). Weiterbildung im Strukturwandel. Ein Handbuch für die Praxis. Düsseldorf: Hans-Böckler-Stiftung.

10.92 Fitting; Auffarth, Kaiser; Heither (1990). Betriebsverfassungsgesetz. Handkommentar. München: Vahlen. 16. Aufl.

10.93 Grundlagen der Weiterbildung e.V. Hagen-Bonn (Hrsg.) (1989). Grundlagen der Weiterbidung/Praxishilfen. Neuwied: Luchterhand.

10.94 Heidack, Wolfgang (Hrsg.) (1989). Lernen der Zukunft. Kooperative Selbstqualifikation.

10.95 Herzog, Hans-Henning (1990). Arbeit und Technik. Chancen und Risiken für die Arbeitswelt von morgen. Bonn: Projektträgerschaft des BMFT "Arbeit und Technik".

10.96 Hildebrandt, Eckart; Seltz Rüdiger (1989). Wandel betrieblicher Sozialverfassung durch systematische Kontrolle? Die Einführung computergestützter Produktionsplanungs- und -steuerungssysteme im bundesdeutschen Maschinenbau. Berlin: Edition Sigma.

10.97 Kettgen, Gerhard(1989). Moderne Personalentwicklung in der Wirtschaft. Anspruch, Modell, Realisierung. Ehningen bei Böblingen: Expert.

10.98 Malsch, Thomas; Seltz, Rüdiger (Hrsg.) (1989). Die neuen Produktionskonzepte auf dem Prüfstand. Beiträge zur Entwicklung der Industriearbeit. Berlin: Edition Sigma.

10.99 Meiser, Michael; Wagner, Dieter; Zander, Ernst(1991). Personal und neue Technologien. Organisatorische Auswirkungen und personalwirtschaftliche Konsequenzen. München: Oldenbourg.

10.100 Olesch, Gunther (1988). Praxis der Personalentwicklung. Weiterbildung im Betrieb. Heidelberg: Sauer.

10.101 Riekhof, Hans-Christian (Hrsg.) (1989). Strategien der Personalentwicklung: Beiersdorf, Bertelsmann, BMW, Dräger, Esso, Hewlett-Packard, IBM, Nixdorf, Opel, Otto-Versand, Philipps. Wiesbaden: Gabler. 2., erw. Auflage.

10.102 Scholz, Christian (1991). Personalmanagement. Informationsorientierte und verhaltenstheoretische Grundlagen. München: Vahlen. 2., verb. Aufl.

10.103 Thom, Robert (1987). Personalentwicklung als Instrument der Unternehmensführung. Konzeptionelle Grundlagen und empirische Studien. Stuttgart: Poeschel.

10.104 Weiss, Reinhold (1990). Die 26-Mrd-Investition - Kosten und Strukturen betrieblicher Weiterbildung. Berichte zur Bildungspolitik 1990 des Instituts der deutschen Wirtschaft. Köln: Deutscher Instituts-Verlag.

10.105 Bundesdatenschutzgesetz (1991). Mit Landesdatenschutzgesetzen, Kirchengesetzen über den Datenschutz. München: Beck. 3., neubearb. Aufl.

11 Rechnungswesen

11.1 Einleitung

Grundkenntnisse der Betriebswirtschaftslehre muß in immer stärker werdendem Maße auch der Ingenieur besitzen, da seine Arbeit zunehmend die Bewältigung komplexer Problemstellungen auf technisch-betriebswirtschaftlichen Grenzgebieten verlangt. Als Beispiele seien hierzu nur Investitionsplanung, technisch-wirtschaftliches Konstruieren und die Auswahl optimaler Fertigungsverfahren genannt.

Aus den betriebswirtschaftlichen Disziplinen ist für diese Aufgaben vor allem das betriebliche Rechnungswesen - und da im besonderen die Kostenrechnung - bedeutungsvoll.

Im folgenden wird dazu ein Überblick über die Aufgaben des betrieblichen Rechnungswesens gegeben, und dann werden die Schwerpunkte Kostenartenrechnung, Kostenstellenrechnung und Kostenträgerrechnung im Rahmen der Kostenrechnung behandelt, ohne hier eine Vertiefung vorzunehmen (vgl. hierzu [11.1]).
Die Strukturierung und die Ergebnisse des Rechnungswesens werden durch die Gesetzgebung beeinflußt und unterliegen damit Anpassungsänderungen. So wirkt sich gegenwärtig die beschlossene Wirtschaftsunion in der Europäischen Gemeinschaft aus, da bis zum 1. Januar 1993 eine Vergleichbarkeit der wirtschaftlichen Tätigkeit von Unternehmen in der Gemeinschaft erreicht werden muß. Die im folgenden dargestellten grundsätzlichen Vorgänge behalten dabei natürlich ihre Gültigkeit.

Wesentlicher ist das Bemühen, das Rechnungswesen der technischen Entwicklung anzupassen. Damit ist einerseits die Integration von Informationsfluß- und Materialflußabläufen gemeint, andererseits die Tendenz zur Dezentralisierung von Verantwortung und Entscheidung in kleinere Gruppen. Information als wesentlichster Aufwand wird nicht als Kostenart erfaßt, so daß insbesondere Wirtschaftlichkeitsbetrachtungen zum Rechnereinsatz schwierig sind. Ähnliches gilt für den organisatorischen und den logistischen Aufwand, der ebenfalls nicht explizit erscheint und dadurch häufig unterschätzt wird. So besteht z. B. die große Gefahr, daß ein Produktangebot aus vielen Varianten kalkulatorisch günstiger erscheint als wenige umfassendere komplexe Produkte. Dem Wunsch des Betriebsingenieurs nach besserer Transparenz und verursachungsgerechter Kostenzuordnung steht die Notwendigkeit gegenüber, den Aufwand für das Rechnungswesen möglichst gering zu halten. Eine wissenschaftlich fundierte Weiterentwicklung ist aber unbedingt erforderlich.

So wäre es wünschenswert, zwei wesentliche Aufwandbereiche gesondert zu erkennen und zu erfassen:

- Der technische Aufwand von der Erkenntnis oder Idee einerseits bzw. dem Problem oder der Forderung andererseits über die gestalterische Information des Konstrukteurs und deren Einprägung über Maschinen und/oder manuelle Tätigkeiten in Werkstoffe zum Produkt.
- Der logistische Aufwand von der Bestellung oder dem Produktionsprogramm zur Auslieferung an den Kunden. Bei der Gestaltung einer Produktion muß darauf geachtet werden, daß die Summe von Prozeß- und Logistikaufwand ein Minimum wird.

Es ist zu beachten, daß Informationen aus dem Rechnungswesen nur die Vergangenheit, bestenfalls die Gegenwart wiedergegeben. Ihre Aussagefähigkeit bezüglich der Zukunft ist deswegen begrenzt. Man sucht deshalb Investitionsentscheidungen in ihren Risiken und Chancen durch Simulationsstudien und Sensitivitätsanalysen besser aufzubereiten. Bei solchen Betrachtungen muß auch beachtet werden, daß frühe Einnahmen attraktiver sind als späte und die zugrunde gelegte Diskontierung bei steigender Unsicherheit um eine Risikoprämie erhöht werden muß. Diese auf Portofolio-Analysen und der Kapitalmarkt-Theorie aufbauende Vorgehensweise wird in amerikanischen und japanischen Unternehmen zunehmend angewendet. Sie erweitern damit die bekannte Kapitalwertmethode der dynamischen Wirtschaftlichkeitsrechnungen.

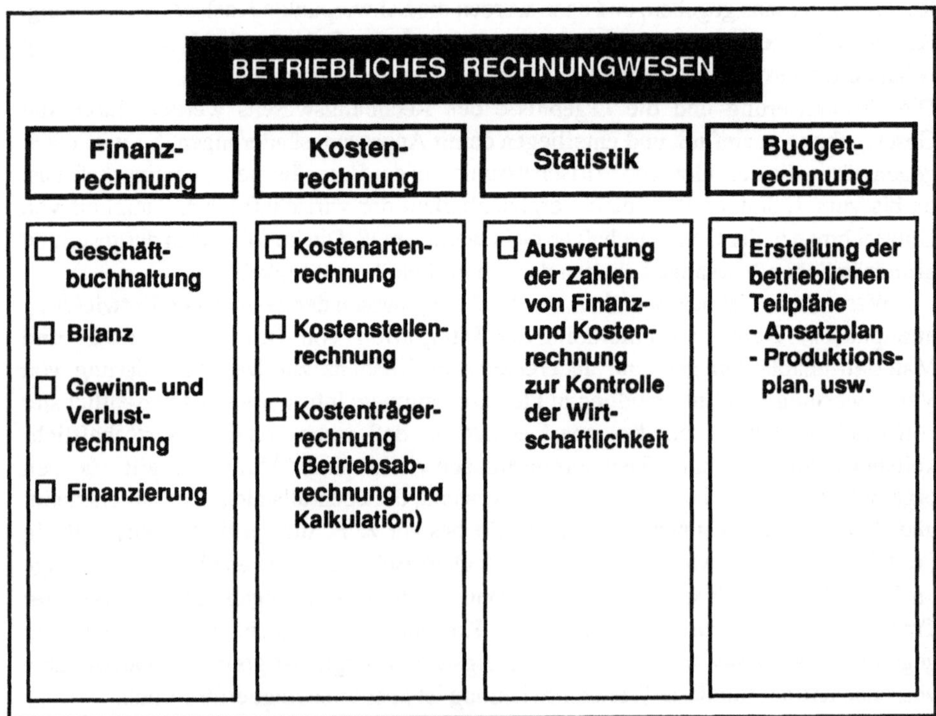

Bild 11.1 Gliederung des betrieblichen Rechnungswesens [11.1, 11.2]

11.2 Abgrenzung

Die Aufgabe des betrieblichen Rechnungswesens besteht in der mengen- und wertmäßigen Erfassung und Überwachung aller betrieblichen Vorgänge bei Beschaffung, Produktion, Absatz und Finanzierung. Es soll dabei in der geeigneten Form ein quantitatives Abbild von Wirtschaftsabläufen und Wirtschaftstatbeständen darstellen, das je nach Art der Rechnung vergangenheits-, gegenwarts- oder zukunftbezogen ausgelegt sein kann.

Betrachtet man das Zahlenwerk, so gliedert sich das Rechnungswesen in den Nominalgüter- und in den Realgüterumlauf. Der Nominalgüterumlauf umfaßt die Wertbewegungen, die auf *Zahlungsvorgänge* zurückzuführen sind (pagatorische Rechnungen, wie z. B. die Gewinn- und Verlustrechnung); der Realgüterumlauf umfaßt den von den finanziellen Abläufen losgelösten *Leistungsprozeß* (kalkulatorische Rechnung bzw. Kostenrechnung).

Neben diesen beiden Hauptaufgaben des betrieblichen Rechnungswesens werden häufig noch die beiden Aufgaben Statistik/Vergleichsrechnung und Budgetrechnung/ Planungsrechnung genannt (Bild 11.1). Diese vier Aufgaben des Rechnungswesens sind Gegenstand der nachfolgenden Abschnitte.

11.3 Finanzrechnung

11.3.1 Aufgaben der Finanzrechnung

Aufgabe der Finanzrechnung (Finanz- oder Geschäftsbuchhaltung) ist in erster Linie die Ermittlung des Jahreserfolges (Gewinn oder Verlust) sowie die Darstellung von Größe, Zusammensetzung und Veränderung von Vermögen und Kapital (Bilanz). Daneben zählen dazu die Aufgaben der Finanzierung, also die Planung des zukünftigen Kapitalbedarfs und die Durchführung/Kontrolle der Finanzbewegungen. Dieses Rechnungssystem erfaßt in Form der doppelten Buchführung chronologisch alle wirtschaftlich bedeutenden Vorgänge (Geschäftsvorfälle), die sich in Zahlenwerten niederschlagen.

Die Verbuchung der Geschäftsvorfälle erfolgt anhand von Belegen auf die einzelnen Konten. Ein Konto ist eine Rechnungsstelle, die gleichartige Geschäftsvorfälle aufnimmt. Jedes Konto hat zwei Seiten; eine Seite für den Anfangsbestand und die Zugänge, die andere Seite für die Abgänge und den Endbestand.

Da in einer größeren Unternehmung zahlreiche Konten zu führen sind, hat es sich als buchungstechnisch günstig erwiesen, sie nach dem dekadischen System zu ordnen. Die Konten werden zunächst in 10 *Kontenklassen* mit folgender Formalstruktur eingeteilt (Bild 11.2).

BILANZKONTEN

Kontenklasse 0: Sachanlagen und immaterielle Anlagenwerte **Kontenklasse 1: Finanzanlagen und Geldkonten** **Kontenklasse 2: Vorräte, Forderungen und aktive Rechnungsabgrenzungsposten**	**aktive Bestands-konten**
Kontenklasse 3: Eigenkapital, Wertberichtigungen und Rückstellungen **Kontenklasse 4: Verbindlichkeiten und passive Rechnungsabgrenzungsposten**	**passive Bestands-konten**

ERFOLGSKONTEN

Kontenklasse 5: Erträge	**Ertragskonten**
Kontenklasse 6: Material- und Personalaufwendungen, Abschreibungen und Wertberichtigungen **Kontenklasse 7: Zinsen, Steuern und sonstige Aufwendungen**	**Aufwandskonten**

ERÖFFNUNG UND ABSCHLUSS

Kontenklasse 8 : Eröffnung und Abschluß

KOSTEN- UND LEISTUNGSRECHNUNG

Kontenklasse 9 : Frei für Kosten- und Leistungsrechnung

Bild 11.2 Aufteilung der Buchungskonten in Kontenklassen (Beispiel: Industriekontenrahmen [11.3])

Für weitere Spezifizierungen kann jede Kontenklasse in 10 *Kontengruppen*, jede Kontengruppe in 10 Kontenarten und ggf. jede Kontenart in 10 Kontenunterarten unterteilt werden:

Kontenklasse	0	1	....	9
Kontengruppen	00-09	10-19	....	90-99
Kontenarten	000-099	100-199	....	900-999
Kontenunterarten	0000-0999	1000-1999	....	9000-9999

Die speziell von einem bestimmten Unternehmen aufgestellte Ordnung der Konten heißt *Kontenplan* (Bild 11.3). Bei der Entwicklung des Kontenplans kann sich das Unternehmen nach einer Ordnung richten, die z. B. von dem Wirtschaftsverband der betreffenden Branche erarbeitet worden ist. Solche Ordnungsvorschläge heißen *Kontenrahmen*. Sie sind für die verschiedenen Wirtschaftszweige sehr unterschiedlich (z. B. Großhandelskontenrahmen, Industriekontenrahmen). Ihre Verwendung erspart eine unternehmensspezifische Festlegung und erleichtert zwischenbetriebliche Vergleiche.

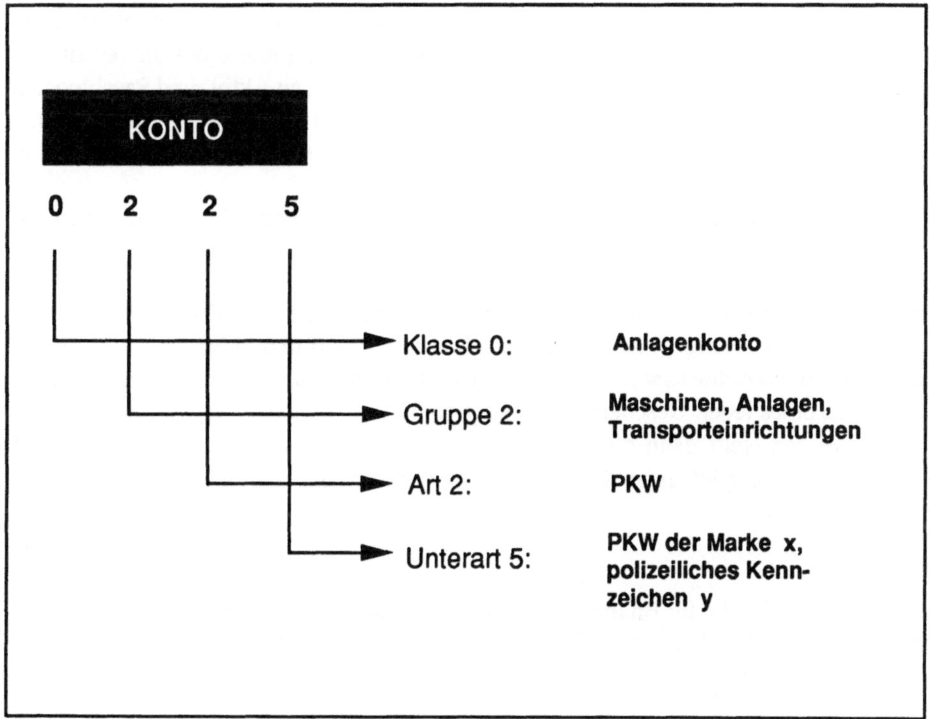

Bild 11.3 Beispiel für einen Kontenplan

Am Ende des Geschäftsjahres stellt jedes Unternehmen einen Jahresabschluß auf. Neben Inventur, Bilanz und Gewinn- und Verlustrechnung zählt bei Aktiengesellschaften noch der erläuterte Geschäftsbericht zum Jahresabschluß.

Einige grundlegende Informationen zum Wesen und Aufbau dieser Rechnungen sind im folgenden zusammengestellt.

11.3.2 Bilanz

11.3.2.1 Wesen der Bilanz

Die *Bilanz* ist eine Gegenüberstellung von Vermögen (Aktiva) und Kapital (Passiva) eines Unternehmens zu einem bestimmten Stichtag (Zeitpunkt-Bilanz oder Beständerechnung) oder während einer Periode (Zeitraum-Bilanz oder Bewegungsbilanz).

Unter Vermögen versteht man die Gesamtheit aller immateriellen (z. B. Lizenzen) und materiellen Güter (z. B. Anlagen), in denen das Kapital des Unternehmens investiert ist; unter Kapital versteht man die Summe aus Beteiligungsansprüchen der Eigentümer (Eigenkapital) und die Darlehensansprüche der Gläubiger (Fremdkapital). Die Passivseite der Bilanz zeigt demnach die Mittelherkunft, die Aktivseite die Mittelverwendung.

Wenn der Begriff Bilanz ohne näheren Zusatz in betriebswirtschaftlichen Zusammenhängen gebraucht wird, so wird darunter am Ende eines Jahres die zu erstellende Beständerechnung verstanden, die die Bestände an Aktiv- und Passivposten am Bilanzstichtag gegenüberstellt. Die Bestände übernimmt man aus den Bestandskonten der Buchhaltung, muß sie jedoch anhand der tatsächlichen Bestände, die durch eine Inventur ermittelt werden, korrigieren.

Die Inventur ist eine körperliche Bestandsaufnahme; unter ihr versteht man die Aufnahme aller Vermögensteile durch Zählen, Messen, Wiegen, Schätzen sowie die anschließende Bewertung zum Bilanzstichtag. Das Ergebnis der Inventur ist das *Inventar*, ein detailliertes Verzeichnis aller Vermögensgegenstände (z. B. Grundbesitz, Maschinen, Materialien, Forderungen, Kassenbestand, Bankguthaben) und Schulden (z. B. Bank- und Lieferantenkredite usw.). Das Inventar wird bei Gründung des Unternehmens sowie am Schluß eines jeden Geschäftsjahres aufgestellt.

Die Bilanz stellt dann die im Inventar enthaltenen Vermögensgegenstände und Kapitalanteile lediglich unter Angabe ihres Wertes artmäßig zusammengefaßt dar (Bild 11.4, Bild 11.5).

Außerdem werden in die Bilanz *Rechnungsabgrenzungsposten* aufgenommen, die zur Abgrenzung des Erfolges der betroffenen Abrechnungsperiode gegenüber demjenigen einer folgenden dienen.

Bilanz zum 31.12.19......	
AKTIVA	**PASSIVA**
Anlagevermögen □ Sachanlagen □ Immaterielle Anlagen □ Finanzanlagen	**Eigenkapital** □ Grundkapital □ Gesetzl. Rücklagen □ Freie Rücklagen
Umlaufvermögen □ Sachumlaufvermögen z. B. Rohstoffe □ Finanzumlaufvermögen z. B. Wertpapiere	**Fremdkapital** □ Rückstellungen z. B. Pensionen □ Langfristige Verbindlichk. □ Kurzfristige Verbindlichk.
Aktive Rechnungsabgrenzungsposten	Passive Rechnungsabgrenzungsposten
ggf. Bilanzverlust	ggf. Bilanzgewinn

Bild 11.4 Inhalt und Gliederung einer Jahresbilanz

Auf der Aktivseite der Bilanz werden außer den Gütern des Anlage- und Umlaufvermögens die *aktiven* Rechnungsabgrenzungsposten ausgewiesen:

- alle Ausgaben, die im abgelaufenen Jahr getätigt werden, aber Aufwendungen des kommenden Jahres betreffen (z. B. im voraus gezahlte Löhne);
- alle Erträge, die im abgelaufenen Jahr erzielt wurden, aber erst im kommenden Jahr zu Einnahmen führen (z. B. noch nicht eingegangene Mieten).

Auf der Passivseite der Bilanz werden außer dem Eigen- und Fremdkapital die *passiven* Rechnungsabgrenzungsposten ausgewiesen:

- Alle Erträge, für die bereits Einnahmen auf der Aktivseite erfaßt wurden, die jedoch erst im kommenden Jahr zu erbringen sind und nicht als Verbindlichkeiten erscheinen (z.B. im voraus erhaltene Mieten);
- alle Aufwendungen, die im laufenden Jahr anfielen, für die aber erst durch zukünftige Rechnungsstellung Ausgaben im folgenden Jahr entstehen werden (z.B. noch zu zahlende Mieten, die erst im Folgejahr fällig werden, aber den Abrechnungszeitraum betreffen).

AKTIVA	30.09.*5	Veränd. *5 / *6	30.09.*6
Sachanlagen	3 542	447	3 989
Beteiligungen	560	55	615
Ausleihungen und Ausgleichsposten	38	34	72
Summe Anlagenvermögen	4 140	536	4 676
vermietete Erzeugnisse	772	22	750
Bestände	3 403	192	3 211
Forderungen und sonstige Vermögensgegenstände	6 600	135	6 735
Flüssige Mittel und Wertpapiere	3 393	1 273	4 666
Summe Umlaufvermögen	14 168	1 194	15 362
	18 308	1 730	20 038

PASSIVA	30.09.*5	Veränd. *5 / *6	30.09.*6
Grundkapital	1 576	18	1 594
Rücklagen	3 845	294	4 239
Anteile im Fremdbesitz	310	86	396
Summe Eigenkapital	5 371	498	6 229
Pensionsrückstellungen	2 286	545	2 831
sonstige Rückstellungen	3 446	90	2 831
Finanzschulden	3 440	81	3 521
andere Verbindlichkeiten	3 165	501	3 666
Summe Fremdkapital	12 337	1 217	12 849
Bilanzgewinn	600	15	960
	18 308	1 730	20 038

Bild 11.5 Bilanz einer großen Aktiengesellschaft; Angaben in Mio. DM [11.4]

Neben den Beständen an Aktiv- und Passivposten wird durch den Saldo zwischen Aktiva und Passiva der Periodenerfolg ausgewiesen, der jedoch keinerlei Aufschluß über die Entstehung des Erfolges gibt. Dies ist Aufgabe der Gewinn- und Verlustrechnung (vgl. Abschnitt 11.3.3).

11.3.2.2 Arten und Aufgaben der Bilanz

In Abhängigkeit vom Zweck, dem die Bilanz dienen soll, können verschiedene *Arten* unterschieden werden (Bild 11.6).
Während das Unternehmen eine Bilanz unter den Gesichtspunkten

- Ermittlung des Erfolges,
- Ermittlung betriebswirtschaftlicher Kennzahlen,
- Bewertung der Bilanzpositionen usw.

MÖGLICHE KRITERIEN	BILANZEN
1. Regelmäßigkeit der Aufstellung	a. laufende, ordentliche Bilanzen z. B. Eröffnungsbilanz Schlußbilanz b. gelegentl. außerordentl. Bilanzen z. B. Gründungsbilanz Umwandlungsbilanz Liquidationsbilanz Zwischenbilanz
2. rechtliche Vorschriften	a. Handelsbilanz b. Steuerbilanz
3. Länge der Bilanzperiode	a. Jahresbilanz b. Rumpfjahres-,Halbjahresbilanz usw.
4. Informationsbereich	a. Externe Bilanz b. Interne Bilanz
5. Zwecksetzung	a. Vermögensfeststellungsbilanz b. Erfolgsermittlungsbilanz
6. Organisatorische Gesichtspunkte	a. Einzelbilanz b. Gesamtbilanz

Bild 11.6 Gliederungskriterien zur Unterscheidung der Bilanzarten

aufstellt, hat der Gesetzgeber der jährlichen Bilanz im wesentlichen folgende Aufgaben zugewiesen:

- Schutz der Gläubiger vor falschen Informationen über die Vermögens- und Ertragslage;
- Schutz der Gesellschafter vor falschen Informationen über die Vermögens- und Ertragslage;
- Schutz der am Unternehmen interessierten Öffentlichkeit vor falschen Informationen über die Vermögens- und Ertragslage;
- Schutz des Unternehmens vor einem plötzlichen, wirtschaftlichen Zusammenbruch im Interesse der Belegschaft (Sicherung der Arbeitsplätze) und der gesamten Volkswirtschaft.

11.3.3 Gewinn- und Verlustrechnung (GuV-Rechnung)

11.3.3.1 Aufgaben und Inhalte der GuV-Rechnung

Unter Gewinn- und Verlustrechnung ist die in Verbindung mit der Bilanz am Ende eines Jahres aufzustellende Gegenüberstellung der Aufwendungen und Erträge zu verstehen. Während in der Bilanz der Erfolg einer Abrechnungsperiode als Saldo durch Gegenüberstellung von Vermögens- und Kapitalposten zu einem Zeitpunkt (Bilanzstichtag) ermittelt wird, saldiert die Gewinn- und Verlustrechnung sämtliche Erträge und Aufwendungen einer Abrechnungsperiode, die sie aus den Erfolgskonten (Bild 11.2) der Buchhaltung übernimmt. Die GuV-Rechnung ermittelt somit nicht nur den Erfolg als Saldo, sondern zeigt auch die Quellen des Erfolges auf, d. h. sie erklärt sein Zustandekommen.

Die Gewinn- und Verlustrechnung, auch *Erfolgsrechnung* genannt, enthält in systematischer Übersicht

- Aufwendungen, z. B. Löhne, Gehälter, Materialien, Energie; ferner soziale Aufwendungen, Abschreibungen, Zinsen, Steuern usw. sowie
- Erträge, z. B. Erlöse für verkaufte Leistungen; Zins- und Dividendenerträge aus Wertpapieren; Miet-, Pacht-, Lizenzerträge usw..

Saldo dieser Rechnung ist der Erfolg (Gewinn oder Verlust).

Die Erfolgsrechnung (GuV-Rechnung) ist eine *Aufwands- und Ertragsrechnung*, keine Ausgaben- und Einnahmenrechnung. Nur ein Teil der Aufwendungen und Erträge einer Abrechnungsperiode stimmt mit den Ausgaben und Einnahmen dieses Zeitraums überein; anderen Aufwendungen und Erträgen sind Ausgaben und Einnahmen in früheren Perioden vorausgegangen oder folgen in späteren Perioden nach, z. B. Abschreibungen auf Maschinen (Ausgaben früher, Aufwand jetzt), Verbrauch von Rohstoffen, die auf Kredit gekauft worden sind (Aufwand jetzt, Ausgabe später),

Lieferungen aufgrund früherer Anzahlungen (Einnahmen früher, Ertrag jetzt) oder Forderungen aus Warenlieferungen (Ertrag jetzt, Einnahme später) (vgl. [11.1]).

11.3.3.2 Grundsätze für das Erstellen der GuV-Rechnung

Die Grundsätze ordnungsgemäßer kaufmännischer Buchführung und Bilanzierung gelten für die Erfolgsrechnung sinngemäß. Sie hat in erster Linie klar und übersichtlich zu sein. Das wird wie bei der Bilanz durch eine entsprechend ausführliche Gliederung der Aufwands- und Ertragspositionen erreicht.

Die Aufgabenstellung der GuV-Rechnung kann in verschiedenen Formen erfolgen:

- Kontoform oder Staffelform:
  Durch die Neufassung der aktienrechtlichen Gewinn- und Verlustrechnung durch das Gesetz über die Kapitalerhöhung aus Gesellschaftsmitteln und über die Gewinn- und Verlustrechnung vom 23. Dezember 1959, ist neben der bis dahin in Deutschland üblichen und für die Aktiengesellschaft zwingend vorgeschriebenen *Kontoform* auch die vorwiegend in USA gebräuchliche *Staffelform* für die Gewinn- und Verlustrechnung

Umsatzerlöse	3 038	
Bestandsveränderungen	+ 252	
		3 290
Andere aktive Leistungen		17
Gesamtleistung		3 307
Materialaufwand		1 641
Rohertrag		1 666
Erträge aus Zinsen	94	
Erträge aus Beteiligung	11	
Sonstige Erträge	187	292
		1 958
Personalaufwand	1 096	
Abschreibungen	122	
Wertminderung Umlaufvermögen	34	
Zinsen	28	
Steuern	106	
Sonstiger Aufwand	528	
		1 914
Jahresüberschuß		44
Rücklagendotierung		21
Bilanzgewinn		23

Bild 11.7 In Staffelform vereinfacht dargestellte Gewinn- und Verlustrechnung einer Aktiengesellschaft; Angaben in Mio. DM [11.4]

zulässig geworden. Nach § 157 Absatz 1 Aktiengesetz von 1965 ist für Aktiengesellschaften nur noch die Staffelform erlaubt, deren Vorteil die größere Übersichtlichkeit durch Bildung von Zwischensummen ist, die den Charakter betriebswirtschaftlicher Kennzahlen haben und damit die Aussagekraft der Erfolgsrechnung erheblich erweitern können (Bild 11.7).

- Bruttoprinzip oder Nettoprinzip:
Beim *Bruttoprinzip* werden sämtliche Aufwendungen und Erträge ohne jede Saldierung gegenübergestellt. Nur so sind die Voraussetzungen gegeben, daß sämtliche Erfolgsquellen voll ersichtlich sind. Beim *Nettoprinzip* werden die Aufwands- und Ertragspositionen entweder völlig oder teilweise gegeneinander aufgerechnet; im Extremfall erscheint nur noch der Gewinn oder Verlust. Je größer die Zahl der Aufwands- und Ertragsarten ist, die miteinander verrechnet werden, und je ungleichartiger ihre Zusammensetzung ist, desto geringer ist der Aussagewert des Saldos.

11.3.4 Analyse der Bilanz sowie der Gewinn- und Verlustrechnung

11.3.4.1 Aufgaben der Analysen

Es ist naheliegend, wenngleich nicht gesetzlich erforderlich, daß das bilanzierende Unternehmen nach Erstellung seiner Bilanz sowie Gewinn- und Verlustrechnung eine Analyse beider Rechnungen vornimmt. Eine solche Bilanzanalyse vom Standpunkt des bilanzierenden Unternehmens aus bedeutet vor allem die Durchführung eines Vergleichs mit den entsprechenden Rechnungen der Vorjahre (abgekürzt oft *Zeitvergleich* genannt).

Im übrigen werden Bilanzanalysen auch von einzelnen Aktionären, von Aktionärgruppen und -vereinigungen, von Banken und anderen Gläubigern, von Arbeitnehmern und Gewerkschaften, durch die Wirtschaftspresse sowie durch eigens darauf spezialisierte Institute vorgenommen. Dabei richtet sich das Augenmerk dieser Gruppen notwendigerweise zunächst nur darauf, die einzelnen Positionen der betrachteten Bilanz sowie Gewinn- und Verlustrechnung unter Zuhilfenahme des Geschäftsberichts und von Vergleichsbilanzen richtig zu interpretieren, also die Bilanzerstellung gleichsam nachzuvollziehen. Die Interessengruppen haben naturgemäß ferner das Bestreben, sich durch eine Bilanzanalyse Tatbestände und Sachverhalte zu erschließen, die der Verwaltung der Aktiengesellschaft ohnehin bekannt sind, sowie die Angaben und Vorschläge der Verwaltung etwa in bezug auf den verdienten Gewinn, die Gewinnausschüttung, die Notwendigkeit von Kapitalausführungen, die Haftungsgrundlage und die Sicherheit der Arbeitsplätze zu überprüfen.

Die Bilanzanalyse hat also sehr unterschiedliche Schwerpunkte, je nachdem, ob sie durch das bilanzierende Unternehmen selbst oder von Aktionären, Gläubigern, Arbeitnehmern vorgenommen wird.

11.3.4.2 Analyse einzelner wichtiger Positionen der Bilanz sowie der GuV-Rechnung

Einzelne wichtige Positionen des abgeschlossenen Geschäftsjahres (z. B. Gewinn, Grundkapital, Umsatz usw.) werden mit den entsprechenden Positionen der Vorjahre oder mit den entsprechenden Positionen anderer Unternehmen verglichen.
Voraussetzung für die Gegenüberstellung solcher Größen aus mehreren Bilanzen sowie GuV-Rechnungen ist die Vergleichbarkeit der Größen.

11.3.4.3 Analyse der Bilanz sowie der GuV-Rechnung durch Bildung von Relationen

Um bei der Beurteilung von Positionen die Qualitätsunterschiede deutlicher zum Ausdruck bringen zu können, bedarf es der Ermittlung und Gegenüberstellung relativer Größen. Es werden deshalb einzelne Positionen der Bilanz sowie der GuV-Rechnung zueinander in Beziehung gesetzt und die sich ergebenden Relationen mit den entsprechenden der Vorjahre oder anderer Unternehmen verglichen. Hierbei können

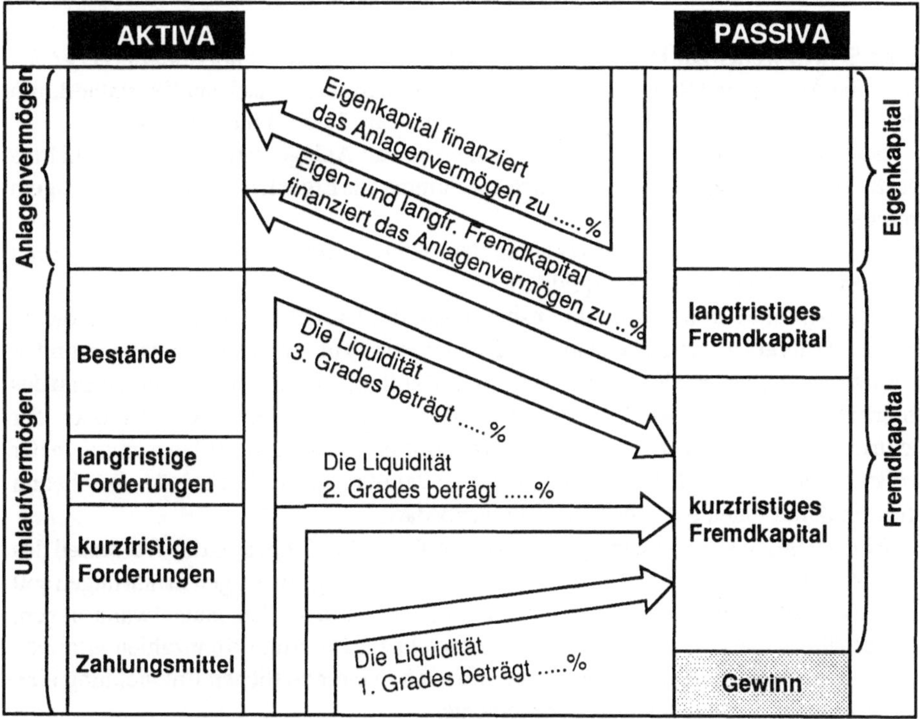

Bild 11.8 Beispiel einer Bilanzanalyse durch Bildung von Relationen

Kennzahlen zur Vermögensstruktur, Kapitalstruktur, Aufwandsstruktur, Liquidität (siehe Kap. 11.3.5.3) ermittelt werden. Der besseren Verdeutlichung dient die nachfolgende graphische Darstellung, die einige wichtige Relationen vertikal und horizontal aufzeigt (Bild 11.8).

Die *Kapitalstruktur* eines Unternehmens stellt einen *vertikalen Vergleich* von Passivgrößen dar. Sie ist davon abhängig, ob Sicherheits- oder Rentabilitätsüberlegungen der Vorrang eingeräumt wird. Außerdem ist sie von der Branche, der Betriebsgröße, der Vermögensstruktur und den Finanzierungsmöglichkeiten abhängig. Wichtige Kennzahlen der Kapitalstruktur sind:

$$\text{Kapitalanspannungsgrad} = \frac{\text{Fremdkapital}}{\text{Gesamtkapital}}$$

$$\text{Fremdkapitalstruktur} = \frac{\text{Fremdkapital}}{\text{Eigenkapital}}$$

Einen Schritt weiter zur Beurteilung der Finanzstruktur geht der *horizontale Vergleich* zwischen Aktiva- und Passivagrößen. Hier stellt sich die Frage nach der Kapitalherkunft und der Finanzierung der Vermögensteile (siehe Kap. 11.3.5 Finanzierung).

So wird z. B. für den Anlagendeckungsgrad das Anlagevermögen ins Verhältnis gesetzt zum Eigenkapital oder aber auch zur Summe aus Eigenkapital und langfristigem Fremdkapital.

Ferner kann die Kapitalfristigkeit zu dem Umlaufvermögen in Beziehung gesetzt werden (siehe Kap. 11.3.5.3 Liquidität).

Das Bemühen in den Produktionsbetrieben, die Durchlaufzeiten der Aufträge zu senken, hat als ein wesentliches Ziel, den Kapitalbedarf zum Erreichen eines bestimmten Umsatzes zu senken, wodurch automatisch der Kapitalumschlag und die Rentabilität des Unternehmens erhöht werden. In vielen Betrieben des Maschinenbaus oder der Elektrotechnik ist das Verhältnis von Umsatzerlös eines Jahres zur Bilanzsumme in der Größenordnung von 1:1. Der Kapitalbedarf ist damit relativ zu hoch, jedes Wachstum erfordert damit einen entsprechenden Finanzbedarf.

Eine wichtige Kennzahl ist auch die eigene Wertschöpfung, also der Wertanteil des Umsatzerlöses, der nicht von außen bezogen wird. Nach gegenwärtigen Erfahrungen soll diese Wertsschöpfung mindestens sechzig Prozent über dem Personalaufwand liegen, ein Verhältnis von 2:1 ist als sehr gut zu bezeichnen. Derartige Kennzahlen erlauben sowohl zwischenbetriebliche Vergleiche wie auch in ihrer zeitlichen Entwicklung eine Beurteilung der Leistungen des Managements.

11.3.4.4 Analyse der Bilanz durch Bildung einer Bewegungsbilanz

Die *Bewegungsbilanz* stellt die Differenzen aller einzelnen Vermögens- und Kapitalbestände zweier aufeinanderfolgenden Bilanzen des gleichen Unternehmens dar, sie erfaßt also die Veränderungen dieser Bestände während einer Abrechnungsperiode (Bild 11.9). Die Bewegungsbilanz (oft auch als *Kapitalflußrechnung* oder *Zeitraumbilanz* bezeichnet) ist kein weiteres selbständiges Zahlenwerk neben der Bilanz und der GuV-Rechnung, sondern ein weiteres Instrument der Bilanzanalyse.

Eine Bewegungsbilanz kann folgende Informationen liefern:

- Betriebseinnahmen, insbesondere aus Umsatzerlösen;
- Betriebsausgaben, insbesondere für Material, Personal, Fremdleistungen und Abgaben;
- Überschuß der Betriebseinnahmen über die Betriebsausgaben;
- Ausgaben für Finanz- und Sachanlageninvestitionen sowie für immaterielle Investitionen;
- Finanzbedarf, der sich aus einem Überschuß der Investitionsausgaben über die betrieblichen Nettoeinnahmen ergibt;
- langfristige Außenfinanzierung durch Eigen- und Fremdkapital;
- Ausschüttung an die Gesellschafter;
- Veränderung der liquiden Mittel, eventuell abzüglich der kurzfristigen Verbindlichkeiten.

Die Bewegungsbilanz ist primär ein Instrument der externen Bilanzanalyse, da viele Informationsgrößen für die interne Bilanzanalyse durch eine Einzahlungs- und Auszahlungsrechnung besser ermittelt werden können.

Mittelverwendung	**Bewegungsbilanz**	**Mittelherkunft**
I Vermögenszulage (Aktiva)		**I Vermögensabgänge (Aktiva)**
Anlagevermögen		**Anlagevermögen**
Umlaufvermögen		**Umlaufvermögen**
II Kapitalabgänge (Passiva)		**II Kapitalzugänge (Passiva)**
Kapitalentnahmen		**Kapitaleinlagen**
Gewinnausschüttung		**Rücklagen**
Schuldentilgung		**Rückstellungen**
		Schuldenaufnahme
Bilanzverlust		**Bilanzgewinn**

Bild 11.9 Formaler Aufbau einer Bewegungsbilanz

11.3.4.5 Analyse der Bilanz und der GuV-Rechnung durch eine Cash-flow-Rechnung

Die Gewinn- und Verlustrechnung sowie die Bilanz eines Unternehmens lassen sich ergänzend in Richtung einer sogenannten *Cash-flow-Rechnung* auswerten.

Dieser Begriff ist höchst mißverständlich, denn es ist damit nicht etwa nur der Bargeld- und Buchgeldfluß in der abgelaufenen Bilanzperiode gemeint. Zudem kommt der Begriff des Cash-flow in der umfangreichen Literatur zu diesem Thema in mehreren Varianten vor. Einheitlichkeit besteht nur insofern, als man in der Cash-flow-Rechnung bestimmte Größen aus der Gewinn- und Verlustrechnung sowie aus der Bilanz zusammenfaßt. Meistens handelt es sich dabei um den Gewinn, die Abschreibungen und die gebildeten Rückstellungen. So verwendet das Institut für Bilanzanalyse in seinen Bilanzanalysen den Begriff des Cash-flow in folgender Bedeutung:

Cash-flow = Summe aus:

- Jahresüberschuß,
- Gesamtabschreibungen und
- Vermehrung der eigenkapitalähnlichen Mittel.

Häufig wird der Cash-flow definiert als Gewinn, vermehrt um die nicht-auszahlungswirksamen Aufwendungen. Konsequenterweise muß man jedoch auch die nicht-einzahlungswirksamen Erträge berücksichtigen und den Cash-flow vollständig definieren als

Cash-flow = Gewinn, vermindert um die nicht-liquiden Erträge und vermehrt um die nicht-liquiden Aufwendungen.

Ein Beispiel für eine derartige Cash-flow-Rechnung ist im Bild 11.10 dargestellt.

Manchmal wird der Cash-flow auch definiert als der vom Unternehmen in der abgelaufenen Bilanzperiode erwirtschaftete Betrag, der für Investitionen, Schuldentilgung und Dividenden zur Verfügung steht. Der Cash-flow dient dann eher der Beurteilung der Ertragskraft.

Bilanzgewinn	23 052
+ Einstellungen in freie Rücklagen	21 000
- Gewinnvortrag Vorjahr	192
= Jahresüberschuß	43 860
+ Einstellungen in Sonderposten mit Rücklagenanteil	6 294
+ Bildung von langfristigen Rückstellungen (Pensionen + sonstige)	1 172 293
+ Abschreibungen	122 310
- Zuschreibungen	155 239
- Aktivierte Eigenleistungen	16 945
- Bestandserhöhung fertiger und unfertiger Erzeugnisse	251 940
= cash flow	920 633

Bild 11.10 Ermittlung des Cash-flow einer Aktiengesellschaft; Angaben in 1000 DM [11.4] (vgl. Bild 11.5 und 11.7)

11.3.5 Finanzierung

11.3.5.1 Der Begriff der Finanzierung

Mit dem Begriff der *Finanzierung* verbindet sich die Kapitalbeschaffung, während der Begriff der *Investition* die Kapitalverwendung beinhaltet. Beide Begriffe stehen in engem Zusammenhang, denn eine Mittelverwendung hat das Vorhandensein und damit die Beschaffung der finanziellen Mittel zur Voraussetzung. Eine Investitionsplanung ist deshalb nur in Verbindung mit einer entsprechenden Finanzplanung von Bedeutung.

Die Kapitalbeschaffung schlägt sich auf der Passivseite der Bilanz nieder und zeigt, welche Teile des Kapitals dem Betrieb in Form von Eigenkapital (z. B. vom Unternehmer, Anteilseigner usw.) zur Verfügung stehen, und welche Teile in Form von Fremdkapital (z. B. von Banken, Lieferanten usw.) zur Verfügung gestellt werden.

Eine Finanzierung ist nicht immer identisch mit einer Geldbeschaffung, sondern sie liegt auch dann vor, wenn z. B. eine Aktiengesellschaft eine Kapitalerhöhung durch Ausgabe junger Aktien vornimmt und die Übernehmer der Aktien als Gegenwert statt

Geld Sacheinlagen zur Verfügung stellen. Ob der vermögensmäßige Gegenwert des zur Nutzung überlassenen Kapitals (Eigen- oder Fremdkapital) in Form von Geld, Gütern oder Wertpapieren zur Verfügung gestellt wird, ist für den Finanzierungsbegriff ohne Belang.

11.3.5.2 Arten der Finanzierung

Mit dem Begriff der Finanzierung verbindet sich nicht nur die Beschaffung von Eigen- und Fremdkapital von außen, sondern auch die Beschaffung von Kapital aus dem betrieblichen Umsatzprozeß. Die Arten der Finanzierung lassen sich in folgender Struktur darstellen (Bild 11.11).

Entstammen die Mittel nicht dem betrieblichen Umsatzprozeß, sondern fließt das Kapital von außen zu, so spricht man von *Außenfinanzierung*. Die Außenfinanzierung kann ein Vermögenszuwachs einerseits durch eine Einlagen- und Beteiligungsfinanzierung (*Eigenfinanzierung*, z. B. durch Zuführung von Eigenkapital durch Unternehmer bzw. Erwerb von Anteilen durch Aktionäre), andererseits durch eine Kreditfinanzierung (*Fremdfinanzierung*, Zuführung von Fremdkapital) sein.

Entstammen die Mittel dem betrieblichen Umsatzprozeß, so spricht man von *Innenfinanzierung*, und es ist zu unterscheiden zwischen einem Vermögenszuwachs und einer Vermögensumschichtung (Wiedergeldwerdung investierter Geldbeträge). Die Finanzierung aus Vermögenszuwachs läßt sich differenzieren in die Finanzierung aus Gewinnen (Eigenfinanzierung) und die Finanzierung aus Rückstellungen (Fremdfinanzierung). Die Finanzierung aus Rückstellungen stellt deshalb eine Fremdfinanzierung dar, weil z. B. die den Pensionsrückstellungen entsprechenden Vermögenswerte zum Zwecke späterer Auszahlung an die berechtigten Arbeitnehmer angesammelt werden.

Die Finanzierung aus Vermögensumschichtung (Eigen- oder Fremdfinanzierung, z.B. durch Zuführung von Eigenkapital oder Kredit) teilt man in die Finanzierung von Reininvestitionen aus Umsatzerlösen und die Finanzierung von Nettoinvestitionen aus Umsatzerlösen ein. Die Finanzierung von Reininvestitionen bedeutet die Wiederholung der bisherigen Investitionen, wobei die Gesamtkapazität und die Periodenkapazität unverändert bleiben. Die Finanzierung von Nettoinvestitionen ist die Mittelfreisetzung zur Durchführung zusätzlicher Investitionen, wobei die Gesamtkapazität unverändert bleibt, die Periodenkapazität jedoch stimmt.

Anmerkung: Die Gesamtkapazität einer Anlage ist gleich der Periodenkapazität multipliziert mit der Nutzungsdauer. Die jeweils verbleibende Gesamtkapazität nimmt folglich im Zeitablauf um die bisherige Leistungsabgabe ab, ohne daß dadurch die Periodenkapazität beeinflußt werden muß.

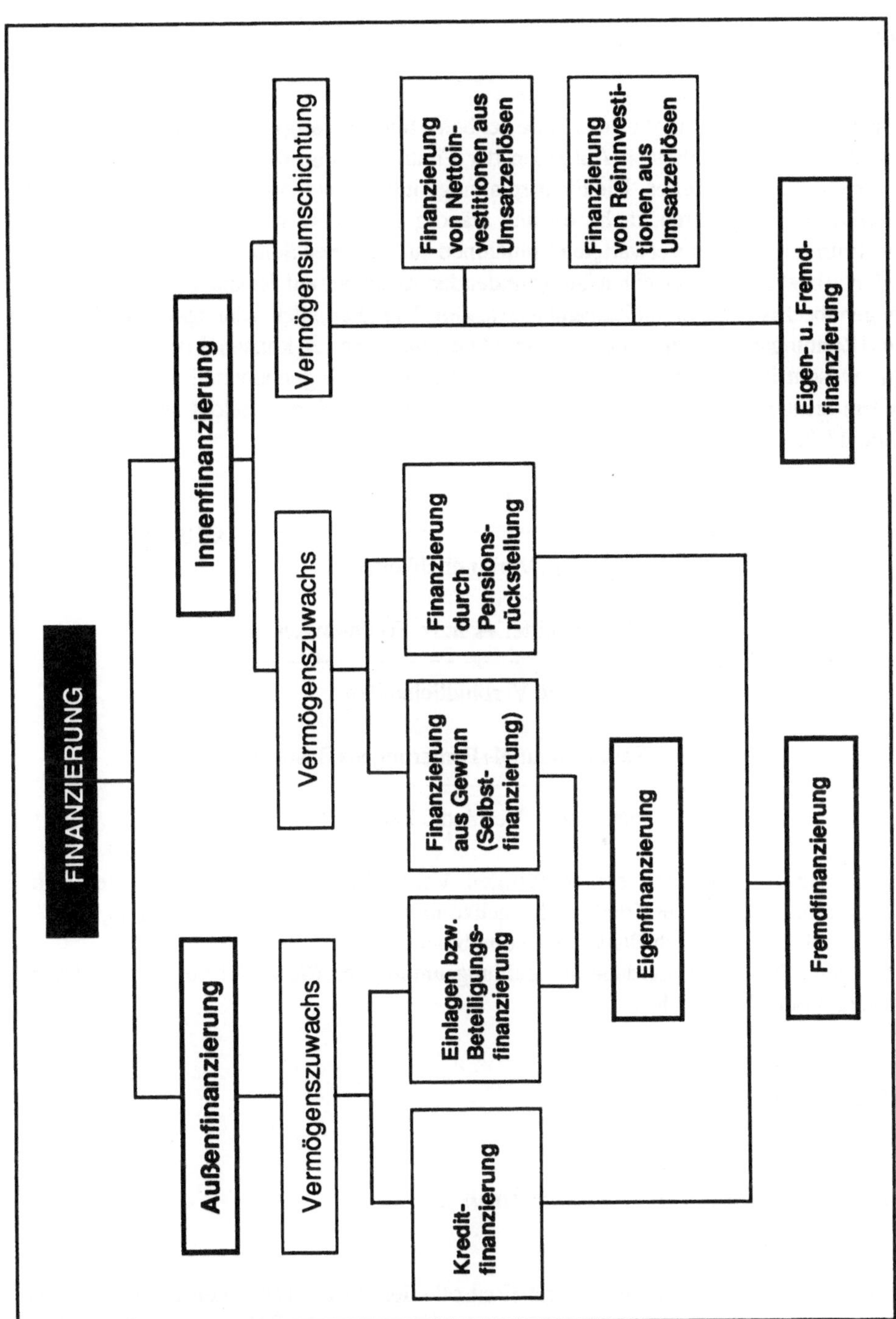

Bild 11.11 Arten der Finanzierung [11.2]

11.3.5.3 Liquidität

Da die Zahlungsunfähigkeit das Ende der betrieblichen Tätigkeit bedeuten kann, gehört es mit zu den wichtigsten Aufgaben der Finanzplanung, die Zahlungsfähigkeit des Betriebes sicherzustellen. Die Finanzplanung muß also eine ständige Überwachung der *Liquidität* durchführen, d. h., es sind ständig die sofort verfügbaren sowie die zu bestimmten Terminen erwarteten Einnahmen auf der einen Seite und die sofort fälligen oder zu bestimmten Terminen fällig werdenden Ausgaben auf der anderen Seite einander gegenüberzustellen. Liquidität beinhaltet also die Fähigkeit, allen Zahlungsverpflichtungen und Zahlungsnotwendigkeiten fristgerecht nachkommen zu können. Man unterscheidet im wesentlichen drei Liquiditätsgrade, die durch Gegenüberstellung bestimmter Vermögenspositionen und kurzfristiger Verbindlichkeiten gebildet werden (vgl. Bild 11.8).

$$\text{Liquidität 1. Grades} = \frac{\text{Zahlungsmittel}}{\text{kurzfristige Verbindlichkeiten}} \times 100$$

$$\text{Liquidität 2. Grades} = \frac{\text{Zahlungsmittel + kurzfr. Forderungen}}{\text{kurzfristige Verbindlichkeiten}} \times 100$$

$$\text{Liquidität 3. Grades} = \frac{\text{Zahlungsmittel + Forderungen + Bestände}}{\text{kurzfristige Verbindlichkeiten}} \times 100$$

Kann das Unternehmen seinen fälligen Verbindlichkeiten aufgrund einer Zahlungsunfähigkeit nur kurzfristig nicht nachkommen, so spricht man von *Unterliquidität*, die beispielsweise durch Bankkredite überbrückt werden kann.
Dagegen führt eine längerdauernde Zahlungsunfähigkeit (*Iliquidität*) in der Regel zum Konkurs oder Vergleich.

11.4 Kostenrechnung

11.4.1 Aufgaben der Kostenrechnung

Aufgabe der Kostenrechnung ist die Kontrolle der Wirtschaftlichkeit der Produktion durch Erfassen, Verteilen und Zurechnen der Kosten, die im Rahmen der spezifischen Aufgaben des Betriebs anfallen.

Die Kostenrechnung bildet im einzelnen die Grundlage für:

- Kalkulation (Angebotspreis, Preisuntergrenze)
- Betriebskontrolle (Vergleich von Kosten und Erträgen, Vergleich von Soll- und Istkosten)
- Betriebsposition und Betriebspolitik (z. B. Grundlage für Investitionsplanungen).

Die gesamte Kostenrechnung gliedert sich in drei Bereiche, die jeweils ihre besonderen Aufgaben übernehmen (vgl. [11.5]).

- Die *Kostenartenrechnung* dient der vollständigen Erfassung der Kosten nach Arten (Lohn, Material, Abschreibung usw.) in der Dimension: Kostenart/Periode.
- Durch die mit Hilfe eines Betriebsabrechnungsbogens durchgeführte *Kostenstellenrechnung* werden die nicht unmittelbar dem Erzeugnis zurechenbaren Kosten (Gemeinkosten wie Hilfslöhne, Verbrauchsmaterial) auf die Kostenstellen in der Dimension: Kosten/Periode verteilt.
- Die *Kostenträgerrechnung* als Kostenträgerzeitrechnung (Betriebsergebnisrechnung) ermittelt den Gewinn als Gewinn/Periode, die Kostenträgerstückrechnung (Kalkulation) ermittelt die Kosten je Erzeugnis als Kosten/Stück. Als Kostenträger werden Kalkulationsobjekte wie beispielweise Einzelteile, Baugruppen oder Kundenaufträge bezeichnet.

11.4.2 Der Begriff Kosten

Kosten sind der bewertete Verzehr an Gütern (Materialverbrauch, Abschreibungen usw.) und Dienstleistungen (Löhne, Sozialkosten usw.) zur Erstellung und zum Absatz der betrieblichen Erzeugnisse sowie zur Aufrechterhaltung der Betriebsbereitschaft. In der Kostenrechnung spielt vor allem die Abgrenzung von Aufwand und Kosten eine Rolle, da Kosten im Gegensatz zum Aufwand nur den Werteverzehr im Rahmen der betrieblichen Leistungserstellung (Betriebsbezogenheit) darstellen. Für einen wirtschaftlichen Betrieb müssen die Kosten geringer sein als die Erlöse.

Aufwand ist der gesamte erfaßte Verbrauch der Produktionsfaktoren Arbeit, Kapital und Material (Werteverzehr) in einer Abrechnungsperiode. Bei der Durchführung der Gewinn- und Verlustrechnung wird der Aufwand von den Erträgen (Umsatzerlös, Bestandserhöhung) zur Erfolgsermittlung (Gewinn oder Verlust) abgezogen. Für einen wirtschaftlichen Betrieb muß der Aufwand geringer sein als der Ertrag.

Dagegen bilden *Ausgaben* in Form von Bargeldzahlungen, Schuldenerhöhung und Forderungsverminderung den Gegenwert zu den vom Unternehmen getätigten Käufen. Für einen wirtschaftlichen Betrieb müssen die Ausgaben geringer sein als die Einnahmen.

Für die Gliederung der Kosten werden die in Bild 11.12 angegebenen Gesichtspunkte verwendet [11.6].

MERKMALE ZUR KOSTENGLIEDERUNG	ERLÄUTERUNGEN
Verhalten der Kosten bei Änderungen der Kapazitätsausnutzung	fixe und variable Kosten
Zurechenbarkeit der Kosten auf die Kostenträger	Einzelkosten und Gemeinkosten
Häufigkeit des Auftretens	einmalige und laufende Kosten
Zusammensetzung der Kosten	einfache und zusammengesetzte Kosten
Grad der Bereinigung von Zufällen ("Art der Tatsächlichkeit")	Ist-, Normal- und Plankosten
Stelle der Entstehung (Funktionen)	Beschaffungs-, Fertigungs-, Vertriebskosten, usw.
Art der Kosten (Art der Verursachung)	Material-, Personal-, Kapitalkosten, usw.

Bild 11.12 Gliederungsgesichtspunkte der Kosten

Einzelkosten sind alle Kosten, die von einem einzelnen Kostenträger verursacht werden und ihm direkt zugerechnet werden können (Bild 11.13).

Gemeinkosten sind dagegen Kosten, die gemeinsam für mehrere Produkte anfallen. Sie lassen sich nur mit Hilfe von Verteilungsschlüsseln den Produkten zurechnen.

Die *Gesamtkosten*, die beim Erstellen betrieblicher Leistungen entstehen, lassen sich in beschäftigungsfixe (zeitabhängige) und beschäftigungsvariable (mengenabhängige) Kosten aufspalten.

Fixe Kosten fallen unabhängig von der Höhe der Beschäftigung für einen bestimmten Zeitraum in gleicher Höhe an. Sie sind als Kosten der Betriebsbereitschaft zeitabhängig (z. B. Gebäudekosten, Abschreibungen nach der Kalenderzeit, Gehälter innerhalb der Kündigungsfrist).

Variable Kosten verändern sich mit der Ausbringung. Ausbringung und Kosten können dabei in einer linearen, progressiven oder degressiven Beziehung zueinander stehen (z. B. Akkordlöhne, Energieverbrauch, Fertigungsmaterial).

Werden die Gesamtkosten einer Abrechnungsperiode durch die während dieser Periode hergestellten Produkteinheiten (Stückzahl) dividiert, so erhält man die *Durchschnittskosten* je Stück.

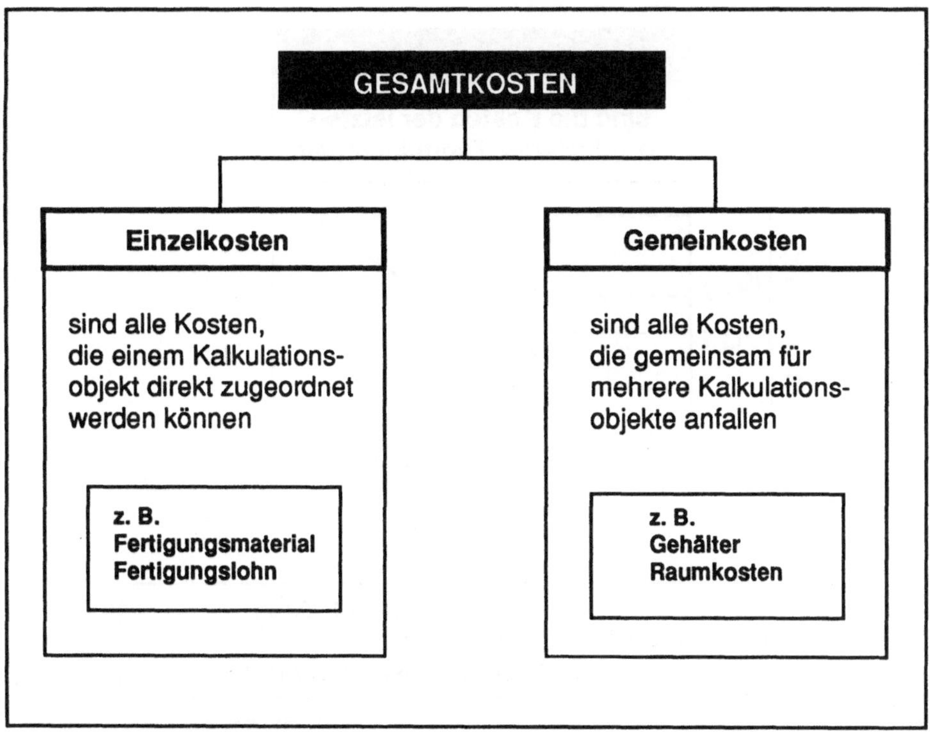

Bild 11.13 Abgrenzung der Begriffe Einzel- und Gemeinkosten

$$\text{Durchschnittskosten} = \frac{\text{Periodengesamtkosten}}{\text{Stückzahl}}$$

Langfristig muß ein Unternehmen mindestens die Durchschnittskosten über den Preis der Produkte abdecken, wenn die betriebliche Substanz erhalten und die Existenz nicht gefährdet werden soll.

Harte Konkurrenz auf den Absatzmärkten und ständig wechselnde Auftragslage erschweren die gleichmäßige Auslastung der Produktionskapazität.
Deshalb haben die neu entstehenden oder wegfallenden Kosten der letzten Produktionseinheit - die sogenannten Grenzkosten - an Bedeutung gewonnen.

Man bestimmt die Grenzkosten, indem man die Produktionsmenge um eine Einheit verändert und die sich daraus ergebende Kostenveränderung ermittelt (Bild 11.14). Mathematisch ergeben sich die Grenzkosten K' durch Ableitung der Gesamtkosten KG nach der Ausbringung x.

Bei linearem Gesamtkostenverlauf stimmen die Verläufe der Grenzkostenkurve und der variablen Stückkostenkurve überein. Grenzkosten können sowohl für das Unternehmen als Ganzes als auch für das einzelne Erzeugnis ermittelt werden.

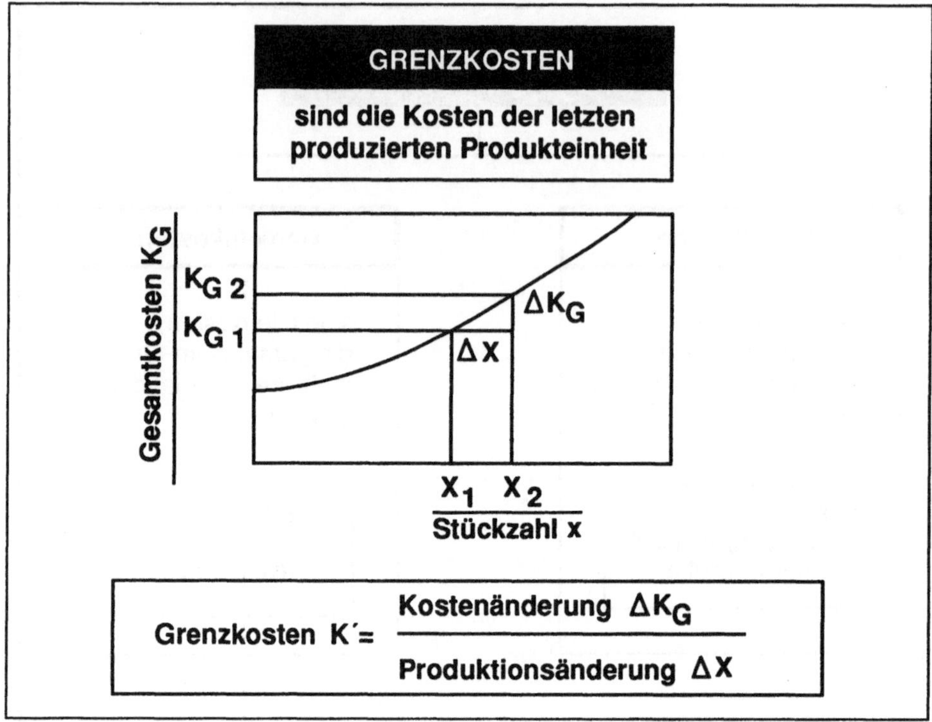

Bild 11.14 Definition der Grenzkosten

11.4.3 Kostenartenrechnung

Die Kostenrechnung erfaßt sämtliche Kosten, die bei der Beschaffung, Lagerung, Produktion und dem Absatz betrieblicher Leistungen während einer Abrechnungsperiode in einem Unternehmen angefallen sind. Die Bedeutung der Kostenartenrechnung liegt in ihrer Aufteilung der Gesamtkosten in einzelne Kostenarten und der sich daraus ergebenden Möglichkeit einer weitgehend verursachungsgerechten Zuordnung der einzelnen Kosten auf die Kostenstellen und Kostenträger.

Nach der Entstehung lassen sich folgende Kostenartengruppen unterscheiden:

- Materialkosten (Roh-, Hilfs- und Betriebsstoffkosten)
- Lohnkosten (Löhne, Gehälter, Lohnnebenkosten, Unternehmerlohn)
- Kapitalkosten (Abschreibungen, Zinsen, Wagnisse)
- Fremdleistungskosten (Kosten für Reparaturen, Transportleistungen)
- Kosten der menschlichen Gesellschaft (Steuern mit Kostencharakter, Gebühren, Beiträge).

Im folgenden wird auf diese fünf Kostenartengruppen näher eingegangen.

11.4.3.1 Materialkosten

Materialkosten entstehen durch Beschaffung, Lagerung und Verbrauch von Materialien im Rahmen der betrieblichen Leistungserstellung. Sie lassen sich unterteilen in:

- Fertigungsmaterialkosten (Rohstoffe):
  Rohstoffe wie Profilstahl, Elektromotoren usw. gehen direkt in das gefertigte Produkt ein und bilden einen wesentlichen Bestandteil der Herstellkosten eines Erzeugnisses. Da sie direkt zuzuordnen sind, handelt es sich bei ihnen um Erzeugnis-Einzelkosten.
- Hilfsstoffkosten (Hilfsstoffe):
  Hilfsstoffe wie Reinigungsmittel, Anstrichfarbe und Verpackungsmaterial gehen als untergeordnete Bestandteile auch unmittelbar in das gefertigte Erzeugnis ein, spielen aber wert- und mengenmäßig eine so geringe Rolle, daß sich eine genaue Erfassung nicht lohnt. Sie stellen "unechte" Erzeugnis-Gemeinkosten dar.
- Betriebsstoffkosten (Betriebsstoffe):
  Betriebstoffe wie elektrischer Strom, Gas, Dieselöl und Schmierstoffe bilden keine Bestandteile des Erzeugnisses, werden aber bei der Produktion benötigt. Sie dienen der Versorgung von Maschinen und Anlagen und werden mit Hilfe von Maschinenstundensätzen auf die Produkte verrechnet. Sie sind "echte" Erzeugnis-Gemeinkosten.

11.4.3.2 Lohnkosten

Lohnkosten sind sowohl die unmittelbar an Arbeitnehmer zu zahlenden Bruttolöhne und -gehälter als auch die vom Unternehmer zu tragenden Sozialkosten.
Die Kosten des Arbeitseinsatzes lassen sich unterteilen in:

- Lohneinzelkosten (Fertigungslöhne):
  Die Arbeitsleistung hierfür wird direkt für das Erzeugnis (Kostenträger) erbracht, z. B. Arbeiter an einer Fertigungslinie oder an der Bohrmaschine.
- Gemeinkostenlöhne (Hilfslöhne):
  Diese Arbeitsleistung dient der Förderung des Produktionsprozesses, z. B. Lagerarbeiter, innerbetrieblicher Transportarbeiter, Reinigungspersonal.
- Gehälter:
  Die von Gehaltsempfängern erbrachte Arbeitsleistung dient der Verwaltung und Steuerung des Produktionsprozesses, z. B. Lagerverwalter, Buchhalter, Betriebsleiter.
- Lohnzulagen:
  Sie werden gewährt für besondere Leistungen, wie z. B. für lange Betriebszugehörigkeit.

11.4.3.3 Kapitalkosten

Durch die Nutzung der Kapitalgüter (Investitionsgüter, z. B. Gebäude, Maschinen, Patente, Bankkredite) werden Kapitalkosten verursacht. Als Kapitalkosten werden Abschreibungen, Zinsen und Wagnisse bezeichnet.

Bei den Kapitalkosten unterscheidet man bilanzielle Kapitalkosten und kalkulatorische Kapitalkosten.

- Abschreibungen:
  Betrieblich genutzte Kapitalgüter (Investitionsgüter, wie z. B. Gebäude, Maschinen, Patente, jedoch nicht Grundstücke) erfahren mit

  - zunehmender Produktionsmenge (Verschleiß) und
  - zunehmendem Alter (technischer Fortschritt, Bedarfsverschiebung, Rechtsablauf)

in unterschiedlichem Maße eine Wertminderung.

Die Wertminderungen werden jährlich durch Abschreibungen berücksichtigt, d. h., der Anschaffungswert der Anlagengüter wird auf die Anzahl der Nutzungsjahre oder auf die produzierten Einheiten verteilt.
Abschreibungen können folgenden Zielen dienen:

- Substanzerhaltung der Investitionsgüter,
- periodengerechte Anlagenbewertung zur Ermittlung des Unternehmensgewinnes oder
- periodengerechte Zuordnung der Kapitalkosten auf die Kostenträger.

Die Zeit, in der ein Anlagegut (Investitionsgut) betrieblich genutzt wird, ist als *Nutzungsdauer* definiert. In der Praxis wird sie im allgemeinen aufgrund von Erfahrungswerten festgelegt. Die Nutzungsdauer ist keine absolute Größe, sie bezieht sich bei einem Betriebsmittel immer auf eine bestimmte Auslastung.
In der betrieblichen Praxis unterscheidet man zwei unterschiedliche *Abschreibungsarten*:

- Lineare Abschreibung:
  Abschreibung in gleichen Jahresbeträgen mit vom Anschaffungswert an linear fallenden Restbuchwerten:

$$\text{Abschreibung} = \frac{\text{Anschaffungswert - Restwert}}{n}$$

n = Anzahl der Nutzungsjahre
Anschaffungswert = Anschaffungspreis + Aufstellungs-und Anlaufkosten

Restwert = verbleibender (geschätzter) Verkaufserlös nach n Nutzungsjahren.

- Abschreibung mit fallenden Jahresbeiträgen:
  Bei der Abschreibung mit fallenden Jahresbeiträgen werden die jährlichen Abschreibungsbeträge so bemessen, daß sie pro Jahr um den gleichen Betrag (arithmetisch-degressive Methode) oder um einen jährlich kleiner werdenden Betrag (geometrisch-degressive Methode) sinken.

Die *bilanziellen Abschreibungen* dienen der Bewertung der Anlagen und zur Aufstellung der Handels- und Steuerbilanz, für das das Prinzip der nominellen Kapitalerhaltung vorgeschrieben ist. Danach darf die bilanzielle Abschreibung insgesamt nur bis zur Höhe des Anschaffungswertes vorgenommen werden. Sie ist beendet, wenn die Nutzungsdauer, die der Verteilung der Wertmindertung zugrunde gelegt worden ist, abgelaufen ist.

Die Abschreibungen in der Steuerbilanz vermindern den zu versteuernden Gewinn des Unternehmens. Die Höhe der steuerlichen Abschreibung wird deshalb gesetzlich begrenzt und richtet sich grundsätzlich nach der Nutzungsdauer (Richtwerte nach AfA [11.7]) eines Investitionsgutes. In der Regel ist nur lineare Steuerabschreibung zugelassen. In Rezessionszeiten kann zur Belebung der Konjunktur aber auch eine degressive Steuerabschreibung zugelassen werden.

Die *kalkulatorische Abschreibungen* dienen der Verteilung und Verrechnung der tatsächlichen Wertminderung der Anlagengüter auf die Erzeugnisse und damit als Grundlage für die Selbstkostenermittlung. Die kalkulatorischen Abschreibungen enden nicht, wenn die Anschaffungskosten amortisiert sind, sondern werden so lange fortgesetzt, wie das Kapitalgut noch genutzt wird. Mit Hilfe der kalkulatorischen Abschreibungen können unternehmenspolitische Entscheidungen getroffen werden, die sich am Markt orientieren:

- Bei günstiger Konjunktur, die hohe Preise ermöglicht, können durch kürzere Abschreibungszeiten und entsprechend höhere Sätze Rücklagen geschaffen werden, die in schlechteren Zeiten ein Nachgeben im Preis möglich machen.
- Beim Ansatz der kalkulatorischen Abschreibungen kann ein allgemeines Ansteigen der Preise für Anlagegüter berücksichtigt werden, indem als Ausgangsbasis für die Abschreibungssätze nicht der Anschaffungswert der Anlagen, sondern ihr Wiederbeschaffungspreis eingesetzt wird. Dadurch wird der Gedanke der Substanzerhaltung berücksichtigt, so daß am Ende der Nutzungsdauer eines Investitionsgutes, trotz zwischenzeitlich eingetretener Preissteigerungen, ein gleichartiges, neues Objekt (Ersatzinvestition) beschafft werden kann.
- Zinsen:
  Da in der Kostenrechnung nur die kalkulatorischen Zinsen und nicht die tatsächlichen Zinszahlungen verrechnet werden, wird in diesem Abschnitt nur auf die kalkulatorischen Zinsen eingegangen. Aus diesem Grund wird auch die Frage nach der Mittelherkunft (Eigen- und Fremdkapital) nicht behandelt. Die Zinsen werden deshalb auf der Basis des *gesamten* eingesetzten Kapitals berechnet, weil durch die Bindung des Eigenkapitals im eigenen Unternehmen eine mögliche anderweitige Kapitalanlage verlorengeht.

Durch den Ansatz kalkulatorischer Zinsen auf das Eigenkapital und ihre Vergütung im Marktpreis soll dieser "Verlust" ausgeglichen werden.

Der kalkulatorische Zinssatz entspricht dem Zinssatz für langfristiges Kapital.

- Wagnisse:
Zu den kalkulatorischen Wagnissen (Verlustrisiken), die als Kosten anzusehen sind, gehören insbesondere [11.8]:

  - Produktionsrisiko (Erfindungs- und Entwicklungsrisiko, Betriebsrisiko, Werkstoffrisiko und Arbeitsrisiko),
  - Lagerhaltungsrisiko,
  - Transportrisiko,
  - Handelsrisiko sowie
  - Finanzrisiko.

Diese Risiken treten meist unregelmäßig auf. Um alle Perioden gleichmäßig zu belasten, werden deshalb kalkulatorische Wangniszuschläge aufgrund von Erfahrungssätzen berechnet.

Grundsätzlich sollen nur diejenigen Wagnisverluste in die Selbstkosten der Erzeugnisse eingerechnet werden, die auch bei solider und fachkundiger Geschäftsführung unvermeidbar sind. Verluste durch das allgemeine Unternehmensrisiko wie Konjunkturrückgänge, Nachfrageverschiebungen, Währungsverluste usw. gehören nicht zu den kalkulatorischen Wagnissen.

11.4.3.4 Kosten für Fremdleistungen

Kosten für Fremdleistungen entstehen für die Nutzung von Dienstleistungen Dritter, z. B. für elektrischen Strom, Gas, Transporte, Miete, Pacht, Lizenzen, Verbandsbeiträge, Prozesse, Reparaturen usw.. Ihre Ermittlung im Rahmen der Kostenrechnung ist unproblematisch, da entsprechende Belege vorliegen.

11.4.3.5 Kosten der menschlichen Gesellschaft (Abgaben an die Öffentliche Hand)

Zu den Kosten der menschlichen Gesellschaft zählen die Steuern, Gebühren und Beiträge. Bei allen Abgaben, die in einem zwingenden Wirkungszusammenhang zur betrieblichen Leistungserstellung stehen - sie würden nicht anfallen, wenn keine betrieblichen Leistungen erstellt würden - liegt ein echter leistungsbezogener Güterverzehr vor. Sie stellen also Kosten dar.

In der Literatur werden in diesem Zusammenhang unter anderem folgende Steuern mit Kostencharakter genannt:
- Vermögenssteuer (für das betriebliche Vermögen),
- Gewerbekapitalsteuer,
- Grundsteuer,
- Grunderwerbssteuer,
- Kraftfahrzeugsteuer.

Grundsätzlich keinen Kostencharakter trägt dagegen die Körperschafts- bzw. Einkommenssteuer, da sie den Unternehmensgewinn besteuern.

11.4.4 Kostenstellenrechnung

11.4.4.1 Aufgaben der Kostenstellenrechnung

Die Kostenstellenrechnung steht zwischen der Kostenartenrechnung und der Kostenträgerrechnung (vgl. Bild 11.15). In Betrieben mit unterschiedlichem Fertigungsprogramm ermöglicht sie eine möglichst ursachengerechte Verrechnung der (Erzeugnis-)Gemeinkosten auf die Kostenträger. Während sich die (Erzeugnis-) Einzelkosten auch ohne Kostenstellenrechnung dem Kostenträger direkt zuordnen lassen, führt bei den Gemeinkosten das Fehlen einer Kostenstellenrechnung nur zu einer sehr ungenauen Kostenverteilung.

Durch die Bildung von Kostenstellen (Abrechnungsbereichen) innerhalb eines Betriebes können die Gemeinkosen bereichsweise erfaßt und entsprechend der Inanspruchnahme der Stelle durch die Erzeugnisse mit Hilfe besonderer Verteilungsschlüssel auf die Produkte verteilt werden.

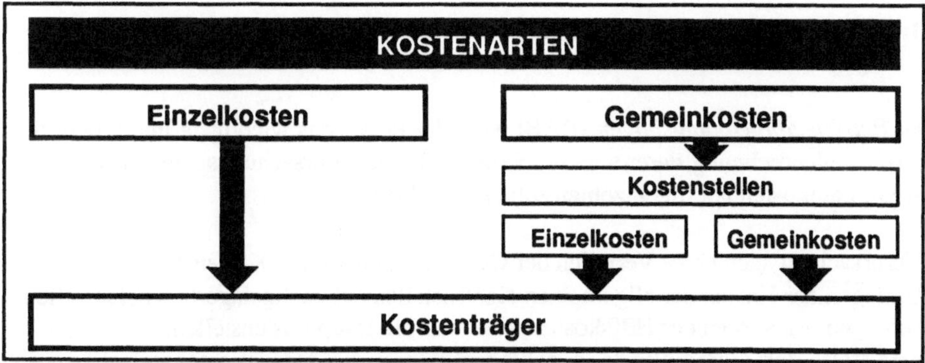

Bild 11.15 Verrechnung der Einzelkosten und der Gemeinkosten auf die Kostenträger

In den meisten Industriebetrieben werden die Kostenstellen in folgende Bereiche eingeteilt:

- Allgemeine Kostenstellen:
  Die allgemeinen Kostenstellen (z.B. Grundstücks- und Gebäudeverwaltung, Wasser- und Energieversorgung usw.) dienen dem Gesamtbetrieb. Ihre Leistungen werden von allen oder fast allen Kostenstellen in Anspruch genommen. Somit sind ihre Kosten entsprechend der Inanspruchnahme auf die nachgelagerten Kostenstellen zu verteilen.
- Fertigungshilfskostenstellen:
  Die Fertigungshilfskostenstellen (z. B. Reparaturwerkstatt, Arbeitsvorbereitung und Konstruktion) verrichten Hilfsfunktionen für die eigentliche Leistungserstellung.
- Fertigungshauptkostenstellen:
  In den Fertigungshauptkostenstellen (z. B. Dreherei, Stanzerei und Montage) findet die eigentliche Produktion statt, in der das einzelne Erzeugnis unmittelbar be- oder verarbeitet wird. Diese Hauptkostenstellen sind der eigentliche Mittelpunkt des Rechnungsganges.
- Materialkostenstellen:
  Die Materialkostenstellen nehmen die Kosten des Einkaufs, der Lagerung, der Materialentnahme und -prüfung auf.
- Verwaltungskostenstellen:
  Die Verwaltungskostenstellen erfassen die Kosten der Geschäftsführung, des Rechnungswesens (Finanz- und Betriebsbuchhaltung) und der sonstigen allgemeinen Verwaltung.
- Vertriebskostenstellen:
  Die Vertriebskostenstellen, z. B. für Verkauf, Vertriebsplanung und Werbung beinhalten die Kosten des Absatzes.

Die Allgemein- und die Hilfskostenstellen werden auch *Nebenkostenstellen* genannt. Sie dienen ausschließlich der Gemeinkostenerfasssung und -weiterverrechnung auf die Kostenstellen in den Bereichen Fertigungshauptkostenstellen bis Vertriebskostenstellen.

11.4.4.2 Betriebsabrechnungsbogen

Der *Betriebsabrechnungsbogen* (BAB) ist in der Praxis das wichtigste Instrument der Kostenstellenrechnung, deren wesentliche Aufgabe das verursachungsgerechte Verteilen der Gemeinkosten ist. Im einzelnen soll er bewirken:

- Verursachungsgerechtes Verteilen der Gemeinkosten auf die Kostenstellen.
- Umlegen der Kosten der allgemeinen Kostenstellen auf nachgelagerte Kostenstellen.
- Umlegen der Kosten der Hilfskostenstellen auf die Hauptkostenstellen.
- Ermitteln der Gemeinkostenzuschlagsätze für die Hauptkostenstellen durch Gegenüberstellen von Einzel- und Gemeinkosten.

- Nachprüfen der verrechneten Kosten, d. h. Feststellen der Differenz zwischen verrechneten Kosten und entstandenen Kosten.
- Kontrolle der Wirtschaftlichkeit der Kostenstellen durch Bereitstellen von Basiszahlen zur Kennzahlenbildung.

Formal stellt der Betriebsabrechnungsbogen eine tabellarische Form der Kostenstellenrechnung dar, in der im allgemeinen die Kostenarten in den Zeilen und die Kostenstellen in den Spalten aufgeführt werden. Das Grundprinzip ist in Bild 11.16 beispielhaft dargestellt. Daraus wird deutlich, daß die verschiedenen Kostenarten (die Gemeinkosten - GK - und die als Bezugsgröße für die Zuschlagsätze dienenden Einzelkosten) erfaßt und der Kostenstelle zugeordnet werden, in der sie angefallen sind. Die Gemeinkosten-Zuschlagsätze werden ermittelt, indem im Fertigungsbereich die Lohnkosten, im Materialbereich die Materialkosten und im Verwaltungs- und Vertriebsbereich die Herstellkosten als Bezugsgröße für die Gemeinkostenrechnung herangezogen werden.

Im einzelnen ist der Aufbau des Betriebsabrechnungsbogens betriebsabhängig, was sich schon aus der betriebsspezifischen Kostenarten- und Kostenstellenstruktur ergibt. Die Logik in der Vorgehensweise zur Durchführung der Kostenstellenrechnung ist jedoch grundsätzlich gleich, auch wenn, insbesondere in größeren Firmen, die Berechnung

Kostenart	Zahlen der Buchhaltung	KOSTENSTELLEN					
		Fertigungsbereich			Materialbereich	Verwalt.-bereich	Vertriebsbereich
Gehälter	2 600	300	400		200	1 200	500
Hilfslöhne	1 800	800	200	200	300	100	200
Soz.-Aufwendungen	900	300	150	150	50	180	70
Hilfs- und Betriebsstoffe	500	100	100				300
Büromaterial	400				100	200	100
Fremdreparaturen	400			300			100
Energieverbrauch	350	50	100	50	20	80	50
Abschreibungen	250	40	60	50	20	40	40
Steuern	100					100	
Postgebühren	150					50	100
Werbekosten	350						350
Sonst. Kosten	200	10	40	50	10	30	60
Summe der GK	8 000	1 600	1 050	800	700	1 980	1 870
Fertigungslöhne	4 500	2 000	1 000	1 500			
Fertigungsmaterial	5 350				5 350		
Herstellkosten						14 000	14 000
GK Zuschlagsätze		80,0 %	105 %	53,5 %	13,1 %	14,1 %	13,4 %

Bild 11.16 Beispiel für den Aufbau eines einfachen Betriebsabrechnungsbogens [11.6]

mit EDV-Unterstützung durchgeführt wird, und ein "Bogen" als solcher gar nicht mehr existiert.

11.4.4.3 Platzkostenrechnung

Obwohl der Lohnanteil an den Gesamtkosten von Fertigungseinrichtungen mit steigendem Automatisierungsgrad sinkt und oft nur noch 20 Prozent oder weniger ausmacht, wird dennoch häufig mit einem durchschnittlichen Gemeinkostenzuschlag auf diese schmal gewordene Basis Fertigungslohn gerechnet. Die zwangsläufige Folge besteht nun darin, daß Arbeiten auf einer Maschine mit niedrigen Gemeinkosten kostenmäßig zu hoch und Arbeiten auf einer Maschine mit hohen Gemeinkosten zu niedrig angesetzt werden. Die Bilder 11.17 und 11.18 zeigen hierzu beispielhaft eine Gegenüberstellung von einer herkömmlichen Zuschlagsrechnung und einer "verursachungsgerechten" Kostenverrechnung mittels Maschinenstundensätzen.

Wenn sich auch in der Herstellkostensumme kein anderes Ergebnis ergibt (vgl. Summenspalte in den Bildern 11.17 und 11.18), so ermöglicht doch eine verursachungsgerechte Verrechnung der angefallenen Gemeinkosten eine genauere Kalkulation

KALKULATIONSSCHEMA	SUMME	KOSTENTRÄGERGRUPPE		
		I	II	III
STÜCKZAHL				
1. Fertigungsmaterial 2. Materialgemeinkosten 3 % von 1.	DM 90 000 2 700	DM 20 000 600	DM 30 000 900	DM 40 000 1 200
I STOFFKOSTEN	92 700	20 600	30 900	41 200
1. Fertigungslohn 2. Fertigungsgemein- kosten 300 % v. 1. 3. Sonderkosten der Fertigung	75 000 225 000 10 800	15 000 45 000	40 000 120 000	20 000 60 000 10 800
II FERTIGUNGSKOSTEN	310 800	60 000	160 000	90 800
I + II HERSTELLKOSTEN	403 500	80 600	190 900	132 000

Bild 11.17 Kalkulationsbeispiel mit Zuschlagsrechnung [11.9]

KALKULATIONSSCHEMA	SUMME	KOSTENTRÄGERGRUPPE		
		I	II	III
STÜCKZAHL	300	100	100	100
	DM	DM	DM	DM
1. Fertigungsmaterial	90 000	20 000	30 000	40 000
2. Materialgemeinkosten 3 % von 1.	2 700	600	900	1 200
I STOFFKOSTEN	92 700	20 600	30 900	41 200
1. Fertigungslohn	75 000	15 000	40 000	20 000
2. Maschinenstundenkosten				
a) Masch.-Gr. a 500 DM / Std.	58 000	30 000	21 000	7 000
b) Masch.-Gr. b 470 DM / Std.	47 000	-	29 000	18 000
c) Masch.-Gr. c 375 DM / Std.	45 000	35 000	10 000	-
Summe a bis c	150 000	65 000	60 000	25 000
3. Rest-Fertigungsgemeinkosten 100 % von 1.	75 000	15 000	40 000	20 000
4. Sonderkosten der Fertigung	10 800	-	-	10 800
II FERTIGUNGSKOSTEN	310 800	95 000	140 000	75 800
I + II HERSTELLKOSTEN	403 500	115 600	170 900	117 000

Bild 11.18 Kalkulationsbeispiel mit Maschinenstundensatzrechnung [11.9]

für die einzelnen Maschinen und damit auch für die einzelnen Kostenträger bzw. Kostenträgergruppen. Gerade dies ist das Ziel der Platzkostenrechnung, die grundsätzlich nichts anderes darstellt, als die möglichst detaillierte Gliederung der Kostenstellen im Rahmen der Kostenstellenrechnung; einzelne Maschinengruppen, Maschinen oder Arbeitsplätze bilden hierbei die Kostenstellen.

Die Summe der Kosten einer derart fein aufgegliederten Kostenstelle bezeichnet man als Platzkosten. Der Zweck einer derartigen Kostenstellenrechnung in Form der Platzkostenrechnung besteht darin, bei der Verrechnung der Gemeinkosten eine erhöhte Genauigkeit zu erreichen.

Die Untergliederung der Kostenstellen bedeutet zwar einerseits eine höhere Genauigkeit der Gemeinkostenverrechnung, andererseits wird aber auch die Kostenstellenrechnung kompliziert. Deshalb ist ihre Anwendung meist nur sinnvoll bei

- Kostenstellen mit ungleich leistungsfähigen Maschinen und Arbeitsplätzen, die nicht gleichmäßig beansprucht werden,
- Kostenstellen, in denen Maschinen mit hohen und niedrigen Fixkosten eingesetzt sind und
- Werkstattfertigung.

In der Praxis werden bei der Platzkostenrechnung zwei Verfahren unterschieden:

- Maschinenstundensatzrechnung: Im Maschinenstundensatz sind alle maschinenbezogenen Kosten zusammengefaßt wie

  - kalkulatorische Abschreibungen,
  - kalkulatorische Zinsen,
  - Energiekosten und
  - Instandhaltungskosten

  jeweils bezogen auf die jährliche Nutzungszeit.
- Arbeitsstundensatzrechnung: Der Arbeitsstundensatz setzt sich aus dem Maschinenstundensatz und dem Lohn für das Bedienungspersonal pro Stunde zusammen.

11.4.5 Kostenträgerrechnung (Kalkulation)

11.4.5.1 Aufgaben der Kostenträgerrechnung

Aufgabe der Kalkulation ist es, die durch Kostenarten- und Kostenstellenrechnung ermittelten Kostensätze auf die Kostenträger (z. B. Produkte) zu verrechnen. Diese Betrachtung kann sowohl zeit- als auch stückbezogen erfolgen.

Bei der *Kostenträger-Zeitrechnung* werden die Kosten eines Produktes oder einer Produktgruppe ermittelt, die in einer bestimmten Abrechnungsperiode verursacht worden sind. Die *Kostenträger-Stückrechnung* ermittelt die Herstell- oder Selbstkosten je Kostenträger (Leistungseinheit). Im folgenden wird nur die Kostenträger-Stückrechnung näher erläutert; die Betrachtungen gelten aber gleichermaßen für eine periodenbezogene Rechnung.

Die Bedeutung der Kalkulation für die *Preisermittlung* und *-kontrolle* muß in einer Zeit, in der die Betriebe einem verstärkten Kostendruck bei verschärftem Wettbewerb ausgesetzt sind, nicht besonders hervorgehoben werden. Sowohl die Möglichkeiten einer Preisforderungspolitik auf den Absatzmärkten als auch bei der Preisgebotspolitik auf den Beschaffungsmärkten basieren auf Kalkulationsergebnissen.

Neben diesen Preisüberlegungen ist die Kalkulation auch wichtig für die Erfolgsermittlung, die Durchführung von Vergleichsrechnungen und die Leistungsbewertung.

Zur *Erfolgsermittlung* werden Erträge und Kosten einzelner oder mehrerer Betriebsleistungen einander gegenübergestellt. Diese Betrachtungsweise ist besonders wichtig für die Produktionsprogrammplanung, die unter Berücksichtigung der Anforderungen des Marktes und der vorhandenen Produktionsengpässe durchgeführt wird.

Von den *Vergleichsrechnungen*, die auf Kalkulationsergebnissen basieren, sind besonders wichtig:

- Soll-Ist-Kostenvergleiche,
- innerbetriebliche bzw. zwischenzeitliche Vergleiche,
- zwischenbetriebliche Vergleiche und
- Verfahrensvergleiche.

Bei der *Leistungsbewertung* ist vor allem das Problem der Bilanzansätze für Bestände an Halb- und Fertigfabrikaten sowie für die Anlagen, die im eigenen Unternehmen erstellt wurden, zu nennen.

11.4.5.2 Hauptformen der Kostenträgerrechnung

Die Anwendung einer bestimmten Kalkulationstechnik hängt stark vom Produktionsprogramm und den charakteristischen Produktionsverfahren eines Betriebes ab. Man unterscheidet drei Hauptformen:

- Divisionskalkulation,
- Kuppelkalkulation und
- Zuschlagskalkulation.

Die *Divisionskalkulationsverfahren* werden bevorzugt bei einheitlicher Massenfertigung angewendet, bei der die Kostenzurechnung kein Problem darstellt. Je mehr unterschiedliche Produkte in einem Unternehmen gefertigt werden und je unterschiedlicher deren Seriengrößen sind, desto mehr tritt das Problem der verursachungsgerechten Kostenrechnung in den Vordergrund. In diesen Fällen wird heute meist die *Zuschlagskalkulation* angewendet. Sie berücksichtigt, daß nur wenige Kostenarten als Einzelkosten verrechnet werden können, auf die dann die Gemeinkosten "zugeschlagen" werden. Die *Kuppelkalkulation* ist für den besonderen Fall gedacht, daß in einem Fertigungsprozeß aus denselben Ausgangsmaterialien gleichzeitig mehrere unterschiedliche Produkte (z. B. Koks und Gas aus Steinkohle) hergestellt werden, wenn also eine Kuppelproduktion vorliegt.

Die Zuschlagskalkulation geht von einer getrennten Zurechnung der Einzel- und Gemeinkosten auf die Kostenträger aus. Die Einzelkosten werden *direkt* mit Einzelbelegen (z. B. Materialentnahmescheinen), die Gemeinkosten *indirekt* mit Gemeinkostenzuschlägen auf die Kostenträger verrechnet. Die geeignete Zuschlagsgrundlage für das Ermitteln der Gemeinkostenzuschläge ist besonders sorgfältig zu wählen. Hierbei ist zu berücksichtigen, daß die Gemeinkostenverursachung möglichst proportional zu der ihr zugeordneten Bezugsgröße sein soll.

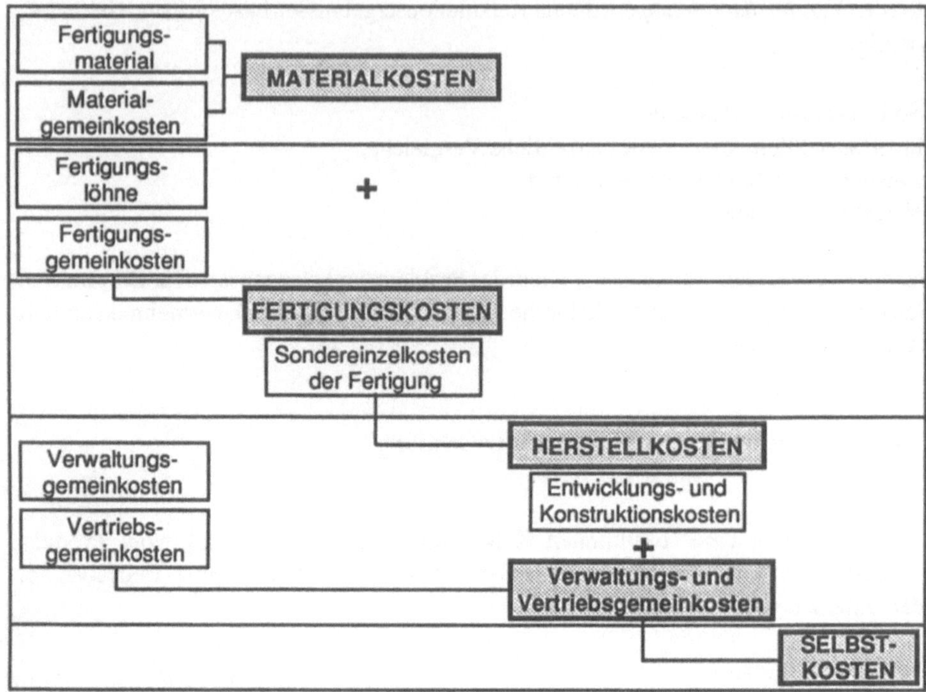

Bild 11.19 Schema der differenzierten Zuschlagskalkulation [11.10]

In Abhängigkeit von der Anzahl der Bezugsgröße bzw. Zuschläge unterscheidet man bei der Gemeinkostenverrechnung die *summarische* und *differenzierte* Zuschlagskalkulation (Bild 11.19).

11.5 Betriebswirtschaftliche Statistik

Die betriebswirtschaftliche Statistik wertet das von der Finanz- und Kostenrechnung zur Verfügung stehende Zahlenmaterial aus, um Wirtschaftlichkeitskontrollen durchzuführen und Unterlagen für die betriebliche Planung bereitzustellen.

Bei den Vergleichsrechnungen werden u. a. Kennzahlen in Form von Zeitvergleichen, Verfahrensvergleichen, Soll-Ist-Vergleichen und überbetrieblichen Vergleichen gebildet.

Als Beispiel für ein in der Praxis bedeutendes Kennzahlensystem wird in Bild 11.20 das sogenannte Dupont-System gezeigt, das aus der ROI (Return on Investment)-Formel und den in sie eingehenden, absoluten Größen entsteht.

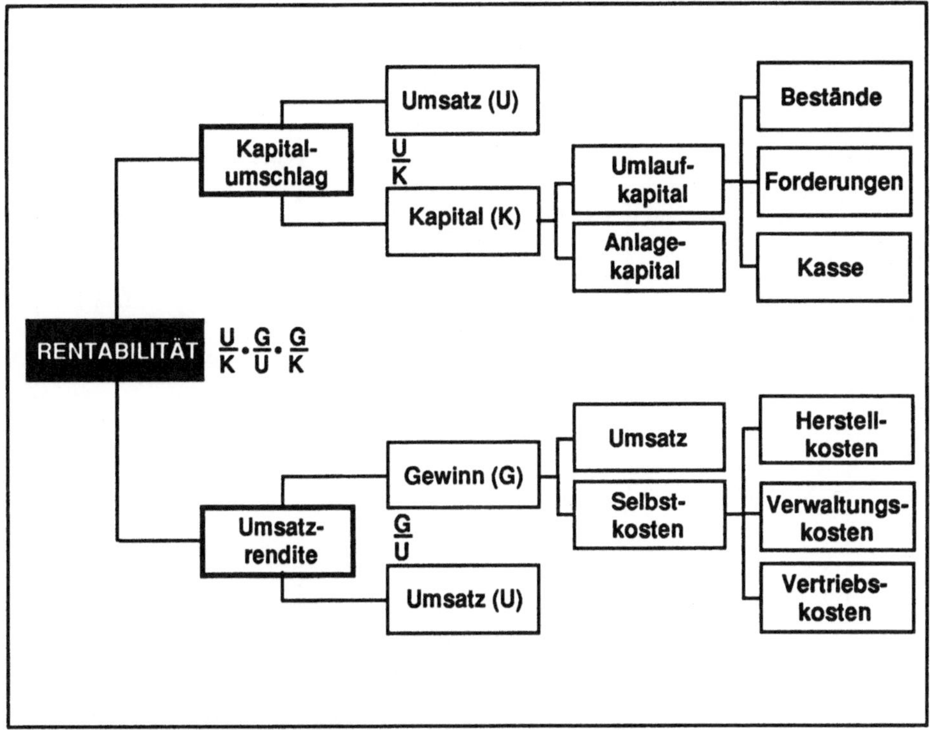

Bild 11.20 Dupont-Kennzahlensystem

11.6 Budgetrechnung/Planungsrechnung

Die mengen- und wertmäßige Abschätzung der erwarteten betrieblichen Entwicklung wird in Form von Verkaufs-, Produktions-, Einkaufs-, Kosten- und Finanz/Investitions-Budgets dargestellt. Der Aufbau und die Arbeit mit diesen Plänen ist stark abhängig von der Betriebsgröße, vom Wirtschaftszweig und dem vorliegenden Produktionsprogramm.

Zur Erläuterung ist eine vereinfachte Darstellung einer dieser Pläne in Bild 11.21 gezeigt.

Investitionsbudget 19....

Investitions-projekt Nr.	Investitions-projekt Bezeichnung	bisherige Aufwendungen DM	geschätzte ausstehende Aufwendungen DM	gesamte Investitionsaufwendungen (3 + 4) DM	bewilligter Betrag DM	geschätzte Über/Unterschreitung (6 - 5) DM
1	2	3	4	5	6	7

Bild 11.21 Schematische Darstellung eines Investitionsbudgets

11.7 Wiederholungsfragen

1. Welches sind die vier Hauptaufgaben des betrieblichen Rechnungswesens, die man üblicherweise unterscheidet?

2. Welche Informationen sind auf der linken Seite einer in Kontoform dargestellten Bilanz zusammengefaßt?

3. Welche Aufgabe hat die Inventur?

4. Welche Informationen werden in der Gewinn- und Verlustrechnung festgehalten?

5. In welcher Stelle wird der Gewinn in der Bilanz, und an welcher Stelle in der Gewinn- und Verlustrechnung ausgewiesen?

6. In welche drei Bereiche wird die betriebliche Kostenrechnung gegliedert?

7. Versuchen Sie eine Definition für den Begriff Gemeinkosten zu geben.

8. Sind Grenzkosten normalerweise als variable oder als fixe Kosten anzusehen?

9. Welchen Zielen dienen die kalkulatorischen Abschreibungen?

10. Welche verschiedenen kalkulatorischen Wagnisse werden unterschieden?

11. In welche Kostenstellenbereiche werden die meisten Industriebetriebe gegliedert?

12. Dient der Betriebsabrechnungsbogen zur Umlage der Einzel- oder zur Umlage der Gemeinkosten?

13. Warum werden häufig kapitalintensive Maschinen innerhalb einer Kostenstelle separat mit Hilfe der Maschinenstundensatzrechnung kalkuliert?

14. Was sind die drei Hauptformen der Kalkulation?

15. Wie unterscheiden sich die summarische und die differenzierte Zuschlagskalkulation?

16. Wie unterscheiden sich die Herstellkosten eines Produktes von den Selbstkosten?

17. Wie ist der Begriff Rentabilität definiert?

11.8 Literaturhinweise

11.1 Warnecke, H.-J.; u. a.: Kostenrechnung für Ingenieure. 3. Aufl., München: Hanser, 1990.

11.2 Wöhe, G.: Einführung in die Allgemeine Betriebswirtschaftslehre.17. überarb. u. erw. Auflage, Berlin, Frankfurt: Verlag Franz Vahlen 1990.

11.3 Industriekontenrahmen IKP. Bundesverband der Deutschen Industrie (Hrsg.). Bergisch-Gladbach: Heider-Verlag 1973.

11.4 Geschäftsbericht 1978 der BBC AG Mannheim. Mannheim 1979.

11.5 Schönfeld, H.M.: Kostenrechnung. 7. erw. Aufl., Stuttgart: Poeschel 1979.

11.6 Bussmann, K.F.: Industrielles Rechnungswesen. 2. neu bearb. Aufl., Stuttgart: Poeschel 1979.

11.7 AfA-Abschreibungssätze für Maschinen. Frankfurt: Maschinenbau-Verlag. Best.-Nr. 85069.

11.8 Huch, B.: Einführung in die Kostenrechnung. 8. Aufl., Würzburg, Wien: Physica-Verlag 1986.

11.9 Mellerowicz, K.: Neuzeitliche Kalkulationsverfahren. 5. neubearb. und erw. Aufl., Freiburg: Haufe 1972.

11.10 Ahlert, D.; Franz, K.-P.: Industrielle Kostenrechnung. 4. neubearb. u. erw. Aufl., Düsseldorf: VDI-Verlag 1988.

11.11 Ahlert, D.; Franz, K.-P.; Kaefer, W.: Grundlagen und Grundbegriffe der Betriebswirtschaftslehre. 6. Aufl., Düsseldorf: VDI-Verlag 1990.

11.12 Bronner, A.: Vereinfachte Wirtschaftlichkeitsrechnung. Berlin: Beuth-Verlag 1964.

11.13 Langguth, R.; Rautenberg, H.G.: Finanzierung und Investitionsrechnung. 2. neubearb. Aufl., Düsseldorf: VDI-Verlag 1976.

11.14 Mellerowicz, K.: Betriebswirtschaftslehre der Industrie. Freiburg: Haufe-Verlag 1973.

11.15 Schott, G.: Kennzahlen - Instrument der Unternehmensführung. 6. Aufl., Stuttgart: Forkel-Verlag 1991.

12 Recycling

12.1 Grundlagen

12.1.1 Notwendigkeit des Recycling

Mechanisierung und Automatisierung haben es in den letzten Jahren erlaubt, die Produktivität und die Produktion erheblich zu steigern. Information ist zu einem Produktionsfaktor geworden, und die Art und Weise, wie man damit umgeht, entscheidet mit über den Unternehmenserfolg: Dort, wo es Produkt und Produktionsprogramm zulassen, wird daher die Verknüpfung von Konstruktion, Arbeitsvorbereitung, Fertigung und Qualitätskontrolle intensiv vorangetrieben. Rechnerunterstützte Informationssysteme helfen dabei und werden unter dem Leitgedanken CIM (Computer Integrated Manufacturing) weiter verbessert.

Was für das Zusammenspiel der verschiedenen Unternehmensbereiche und die Verbindung der Produktionsfaktoren innerhalb eines Unternehmens gilt, muß jedoch zukünftig auch noch stärker in seinen Wechselwirkungen mit dem außerbetrieblichen Umfeld und mit den sich unter Umweltgesichtspunkten verändernden Märkten gesehen werden. Beispielhaft sei hier die Großserienproduktion vieler Investitions- und Gebrauchsgüter aus dem Fahrzeugbau und der Elektrotechnik genannt, die sich in jüngster Zeit im Verlauf von nur zwei Jahrzehnten sehr stark erhöht hat.

Bei einer Lebens- oder Nutzungsdauer von durchschnittlich zehn bis 15 Jahren kehren diese Erzeugnisse somit heute in bisher nicht annähernd angetroffenen Größenordnungen aus den Märkten zurück. Eine technisch und wirtschaftlich erfolgreiche sowie umweltbewußte Entsorgung des Mengenaufkommens dieser Erzeugnisse erfordert inzwischen eine stärkere Industrialisierung der zugehörigen Aufarbeitungs- und Aufbereitungsverfahren.

Produktrecycling in großtechnischen, industriellen und handwerklichen Maßstäben gestattet es, den Weg der Produkte über Produktion, Gebrauch und Entsorgung in einem Kreislauf zu schließen und damit verantwortungsbewußt zu gestalten. Zur Bewältigung einerseits des Mengenaufkommens, andererseits auch der Vielfalt der in solchen Kreislaufprinzipien zu führenden Produkte, bedarf es sowohl technisch anspruchsvoller als auch wirtschaftlich erfolgreicher Recyclingverfahren. Betrachtet man Praxis und Perspektiven des Produktrecycling in industriellen Maßstäben, so zeigen sich hier beachtliche Potentiale, um beiden Anforderungen gerecht zu werden.

12.1.2 Recycling in der Industrie

Beschäftigt man sich mit Recycling im Maschinenbau und betrachtet man Produktion, Gebrauch und Entsorgung als Phasen im Lebenszyklus von Produkten des Maschinenbaus, so finden sich auch dort bereits heute zahlreiche Abläufe, Verfahren und Techniken, die als Recycling zu werten sind. Darüber hinaus zeigt sich, daß viele dieser Verfahren und Techniken, für sich allein betrachtet, schon seit Jahrzehnten bekannt sind. Nur ausgewählte Vorgehensweisen und besondere Hilfsmittel für bestimmte Recyclingaufgaben müssen neu geschaffen werden.

Daher sieht die sich gerade in jüngerer Zeit sehr lebhaft entwickelnde wissenschaftliche Auseinandersetzung mit dem Thema Recycling einen erfolgversprechenden Lösungsansatz darin, zunächst eine möglichst wirkungsvolle Synthese schon vorhandener Verfahren oder übertragbarer Erkenntnisse aus verwandten Gebieten anzustrengen, und so nicht nur zu technisch und wirtschaftlich zweckmäßigen, sondern auch zu rasch in die Praxis umsetzbaren Recyclingmöglichkeiten zu gelangen.

Industrielle Verfahren zum Produktrecycling können beispielsweise zum einen Teil aus der Neuproduktion, zum anderen Teil aus der Instandhaltungstechnik abgeleitet werden. Zur Vervollständigung ist bei einer solchen Synthese dann nur dort mit Forschung und Entwicklung neu anzusetzen, wo erkennbare Wissenslücken, Engpässe oder Schwachstellen des Recycling beseitigt werden müssen.

Selbst bei einem solch pragmatischen Ansatz erweist sich allerdings schon die erforderliche Wissenssynthese sehr rasch als äußerst aufwendig und komplex, da Erkenntnisse aus sehr verschiedenen Wissensgebieten - im größeren Zusammenhang aus der Fertigungstechnik, Verfahrenstechnik, Energietechnik, Konstruktionslehre, Volks- und Betriebswirtschaftslehre - interdisziplinär zusammengeführt und weiter entwickelt werden müssen.

Um den Horizont des Ingenieurs über die Grenzen des eigentlichen Produktionsbetriebs hinaus sowie in den angegebenen Richtungen zu erweitern, beschreibt das vorliegende Kapitel Stand und Perspektiven der wichtigsten Recyclingwege in der Industrie und bewertet sie technisch und wirtschaftlich.

12.2 Gliederung und Begriffe

Arbeiten zur begrifflichen Gliederung des Recycling im Maschinenbau haben bereits einen Stand erreicht, der eine zielorientierte Beschäftigung mit dem Thema und die Bildung von Schwerpunkten erleichtert. Wichtige Beiträge zur begrifflichen Klärung in allgemeingültiger Form haben die Arbeiten zur VDI-Richtlinie 2243 [12.1] geleistet. Dort wird Recycling nicht nur nach Kreislaufarten gegliedert, sondern auch in unterschiedliche Recycling-Behandlungsprozesse eingeteilt, wobei sich der Kreis dann noch in jeweils eigenen Recyclingformen schließen kann.

12.2.1 Recycling-Kreislaufarten

Die erste Gliederungsmöglichkeit des Recycling nach Kreislaufarten orientiert sich am Lebenszyklus technischer Produkte.

Parallel zu Produktion, Gebrauch und Entsorgung von industriell gefertigten Produkten unterscheidet man die in Bild 12.1 gezeigten drei zugeordneten Kreislaufarten:

- Produktionsabfallrecycling,
- Recycling während des Produktgebrauchs,
- Altstoffrecycling.

Diese ergänzen sich gegenseitig und führen zu der in der Abbildung veranschaulichten deutlichen Verringerung der Stoffflüsse. Beispiele zum Stand der Technik und zu Anwendungen des Recycling in diesen Kreislaufarten werden in Abschnitt 12.3 behandelt.

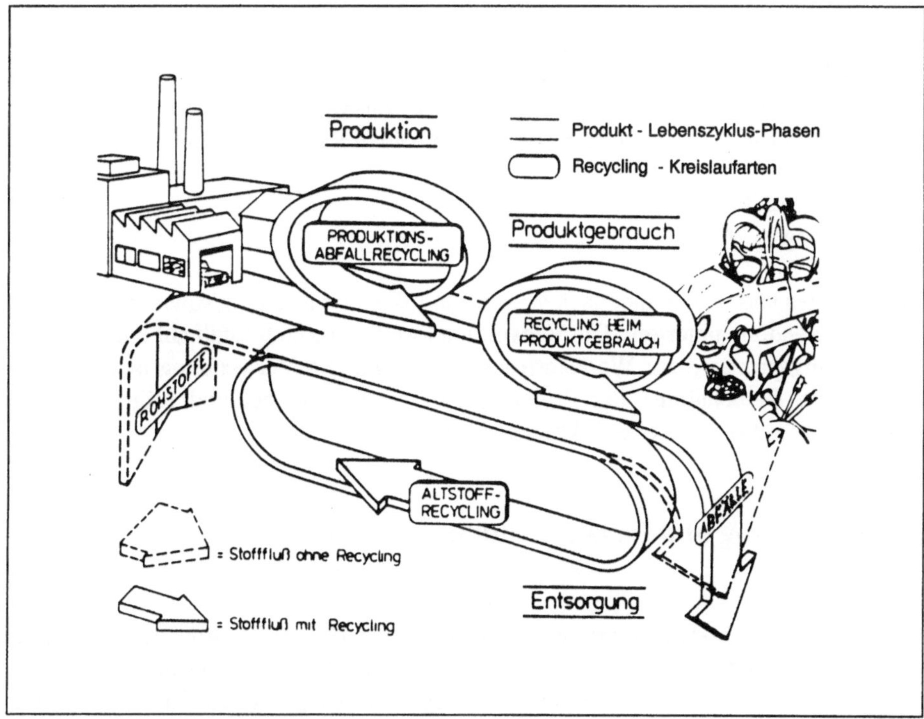

Bild 12.1 Recycling-Kreislaufarten, Verringerung der Stoffflüsse

12.2.2 Recycling-Behandlungsprozesse

Neben der chronologischen Gliederung in Recycling-Kreislaufarten definiert VDI 2243 auch zwei unterschiedliche Recycling-Behandlungsprozesse:

- die Aufbereitung und
- die Aufarbeitung.

Die Aufbereitung ist der vorherrschende Behandlungsprozeß beim Produktionsabfallrecycling und beim Altstoffrecycling und dient meist zur Vorbereitung für die eigentliche metallurgische oder sonstige Verwertung. Aufbereitungungsprozesse sind somit in der Regel verfahrenstechnische Prozesse und dienen der Werkstoffrückgewinnung.

Die Aufarbeitung ist der vorherrschende Behandlungsprozeß beim Recycling während des Produktgebrauchs und dient der Wahrung oder Wiederherstellung der Produktgestalt und der Produkteigenschaften für eine erneute Verwendung. Aufarbeitungsprozesse sind in der Regel fertigungstechnische Prozesse und dienen der Werkstückrückgewinnung.

12.2.3 Recycling-Formen

Als dritte Einteilungsmöglichkeit des Recycling nach VDI 2243 sind in jeder Kreislaufart und nach unterschiedlichen Behandlungsprozessen verschiedene Recyclingformen vorzufinden. Grundsätzlich wird zwischen den beiden Recyclingformen

- Verwertung und
- Verwendung

unterschieden und noch feiner nach Wieder- und Weiterverwertung sowie Wieder- und Weiterverwendung unterteilt. Die Verwertung löst die Produktgestalt auf und folgt auf Aufbereitungsprozesse zur Werkstoffrückgewinnung. Die Verwendung ist durch die weitgehende Beibehaltung der Produktgestalt gekennzeichnet und folgt auf Aufarbeitungsprozesse zur Werkstückrückgewinnung.

12.2.4 Recycling und Instandhaltung

Das Recycling von Produkten wird auch von den bekannten Maßnahmen der Instandhaltung unterstützt. Nach DIN 31051 sind dies die Wartung, die Inspektion und die Instandsetzung. Instandhaltungsmaßnahmen dienen allerdings überwiegend zur Erreichung der vorgesehenen Nutzungszeit eines Produkts, während Recycling auf zusätzliche Nutzungszyklen abzielt. Eine strenge Trennung zwischen der Aufarbeitung und

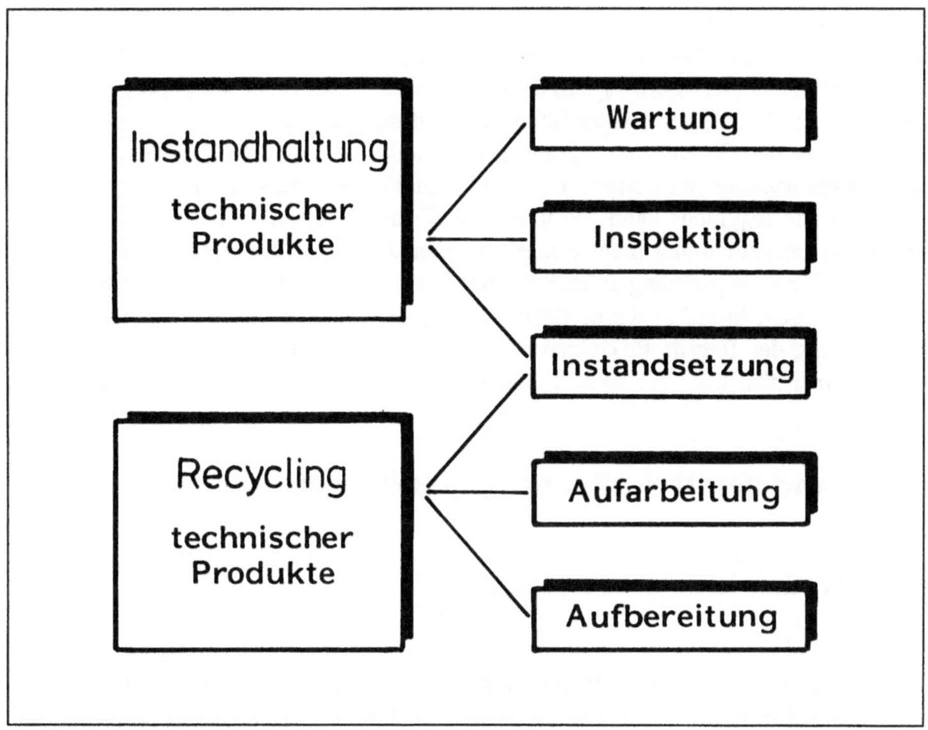

Bild 12.2 Instandsetzung als Bindeglied zwischen Instandhaltung und Recycling von Produkten

Instandsetzung aufgrund der oft vergleichbaren Operationen und der Ergebnisse wird jedoch nicht immer gelingen. Dies ist auch nicht sinnvoll.

Wie Bild 12.2 zeigt, sollte man daher, statt eine Abgrenzung zu betreiben, besser von einer "Verwandtschaft" der beiden Begriffe Recycling und Instandhaltung von Produkten sprechen.

12.2.5 Kopplung von Kreisläufen

In der Praxis trifft man die unterschiedlichen Recycling-Kreislaufarten,- Behandlungsprozesse, Recyclingformen und Instandhaltungsmaßnahmen selbstverständlich nie in "Reinkultur", sondern stets als Kopplung unterschiedlicher Kreisläufe und Prozesse sowie als Mischform von Verwendung und Verwertung an. Dies gilt besonders zum Ende der Produktnutzung, das Ausgangspunkt sowohl unterschiedlicher Kreislaufarten als auch verschiedener Behandlungsprozesse ist: Nach dem Ausscheiden beispielsweise eines Kraftfahrzeugmotors aus seiner Nutzungsphase lassen sich nur bestimmte Bauteile für einen Austauschmotor fertigungstechnisch aufarbeiten und im Recycling während des Produktgebrauchs zurückführen - die vollständig verschlissenen Teile werden verfahrenstechnisch aufbereitet und folgen dem Altstoffrecycling. Selbst Beispiele zur Kopplung der großtechnischen Aufbereitung als Schrottverwertung mit der handwerklichen Instandsetzung hält die Praxis bereit: In der Hausgerätebranche werden bestimmte Einzelteile vor der stofflichen Verwertung von Geräten längst ausgelaufener Modellreihen den Geräten entnommen und wiederverwendet - vom Kundendienst, der damit ältere Maschinen im Markt instandsetzt und gebrauchstüchtig hält.

Auch der Ingenieur kann die unterschiedlichen Kreisläufe und auch die damit verwandte Instandhaltung nicht isoliert voneinander betrachten, sondern muß sie, in geeigneter Weise zusammengeführt, bei seinen Gestaltungsentscheidungen gleichermaßen berücksichtigen. In [12.2] wurde daher als eine die genannten Felder umschließende Bezeichnung der Begriff Produktrecycling eingeführt, der auch in der industriellen Praxis immer häufiger Verwendung findet.

12.3 Stand der Technik und Anwendungen

12.3.1 Produktionsabfallrecycling

Unter Produktionsabfällen werden zunächst Reststoffe verstanden, die in der rohstofferzeugenden Industrie und in Gießereien anfallen, z.B. Angüsse und Steiger, ferner Walzenden, Besäumstreifen u.a. Sie verbleiben als "Kreislaufschrott" oder "Eigenschrott" im Rohstoffkreislauf der Werke; sie sind der sauberste Produktionsabfall und problemlos zur Wiederverwertung aufzubereiten.

Andere Produktionsabfälle stammen aus der verarbeitenden Industrie; sie werden vom Handel erfaßt und als "Neuschrott" bezeichnet. Dazu gehören z.B. Stanzabfälle, Schmiedegrate, Späne. Neuschrott ist meist sauber, solange er getrennt gesammelt wird. Die Aufbereitung beschränkt sich häufig auf das Zerkleinern (z.B. mittels Schere oder Spänereißer) und ggf. auf das Paketier- oder Brikettierpressen.

Zu den Produktionsabfällen gehören auch die für die jeweiliegen Fertigungstechnologie erforderlichen Hilfs- und Betriebsstoffe, für deren Entsorgung ebenfalls eine Wiederverwertung anzustreben ist.

Das Produktionsabfallrecycling ist bereits seit langem - vor allem in der metallverarbeitenden Industrie - gut eingeführt. Dennoch gibt es eine Reihe von Ansatzpunkten, die Produktionsabfälle noch weiter zu verringern - durch Recycling oder gleich durch ihre Vermeidung: Hierfür sind solche Fertigungsverfahren anzustreben, die die Fertigform des Teils möglichst weitgehend ohne Stofftrennung erreichen (z.B. Urformverfahren wie Feingießen, Umformverfahren wie Genauschmieden oder Kaltfließpressen, Bevorzugen von fertigungsgerechten Halbzeugabmessungen).

Bei stofftrennenden Verfahren ist der Abfall zu minimieren, z.B. beim Scheren und Schneiden durch optimale Schnittanordnung (Schachtelpläne) oder durch Weiterverwertung von Blechabfällen zu Kleinteilen, beim Spanen durch Vermeiden großer

Zerspanvolumina mit Hilfe der Rohteilgestaltung, mit Halbzeugprofilen oder mit Verbundkonstruktionen.

Bild 12.3 zeigt hierzu zwei Beispiele: Das Nachwalzen teilverformter Blechabfälle ermöglicht das anschließende Ausstanzen eines Kleinteils aus dem ursprünglichen Abfallblechstück. Dieser Weg wird vor allem dort mit Erfolg beschritten und optimiert, wo die abfallverursachenden Großteile und die aus dem Abfall herstellbaren Kleinteile in gleichermaßen großen Serien z.B. auf Pressenstraßen zu fertigen sind. Die Einsparungen erreichen dabei bis zu 10 % des Materialverbrauchs. Auch in der Blechteile-Kleinserienfertigung mit häufig wechselnden Werkstücken lassen sich Produktionsabfälle etwa durch rechnergestütztes Schachteln der auszuschneidenden Werkstücke aus der Blechtafel sehr weitgehend nutzen bzw. vermeiden. Eine solche Verschnittminimierung wird z.B. bei Laserschneidanlagen häufig angewandt und ermöglicht Einsparungen bis zu 25 % des Materialverbrauchs.

Häufig bereiten nicht der Produktionsabfall aus dem verarbeiteten Werkstoff selbst, sondern die gewissermaßen als "Begleiterscheinung" der Produktion anfallenden Betriebsmittel- oder Hilfsstoff-Abfälle (z.B. Kühlschmiermittel, Öle, Galvanikschlämme, Dämpfe usw.) die größten Recyclingprobleme. Hier kann der Wechsel des Werkstoffs (z.B. korrosionsbeständiger Werkstoff statt galvanischer Überzüge) oder auch des gesamten Produktionsverfahrens in vielen Fällen Abhilfe bringen.

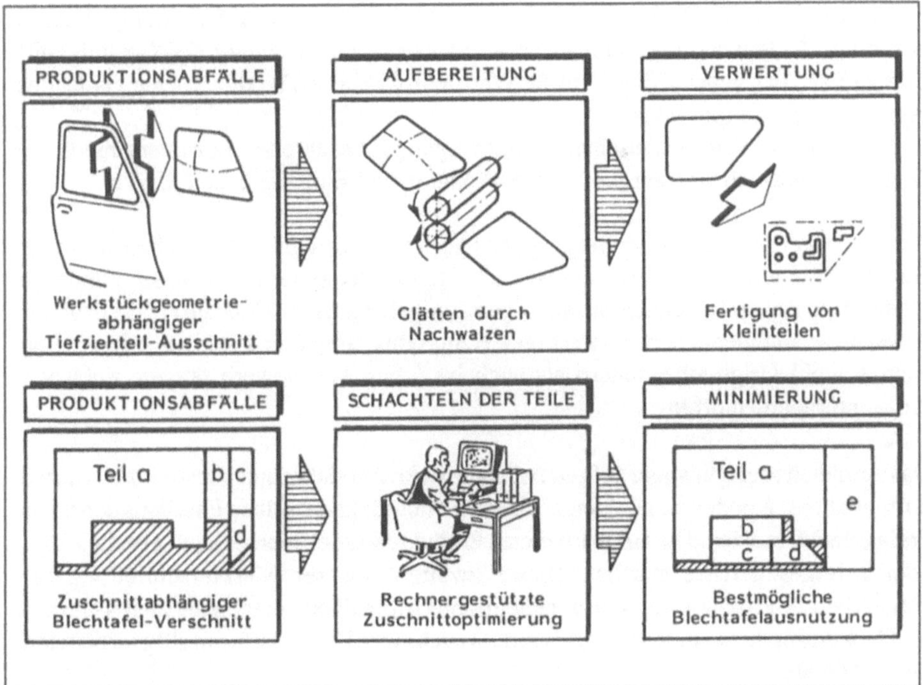

Bild 12.3 Beispiele aus der Blechteilefertigung zum Recycling und zur weitestmöglichen Vermeidung von Produktionsabfällen

So konnten bei einem Hausgerätehersteller mit der Lösung eines Entsorgungsproblems aus der Oberflächenbehandlung nicht nur ein Recyclingkreislauf besonderer Art geschaffen, sondern gleichzeitig zwei Aufgaben gelöst werden, d.h. zwei Fertigungsstufen der Geschirrspülmaschinen-Produktion verbessert werden:

Es gelang, das Gesenköl vom Tiefziehen der Edelstahl-Innengehäuse, das vorher aufwendig von den Teilen vor der Montage abgewaschen werden mußte, durch eine selbst entwickelte Schmierseife zu ersetzen, die an den Teilen verbleibt und nunmehr gleich für den Probewaschgang bei der Endprüfung der Geräte genutzt werden kann [12.3].

12.3.2 Recycling beim Produktgebrauch

Das Recycling während des Produktgebrauchs hat zum Ziel, ein genutztes Produkt einer erneuten Verwendung zuzuführen. Es ist im Maschinenbau in sogenannten "Austauscherzeugnisfertigungen" verwirklicht. In fünf Fertigungsschritten - (1) Demontage, (2) Reinigung, (3) Prüfen und Sortieren, (4) Bauteileaufarbeitung bzw. Ersatz durch Neuteile sowie (5) Wiedermontage - entstehen zum Beispiel Kfz-Austauschmotoren. Eine solche industrielle Aufarbeitung in Serie findet sich in zahlreichen Branchen (Bild 12.4).

Besonders bei Werkzeugmaschinen wird oft nicht nur eine Aufarbeitung, sondern auch eine Modernisierung (Einbau neuer Steuerungen, Erhöhung der Genauigkeit) durchgeführt. In solchen Fällen wird der Wert des rezyklierten Produkts höher als der des ursprünglichen Neuprodukts.

Die Betreiber von Austauscherzeugnisfertigungen beschreiten drei unterschiedliche Wege zur Einschleusung aufgearbeiteter Produkte und Bauteile in den Markt:

- Aufgearbeitete Produkte oder Baugruppen (Austauscherzeugnisse), versehen mit voller Garantie wie ein Neuprodukt, können als eine für Hersteller und Kunden attraktive Alternative zur umfassenden Instandsetzung angelieferter defekter Produkte bzw. als Alternative zu einem sonst notwendigen Neuprodukt angeboten werden. Dieser Weg steht sowohl Originalherstellern als auch im freien Wettbewerb tätigen Aufarbeitungsunternehmen offen.

- Das Anbieten preisgünstiger aufgearbeiteter Markenprodukte einer bestimmten Marke ermöglicht es, Kunden zu gewinnen, die ein Neuprodukt desselben Fabrikats sonst aus Preisgründen meiden. Die aufgearbeiteten Produkte werden hierbei häufig im Leasing- oder Mietgeschäft vermarktet. Dieser zweite Weg zur Markterschließung für aufgearbeitete Produkte, der sich vor allem dem Originalhersteller bietet, zielt somit auf die Deckung nicht nur eines Ersatz-, sondern auch eines Erstbedarfs mit aufgearbeiteten Produkten ab.

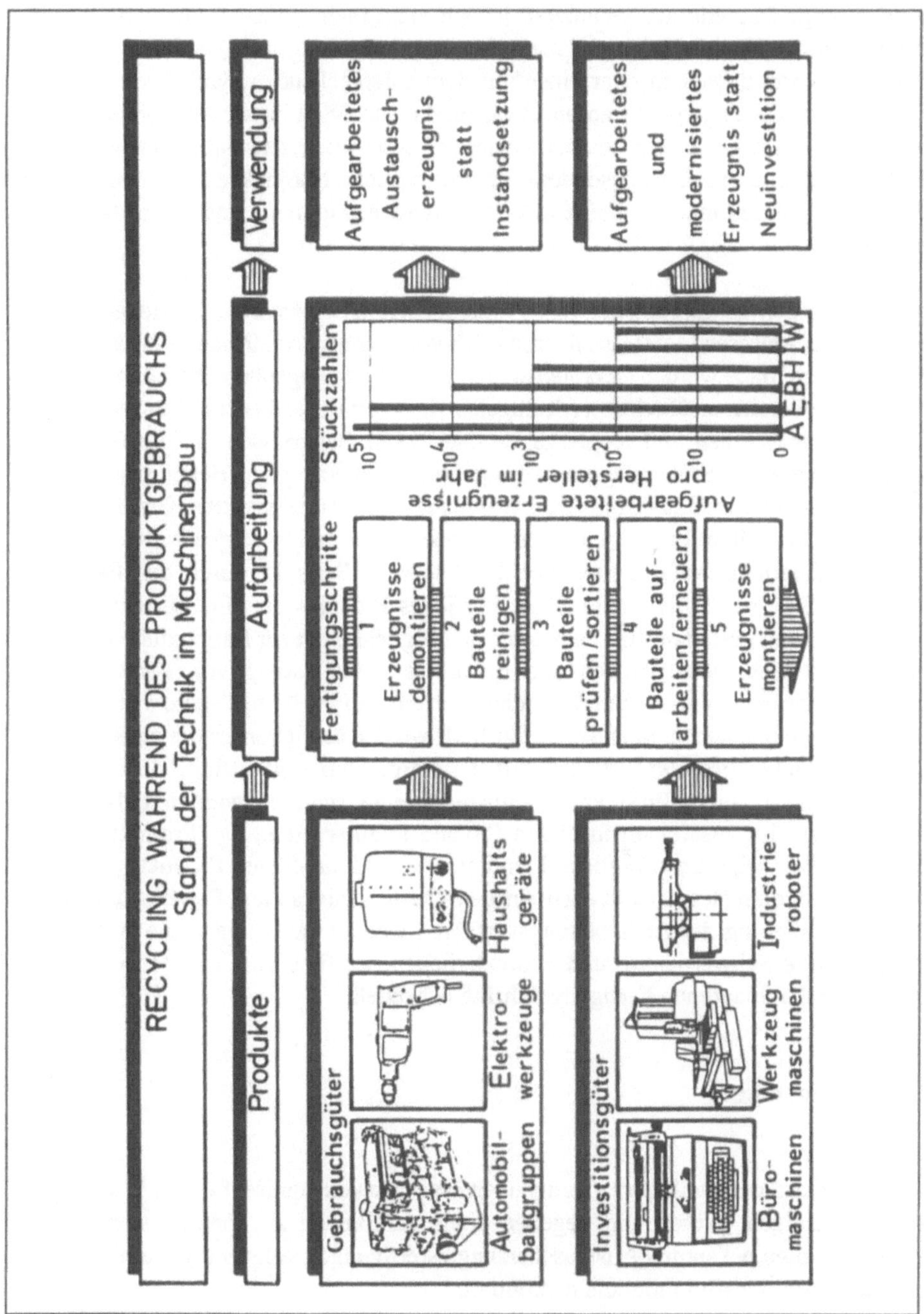

Bild 12.4 Fertigungsschritte und Anwendungen beim Recycling während des Produktgebrauchs (Stand im Maschinenbau)

- Hochwertige Bauteile aus genutzten, jedoch nicht mehr aufzuarbeitenden Gesamtprodukten können demontiert und nach eingehender Prüfung als "Quasi-Neu-Teil" der Neuproduktion desselben oder eines mit dem entsprechenden Bauteil kompatiblen Produkts wieder zugeführt werden. Zwar wird dieser Weg bisher nur vereinzelt und auch nicht mit sogenannten "Sicherheitsteilen" beschritten, da sowohl entsprechende Prüfverfahren als auch insbesondere die erforderliche Marktakzeptanz noch weiter entwickelt werden müssen. Er ist jedoch als durchaus lohnend und zukunftsträchtig einzustufen.

Die Stückzahlen aufgearbeiteter Kfz-Produkte, wie z.B. Motoren, Getriebe, Hinterachsgetriebe, Anlasser, Lichtmaschinen, erreichen vielfach schon 10% der Neuproduktion. In geringerem Maße werden Gebrauchsgüter, z.B. Haushaltsgeräte wie Elektrorasierer, Warmwasserbereiter und Elektrowerkzeuge, sowie Investitionsgüter, z.B. Büromaschinen wie Schreibmaschinen und Kopiergeräte oder deren Baugruppen, aufgearbeitet. Im Ausland werden auch Kühlaggregate, Sofortbildkameras oder Benzinrasenmäher, Investitionsgüter wie Industrieroboter, Warenautomaten für Zigaretten, Getränke usw. und zahlreiche weitere Produkte bereits in großen Stückzahlen aufgearbeitet.

Die industrielle Aufarbeitung von Produkten in Serie ist durch das Bemühen gekennzeichnet, das individuelle Recycling jedes Produkts als eine Serienfertigung größerer Lose zu gestalten. Hierbei kann man Möglichkeiten zur Rationalisierung, wie den Einsatz technischer Hilfen und die bessere Auslastung von Personal und Fertigungseinrichtungen, nutzen. Die schon genannten fünf Fertigungsschritte solcher Austauscherzeugnisfertigungen (vgl. Bild 12.4) werden somit von einem größeren Los aufzuarbeitender Produkte schadensunabhängig, also einheitlich, durchlaufen. Ursprünglich in einem Produkt zusammengehörige Bauteile werden dabei nicht notwendigerweise zusammen in einem Produkt montiert, d.h., das Produkt verliert gewissermaßen seine ursprüngliche Identität. Die aufgearbeiteten Produkte sind von einheitlichem, dem Neuprodukt ebenbürtigem Qualitätsniveau und Erscheinungsbild.

Zur Erläuterung der Aufarbeitungsverfahren werden nachfolgend die Aufgaben, technologische Schwerpunkte und Besonderheiten der fünf in Austauscherzeugnisfertigungen durchlaufenen Fertigungsschritte behandelt.

12.3.2.1 Demontage

Aufgaben: Um die Bauteile der zu fertigenden Austauscherzeugnisse für eine Wiederverwendung reinigen, prüfen und gegebenenfalls aufarbeiten zu können, werden die Produkte in allen bekannten Austauscherzeugnisfertigungen vollständig, zumindest so weit wie zerstörungsfrei möglich, demontiert.

Technologische Schwerpunkte: Bei nahezu allen Produkten liegt der Schwerpunkt des Demontageaufwands beim Lösen von Schraubenverbindungen. Bild 12.5 zeigt als typisches Beispiel aus dem Maschinenbau die experimentell ermittelte Häufigkeits-

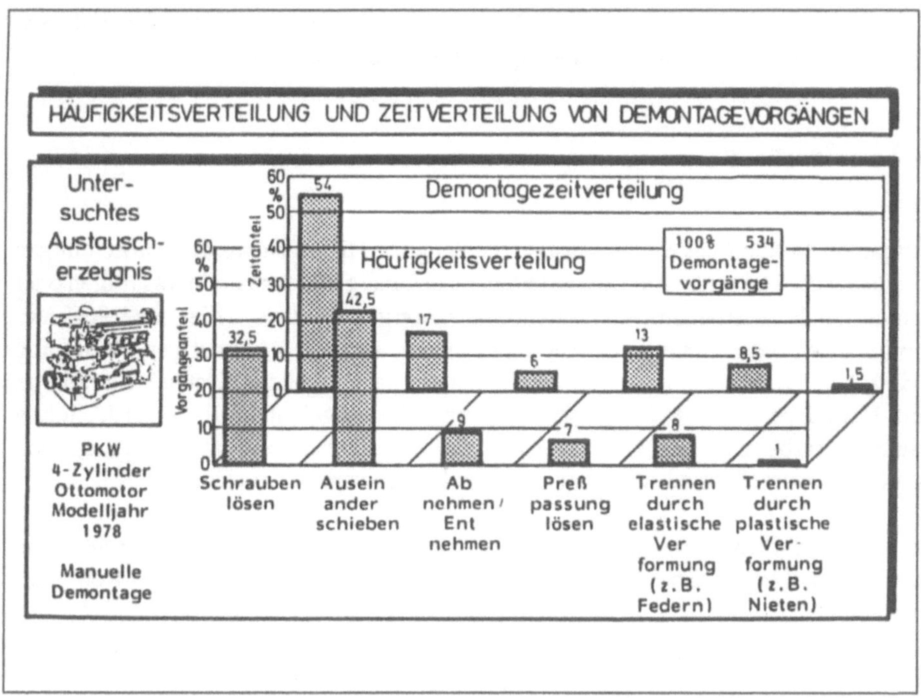

Bild 12.5 Häufigkeitsverteilung und Zeitverteilung von Demontagevorgängen

verteilung und die Zeitanteile der notwendigen 534 Vorgänge zur vollständigen Demontage eines 4-Zylinder-Pkw-Otto-Motors.

Eine vergleichbare Verteilung zeigt sich auch bei der Demontage anderer Produkte des Maschinenbaus. Stets ergibt sich das Lösen von Schraubenverbindungen als häufigster oder vom Zeitanteil im Vordergrund stehender Demontagevorgang in Austauscherzeugnisfertigungen.

Fertigungseinrichtungen: Die Demontage von Schraubenverbindungen erfolgt in den meisten Fällen, soweit möglich, mechanisiert mit Hilfe von handgeführten einspindligen Druckluftschraubern und ansonsten manuell mit Handwerkzeugen wie Maulschlüsseln, Schraubendrehern usw. Für das Lösen aller anderen Verbindungsarten wie Niet-, Klebe-, Preßsitz- oder durch plastisches Verformen erzeugte Verbindungen sind meist besondere Vorrichtungen notwendig; es ist in allen bekannten Austauscherzeugnisfertigungen auch von hohen manuellen Arbeitsinhalten geprägt.

Besonderheiten: Die Arbeitsbedingungen für das an den Demontagebändern tätige Personal sind aufgrund von Verschmutzung, Verölung und Korrosion der zu demontierenden Produkte in der Regel als erschwert einzustufen. Daneben ergeben sich häufig Schwierigkeiten beim Lösen der oben angesprochenen schwerlösbaren

Verbindungsarten, die zu einer Beschädigung von Bauteilen und/oder Verbindungselementen und damit zu deren Nichtwiederverwendbarkeit führen können.

12.3.2.2 Reinigung

Aufgaben: In allen bekannten Austauscherzeugnisfertigungen werden außer einigen bereits bei der Demontage ausgesonderten, offenkundig nicht erhaltungswürdigen oder grundsätzlich zu erneuernden Bauteilen alle übrigen Bauteile - dies sind 90% der demontierten Bauteilmasse - einer eingehenden und oft mehrstufigen Reinigung unterzogen. Die Reinigung ist Vorbedingung der nachfolgenden Zustandsbeurteilung von Bauteilen (Prüfen und Sortieren) und der gegebenenfalls erforderlichen Bauteileaufarbeitung. Sie kann aber auch schon die Bauteileaufarbeitung an sich darstellen, wenn Teile nur verschmutzt, jedoch nicht verschlissen sind.

Technologische Schwerpunkte: In der Regel läßt sich kein bestimmter Schwerpunkt des Reinigungsaufwands ermitteln. Je nach Art der Verschmutzung, Verölung oder Korrosion kommen

- Tauchen (in Säure- oder Laugebädern),
- Waschen (in Heißwasser, Kaltreiniger, Waschbenzin, Petroleum, unterschiedlichen Lösungsmitteln usw.),
- Strahlen (Sand-, Stahlkies-, Naßdruckstrahlen, usw.) und
- Ultraschallreinigung

als wichtigste Reinigungsverfahren in unterschiedlichem Umfang zur Anwendung.

Fertigungseinrichtungen: Die Reinigung erfolgt je nach gefordertem Bauteiledurchsatz teilweise manuell an Handarbeitsplätzen, aber auch in mechanisierten oder automatisierten Tauchbädern, Waschmaschinen und Strahlanlagen. Die verwendeten Einrichtungen entsprechen meist den in Instandsetzungswerkstätten oder in der Neuproduktion eingesetzten.

Besonderheiten: Bei der Auswahl der Reinigungsmedien in Tauchbädern, Waschemulsionen, Strahlmitteln usw. ist in besonderem Maße Rücksicht auf die Empfindlichkeit der Bauteilwerkstoffe (Metalle, Kunststoffe) und deren Oberflächenbeschaffenheit zu nehmen. Zu aggressive Reinigungsmedien führen daher zu einer Nichtwiederverwendbarkeit bestimmter Bauteile. Beim Glaskorn-, Kugel- oder Drahtstrahlen wird beispielweise neben der Oberflächenbeschaffenheit unter Umständen auch die Wechselfestigkeit von Bauteilen beeinflußt. Darüber hinaus ergibt sich in jüngerer Zeit für einige gesundheits- oder umweltproblematische Reinigungsmedien, wie bestimmte Chlorkohlenwasserstoffe (CKW) und Fluorchlorkohlenwasserstoffe (FCKW), die Notwendigkeit, Ersatzstoffe zu finden.

12.3.2.3 Prüfen und Sortieren

Aufgaben: Das Prüfen und Sortieren der gereinigten Bauteile als dritter Schritt der Austauscherzeugnisfertigung besteht in erster Linie in einer Berurteilung des Bauteilezustands zur Klassifizierung der Bauteile in drei Bauteilezustände:

- nicht mehr wiederverwendbar/zu erneuern,
- nach Aufarbeitung wiederverwendbar und
- direkt wiederverwendbar.

Die Erfüllung dieser Aufgabe ist von zwei Voraussetzungen abhängig:

Einerseits vom Vorhandensein objektivierbarer Zustandsmerkmale bzw. Prüfkriterien zur Beurteilung des Erhaltungszustandes von Bauteilen, die nicht immer mit den in der Neuproduktion geltenden Prüfkriterien identisch sein müssen. Insbesondere der Ermüdungszustand von Bauteilen, die ihre Ermüdungsfestigkeit erreicht bzw. überschritten haben, ist durch zerstörungsfreie Prüfverfahren häufig nur aufwendig zu ermitteln. Dies trifft z.B. auch Schrauben, die streckgrenzen- oder drehwinkelgesteuert angezogen werden.

Damit ist die Erfüllung der Prüf- und Sortieraufgaben auch abhängig von der Verfügbarkeit zerstörungsfreier Prüfverfahren für die in Austauscherzeugnisfertigungen übliche 100-%-Prüfung.

Technologische Schwerpunkte: Aufgrund der genannten Forderungen ergibt sich in nahezu allen bekannten Austauscherzeugnisfertigungen ein eindeutiger Schwerpunkt des Prüfaufwands bei Verfahren der Sichtprüfung, da häufig objektivierbare und zerstörungsfreie Prüfverfahren noch fehlen. Bei vielen Funktionsbauteilen werden neben optischen Kriterien jedoch auch elektrische und geometrische Kriterien geprüft.

Fertigungseinrichtungen: Die Prüfung erfolgt somit einerseits an Sichtprüfarbeitsplätzen, andererseits auch mit Meßeinrichtungen und Prüfhilfsmitteln für elektrische und geometrische Kenngrößen oder auf besonderen Prüfständen beispielsweise zur Durchflußmessung und Dichtheitsprüfung der hierfür in Frage kommenden Bauteile. Für viele Prüfeinrichtungen finden sich Gegenstücke in der Neuproduktion. Einige Prüfverfahren bzw. Prüfeinrichtungen werden jedoch auch eigens für die Austauscherzeugnisfertigung entwickelt.

Besonderheiten: Neben der Prüfung und Sortierung der Bauteile nach ihrem Erhaltungszustand muß in vielen Austauscherzeugnisfertigungen auch ein nicht zu vernachlässigender manueller Prüf- und Sortieraufwand für das Identifizieren und Sortieren ähnlicher, jedoch nicht gleicher Bauteile getrieben werden. Das Sortieren von Schrauben, Stiften und Kleinteilen nach Länge oder Durchmesser, von Zahnrädern geringfügig unterschiedlicher Zähnezahl usw. bindet in Austauscherzeugnisfertigungen oft mehrere Handarbeitsplätze.

12.3.2.4 Bauteileaufarbeitung

Aufgaben: Aufgabe der Bauteileaufarbeitung ist es, den Nutzwert bzw. Abnutzungsvorrat der genutzten Bauteile wieder auf den Stand neuer Bauteile zu bringen. In einigen Fällen wird der Abnutzungsvorrat auch gesteigert, beispielsweise bei einer Modernisierung des Bauteils oder beim Härten vorher weicher Führungsbahnen, usw.

Technologische Schwerpunkte: Der Schwerpunkt der in Austauscherzeugnisfertigungen angewandten Bauteileaufarbeitungsverfahren liegt bei spanenden Bearbeitungsverfahren wie Drehen, Fräsen, Bohren und Schleifen. Bild 12.6 zeigt Anteile und Verfahren der Bauteileaufarbeitungseinrichtungen in einer Austauscherzeugnisfertigung für 4- und 6-Zylinder-Otto-Motoren für Pkws. Bei hohen optischen Anforderungen an das Austauscherzeugnis bzw. seine Bauteile kommen auch Oberflächenbehandlungsverfahren wie Galvanisieren oder Lackieren in nennenswertem Umfang hinzu.

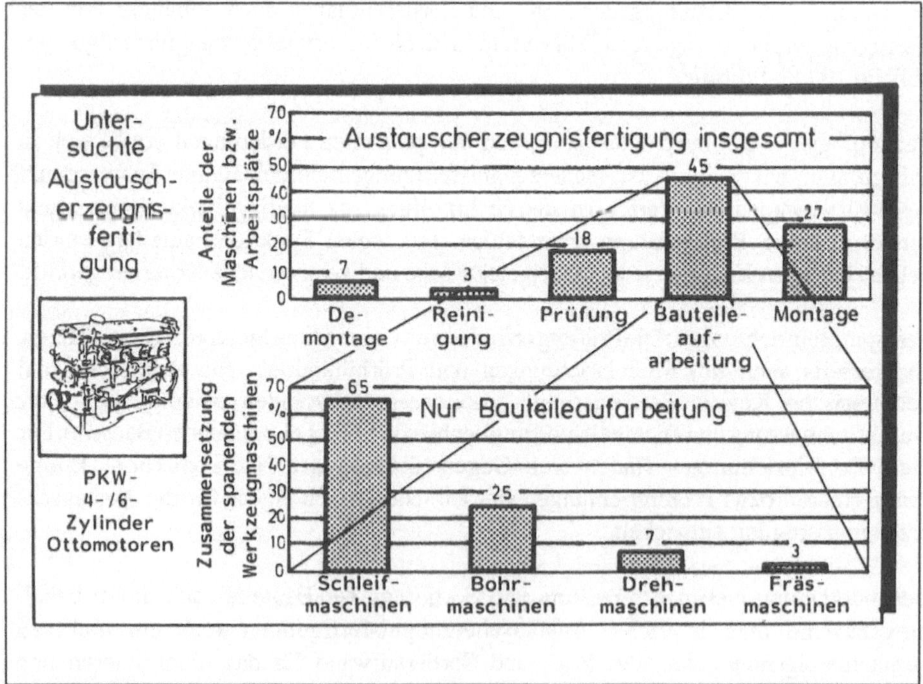

Bild 12.6 Anteil und Zusammensetzung spanender Werkzeugmaschinen zur Bauteileaufarbeitung in Austauscherzeugnisfertigungen

Hochwertige Bauteile können durch thermische und mechanisch-thermische Verfahren auch regeneriert werden: In einer Wärme- und ggf. kombinierten Verdichtungsbehandlung (z.B.Heißpressen) werden die während Langzeitbeanspruchungen teilweise verlorengegangenen mechanisch-thermischen Eigenschaften metallischer Werkstoffe wieder hergestellt. Mit entsprechenden Wärmebehandlungen, z.B. Nachvergütungen, die die Gefüge- und Strukturveränderungen im Betrieb wieder auf die ursprünglichen Eigenschaften zurückführen, ist in bestimmten Fällen ein mehrmaliges Regenerieren eines Bauteils möglich (z.B. bei Gasturbinenschaufeln von Flugtriebwerken).

Fertigungseinrichtungen: Die Aufarbeitung der Bauteile erfolgt meist auf Universalwerkzeugmaschinen bzw. an Einzelarbeitsplätzen, in Einzelfällen auch auf Sonderwerkzeugmaschinen, die aus der inzwischen ausgelaufenen Neuproduktion des gleichen Bauteils übernommen werden konnten.

Besonderheiten: Insbesondere hohe optische Anforderungen, aber auch das Fehlen von Nachbearbeitungsreserven usw. führen häufig zu einer Nichtaufarbeitbarkeit bestimmter Bauteile.

12.3.2.5 Montage

Aufgaben: Durch die Montage der demontierten, gereinigten, geprüften, gegebenenfalls aufgearbeiteten Bauteile zusammen mit neuen Bauteilen wird das Produkt wieder zu einem dem Neuprodukt ebenbürtigen Austauscherzeugnis zusammengefügt.

Technologische Schwerpunkte; Einrichtungen: Die Montage von Austauscherzeugnissen entspricht völlig der Montage in der Neuproduktion, lediglich die Einrichtungen zeigen zuweilen einen niedrigeren Mechanisierungs- oder Automatisierungsgrad aufgrund der in Austauscherzeugnisfertigungen häufig geringeren Stückzahlen.

Da vergleichbare Werkzeuge, Vorrichtungen usw. benötigt werden, findet in Einzelfällen die Wiedermontage von aufgearbeiteten Produkten auch auf den Montageeinrichtungen der noch laufenden Neuproduktion statt. Es werden dabei in bestimmten Sonderschichten an den jeweiligen Bändern statt Neuerzeugnissen Austauscherzeugnisse montiert.

Besonderheiten: Aus den genannten Gründen ist die Montage von Austauscherzeugnissen nur in Einzelfällen, etwa bei erheblichen Unterschieden der Seriengröße in Neuproduktion und Austauscherzeugnisfertigung, ihren eigenen Gesetzmäßigkeiten unterworfen, die dann besondere Maßnahmen erfordern können.

12.3.2.6 Qualitätssicherung

In allen untersuchten Austauscherzeugnisfertigungen werden sämtliche Erzeugnisse nach der Montage einer vollständigen Funktionsprüfung und Endkontrolle unterzogen. Durch diese Funktionsprüfung ist in vielen Fällen das Qualitätsniveau der aufgearbeiteten Produkte und ihre spätere Zuverlässigkeit deutlich höher als die der nur in Stichprobenkontrollen geprüften vergleichbaren Neuerzeugnisse.

12.3.2.7 Perspektiven des Produktrecycling - während und nach Produktgebrauch

Die Praxis zeigt, daß sich das industrielle Produktrecycling in Serie derzeit in einer sehr lebhaften Aufwärtsentwicklung befindet. Die Beschäftigtenzahl dieses meist unterschätzten, da weitgehend ein Schattendasein führenden Wirtschaftszweigs beläuft sich im Inland bereits heute auf etwa 10 000, weltweit auf etwa 200 000Beschäftigte. Im Kfz-Bereich werden in der Bundesrepublik Deutschland neben Pkw- und Lkw-Motoren Getriebe, Anlasser Lichtmaschinen, Wasserpumpen und Antriebswellen in Serie aufgearbeitet. Bild 12.7 zeigt einen Blick in den Montagebereich einer typischen Austauscherzeugnisfertigung für Kfz-Aggregate.

Weiterhin umfaßt die Liste der Recyclingprodukte im Maschinenbau hierzulande Werkzeugmaschinen von der Handbohrmaschine bis zur NC-nachgerüsteten Universalfräsmaschine. Werkzeugmaschinen werden im Inland von mehr als 150 Unternehmen schon in nennenswertem Umfang aufgearbeitet, mit wirtschaftlichen Vorteilen für Aufarbeiter und Kunden.

Bild 12.7 Aufarbeitung von Kfz-Aggregaten in Serie

Für die Zukunft ist ein weiteres Wachstum vorgezeichnet: Herkömmliche lohnintensive Reparaturverfahren (Einzelinstandsetzungen) steuern in die Unrentabilität, da sie hinsichlich Abläufen und Hilfsmitteln in der Vergangenheit nicht annähernd solche Verbesserungen erfuhren wie die ständig rationalisierten Verfahren zur Neuherstellung. Dagegen ist das Fertigen rationell in Serie aufgearbeiteter Produkte nicht nur eine von den Kosten her interessante Alternative, sondern wird von manchem Anbieter als eine wichtige Zukunftschance aufgegriffen.

Hier erweist sich auch der vielerorts nur vermeintliche Widerspruch zwischen ökologischem und ökonomischem Denken und Handeln: Auch rein ökonomisch gesehen, erweist sich Recycling in immer zahlreicheren Anwendungen im Gesamtergebnis als vorteilhaft und ermöglicht dem Produktrecycling ein rasches Vordringen in die Praxis.

Während man das Produktrecycling im Inland noch eher als Einzelfall oder Ausnahmeerscheinung ansieht, ist in den USA das sogenannte "Rebuilding" oder "Remanufacturing" bei sehr vielen Produkten bereits eine Selbstverständlichkeit. Rund 2 000 US-Unternehmen mit mehr als 150 000 Beschäftigten betreiben ausschließlich Produktrecycling. Die meisten sind nicht an Originalhersteller gebunden, sondern als freie Unternehmen im "After-Sales-Market" tätig.

Nicht nur Kraftfahrzeugteile, auch voluminöse Produkte wie Cola-Automaten oder Industrieroboter laufen dort über die Demontage- und Wiedermontagebänder. Ein Unternehmen mit 130 Beschäftigten arbeitet beispielsweise zehn Jahre im Dienst befindliche Getränkeautomaten (Bild 12.8) in Serie auf. Rund 150 Pepsi-Cola-Dosenautomaten werden dort pro Woche zerlegt, das Innenleben aufgearbeitet, das Äußere modernisiert und wieder montiert.

Die Aufarbeitung schließt die völlige Neugestaltung der Fronttür auf das derzeit am Markt befindliche Styling der Neuautomaten ebenso mit ein wie beispielsweis den Einbau elektronischer Münzwechsler in vorher rein elektro-mechanisch gesteuerte

Bild 12.8 Getränkeautomaten vor der Aufarbeitung

Bild 12.9 Getränkeautomaten nach der Aufarbeitung

Automaten ohne Geldrückgabemöglichkeit. Ein solch umfassend aufgearbeiteter Automat, wie ihn Bild 12.9 zeigt, kommt nur auf den halben Preis eines neuen Automaten. Es ist ein lohnendes Geschäft für Aufarbeiter und Abnehmer.

Man kann sich unschwer vorstellen, in welchem Maße dieser Kostenvorteil des rezyklierten Produkts noch zunehmen kann, wenn es der Neuhersteller zu seiner eigenen Sache macht und durch entsprechende konstruktive Maßnahmen fördert und vorbereitet. Aus diesem Grunde und mit dieser Philosophie betreiben inzwischen viele Hersteller gleich selbst ein Produktrecycling. Auffällig ist dabei auch die Aufarbeitung von Produkten mit hohem Entwicklungstempo, z.B. Industrierobotern.

Bei einem Industrieroboterhersteller werden Schweißroboter und Montageroboter aufgearbeitet. Auch hier gehört der Einbau der jeweils neuesten Steuerungsgeneration mit zur Aufarbeitung. Ein aufgearbeiteter und modernisierter Roboter kostet dennoch nur zwei Drittel des Preises eines neuen Geräts.

In dem betreffenden Unternehmen achtet man streng darauf, daß konstruktive Änderungen und Weiterentwicklungen auf der mechanischen Seite, die in die Neuserie einfließen, mit früher gebauten Geräten kompatibel bzw. letztere entsprechend nachrüstbar sind. Auf diese Weise harmonisieren im späteren Recycling die mechanischen Bauteile sowohl älterer als auch neuerer Ausführungen der Industrieroboter einer bestimmten Baureihe miteinander. Bei jedem Recycling ist so eine umfassende Modernisierung auf den neuesten Stand möglich und wird auch durchgeführt. Die Berücksichtigung solcher Anforderungen bereits bei der Konstruktion spielt aus der Sicht des Unternehmens eine Schlüsselrolle für ein technisch und wirtschaftlich erfolgreiches Recycling.

Der Konstrukteur kann und muß daher stets - und zwar auch nicht nur zur Begünstigung des Kreislaufs "Recycling während des Produktgebrauchs" - entscheidende Beiträge leisten [12.4]. Diese werden am Beispiel der demontagegerechten Produktgestaltung im Abschnitt 12.4 dieses Kapitels erläutert, da sie auch für die dritte Kreislaufart, das Altstoffrecycling, wachsende Bedeutung erlangen werden.

12.3.3 Altstoffrecycling

Am Ende der Produktlebensdauer, beim Altstoffrecycling, sind zum Massenschrottrecycling rationelle Anlagen Stand der Technik (Bild 12.10). In einer Hammermühle mit einer Antriebsleistung von 2 000 bis 3 000 kW werden hier beispielsweise vollständige Kraftfahrzeuge sowie überwiegend metallhaltige Haushaltsgroßgeräte innerhalb weniger Sekunden in faustgroße Stücke zerkleinert. Darauf folgen Windsichtanlagen, Magnetscheider, Schwimm- und Sinkanlagen sowie in großem Umfang auch Handauslese zur Sortierung von Nichtmetallen, Eisen/Stahl, Leicht- und Buntmetallen.

Die Praxis zeigt, daß auch das Altstoffrecycling im Maschinenbau bereits einen eigenen Wirtschaftszweig mit erheblicher Bedeutung verkörpert. Bei einem Durchsatz von bis zu 3 Pkw pro Minute wurde bis vor kurzem zu den jährlich im Inland anfallenden 2,1 Mio. Alt-Pkw oft noch zusätzlich Schrott importiert, um die etwa 40 in Deutschland

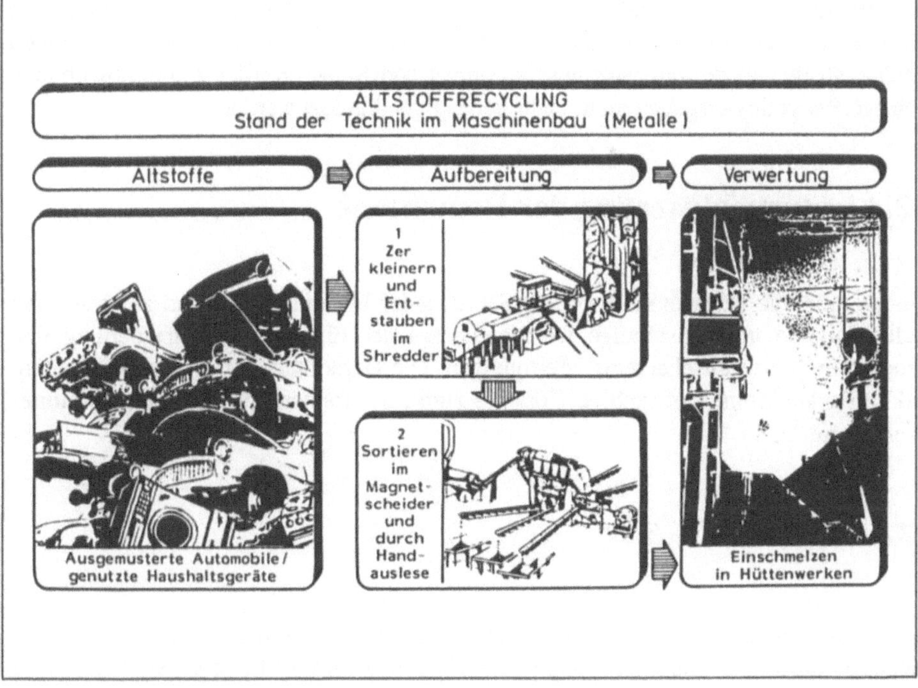

Bild 12.10 Altstoffrecycling: Stand der Technik im Maschinenbau (Metalle)

betriebenen Shredderanlagen auszulasten. 95 % der im Inland ausgemusterten Pkw werden über Shredderanlagen rezykliert, der Rest wird exportiert. Bei Stahl und Eisen werden nahezu 100 %, bei Nichteisenmetallen bis zu 98 % des Materials zurückgewonnen.

Das Zerkleinern der Produkte in Shreddern mit anschließendem Separieren der Werkstoffe zur Verwertung durch Wiedereinschmelzen erlaubt jedoch nur ein Recycling der wichtigsten, vorwiegend metallischen Werkstoffe. Für den wachsenden Anteil der verschiedenen z.B. in Kraftfahrzeugen verbauten Kunststoffe, für organische Stoffe wie Leder und Fasern, leichte Gummi- und Metallfragmente, Glas, Schmutz, Lacke, Beschichtungen und Betriebsflüssigkeiten gelang bisher keine Verwertung.

Besonders drängend wird die Lösung dieser Aufgaben dort, wo neben Kraftfahrzeugen auch weiterer "High-Tech-Schrott" zu entsorgen ist und die gewonnenen Materialien bzw. die Rückstände einer verantwortungsbewußten Entsorgung zuzuführen sind: Innovative Produkte aus der Büro- und Informationstechnik wie Personal Computer, Laserdrucker, Telefaxgeräte erleben derzeit ein sehr dynamisches Wachstum. Sie weisen jedoch eine sehr komplexe und vielfältige Werkstoff- und Baustruktur mit hohen Kunststoffanteilen sowie auch Schadstoffgehalten auf, die bei ihrer Rückkehr aus dem Markt eine umweltgerechte Entsorgung nur bei sachgerechter Demontage erlauben.

Daher sind die fertigungstechnischen Verfahren eines solchen Produktrecycling zur erneuten Verwendung zukünftig auch ein wichtiger Bestandteil von Bemühungen zur Verwertung der Produktwerkstoffe. Vor allem Demontagetechnologien aus der Aufbereitung und Verwendung werden sicherlich auch für die Aufbereitung und Verwertung interessanter, denn allein durch Zerkleinern der Produkte in Shreddermühlen und nachfolgende verfahrenstechnische Schritte zum Separieren der Werkstoffe können heutige Recyclingaufgaben nicht mehr befriedigend gelöst werden.

12.4 Industrialisierung der Demontage

Die Demontage ist bekannt als erster Schritt jeder Instandsetzung und am weitesten industrialisiert als vollständige Demontage bei der fünfstufigen Aufarbeitung von Produkten in Austauscherzeugnisfertigungen. Die Demontage ist, wie oben erwähnt, zukünftig auch eine notwendige Vorstufe zum sortenreinen Aufbereiten bestimmter Werkstoffe.

12.4.1 Stand der Technik

Bekannte Lösungen zur Demontage von Produkten in größeren Stückzahlen sind zwar meist als rationelle Linienfertigung strukturiert, wie Bild 12.11 zeigt, sie können im übrigen jedoch hinsichtlich der Gestaltung von technischen Einrichtungen und Hilfsmitteln nicht auf "Vorbilder" aus der Neuproduktion zurückgreifen, da sich die Aufgabe

Bild 12.11 Demontage in Serie bei Austauscherzeugnisfertigungen (Werkbild Deutz)

Demontieren in der industriellen Herstellung neuer Erzeugnisse nicht stellt. Diese im Recycling zu lösen ist eine große fertigungstechnische Herausforderung. Erste Pilotprojekte für Demontagefabriken laufen daher bereits an [12.5].

Verschmutzung, Verölung und Korrosion der zu demontierenden Erzeugnisse werden jedoch stets zu hohen Belastungen des in der Demontage beschäftigten Personals führen (Bild 12.12). Um zu kostengünstigen und menschengerechten Arbeitsplätzen in der Demontage zu gelangen, muß daher die Entwicklung von Einrichtungen zur Mechanisierung und Automatisierung der Demontage vorangetrieben werden.

12.4.2 Demontagegerechte Produktgestaltung

Die noch fehlenden Voraussetzungen für eine technisch und wirtschaftlich erfolgreiche Automatisierung oder auch nur Mechanisierung der Demontage muß hauptsächlich der Konstrukteur schaffen. Zu einem gewissen Grad kann er bei der demontagegerechten Produktgestaltung auf Erfahrungen zurückgreifen, die er auf dem in den letzten Jahren intensiv bearbeiteten Feld der montagegerechten Produktgestaltung erworben hat.

Ein Rückschluß von der Automatisierbarkeit der Montage auch auf die Automatisierbarkeit der Demontage ist allerdings nur zu einem Teil zulässig.

Eine logische Umkehrung der Vorgänge - dies bedeutet im Sinne einer Automatisierung die Nutzbarkeit von Technologien und Einrichtungen zur automatisierten Montage auch für die Demontage - gilt nur für die Abläufe bei der Bildung bzw. Auflösung der Baustruktur eines Produkts, d. h. für die Reihenfolge, in der Bauteile

Bild 12.12 Industrialisierte Demontage und Bauteilereinigung (Werkbild Deutz)

montiert bzw. demontiert werden. Sie gilt nicht in jedem Fall für Verfahren zum Fügen bzw. Lösen der Verbindungen zwischen Bauteilen. Es ist offensichtlich, daß insbesondere nicht lösbare Verbindungen, z.B. Schweißverbindungen, ohne weiteres automatisiert gefügt, nicht aber mit derselben technischen Einrichtung auch wieder gelöst werden können.

Somit sind für eine konstruktive Begünstigung der Automatisierbarkeit der Demontage eines Produkts in erster Linie die in Bild 12.13 gezeigten zwei Faktoren zu beachten:

- die für einen automatischen Ablauf der Demontage maßgebliche Komplexität der Baustruktur sowie
- die für automatisierbare Demontageverfahren maßgebliche Ausführung der Verbindungen.

Als Baustrukturen besonders geeignet sind Baumstrukturen, die man auch als hierarchische Strukturen bezeichnet. Dies ergibt einen sehr einfachen Demontageablauf, da lediglich alle Bauteile nacheinander von einem Zentralbauteil zu lösen sind, ohne dieses umspannen, umgreifen oder wechseln zu müssen.

Als Verbindungen für eine Automatisierung der Demontage besonders geeignet sind lösbar ausgeführte Verbindungen mit einer in Füge- bzw. Löserichtung liegenden axialen Zugänglichkeit der Verbindung für ein Demontagewerkzeug.

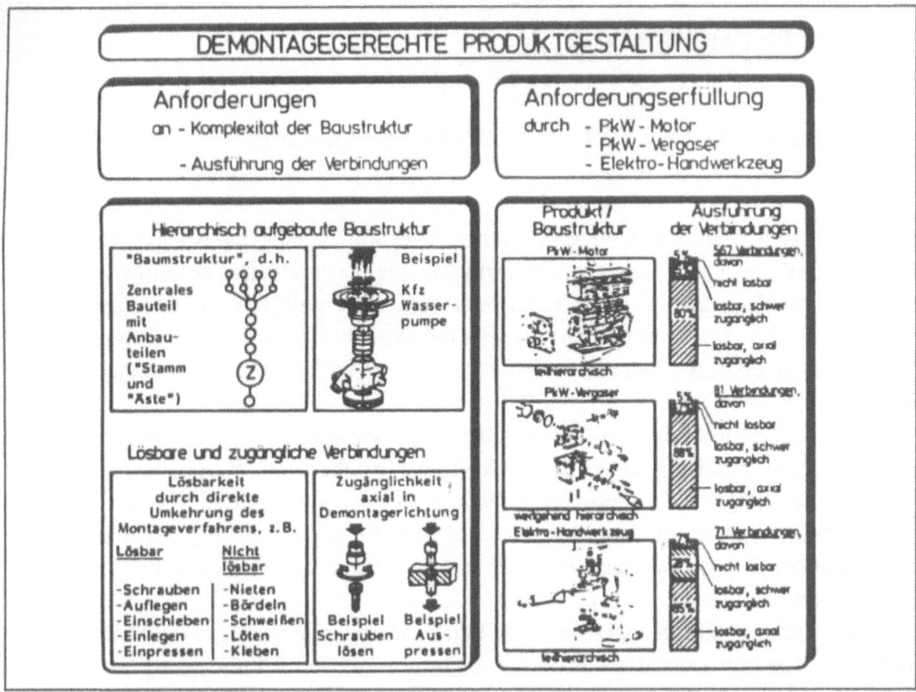

Bild 12.13 Demontagegerechte Produktgestaltung. Beispiele für Anforderungen und Anforderungserfüllungen

Wie Bild 12.13 schon zeigte, werden diese Forderungen von verschiedenen, heute bereits in größeren Stückzahlen demontierten Erzeugnissen in unterschiedlichem Maße bereits erfüllt. Dies gilt jedoch hauptsächlich für bestimmte Baugruppen der Kraftfahrzeug- und Elektroindustrie, bei denen Schraubenverbindungen überwiegen. Bei der Mehrzahl der künftig zu rezyklierenden Produkte bedarf es noch erheblicher konstruktiver Bemühungen, um der notwendigen Industrialisierung der Demontage die wünschenswerte Basis zu verschaffen, zumindest, wenn man dies unter dem Blickwinkel von heute betrachtet.

Auch die Kriterien "recyclinggerecht - nicht recyclinggerecht" können mit der technischen Weiterentwicklung einem sehr dynamischen Wandel unterworfen sein: Beispiel Klebnieten - auf den ersten Blick alles andere als demontagefreundlich: Wenn es gelingt, ein neues Demontageverfahren zum rationellen Öffnen der Nieten zu entwickeln - oder einen Klebstoff, der sich bei 100° C im "Demontageofen" verflüchtigt -, dann sind klebgenietete Produkte eines Tages plötzlich als Ideal für das Recycling anzusehen.

12.5 Gesamtheitliche Produktverantwortung und Life-Cycle-Engineering

12.5.1 Erweiterte Produkt- und Produzentenhaftung

Im fortwährenden Bemühen, Produktion und Produkte technisch und wirtschaftlich zu verbessern, stößt der Ingenieur auch heute noch auf den Lehrsatz: Das gesamte Leistungs- und Kostenprofil eines Produkts wird zu mehr als zwei Dritteln durch seine Konstruktion bereits festgelegt. Nur unerhebliche Anteile der Produkteigenschaften können danach, etwa mittels verbesserter Herstellverfahren oder durch sachgemäßen Gebrauch, günstig beeinflußt werden.

Die große Bandbreite von Verbraucherschutzbestimmungen trug im juristischen Sinne auch zur Schaffung des neuen Sachverhalts der Produkthaftung bei. Nicht mehr ausschließlich der Produktbetreiber, sondern der Hersteller (und letztendlich der Konstrukteur) haftet für Schäden aus der Benutzung seiner Produkte mit sehr weitreichenden Konsequenzen, wenn er es an konstruktiver Sorgfalt und Vorsorge mangeln läßt.

Diese schon geläufige Erkenntnis läßt sich mittlerweile analog weiter ausdehnen: Auch die Eigenschaften eines Produkts in bezug auf seine Entsorgung bzw. seine Eignung zum Recycling werden durch seine Konstruktion maßgeblich mitbestimmt. Damit dehnt sich die Gesamtverantwortung des Konstrukteurs ebenfalls weiter aus. Der Verantwortungsbereich des Produzenten wird neben Produktion und Gebrauch schon in allernächster Zukunft auch dessen Entsorgung mit einschließen und als geschlossenes Ganzes zu gestalten sein.

12.5.2 Wertewandel in Richtung Umweltschutz und Recycling

Bild 12.14 zeigt die Entwicklung der konstruktiven Anforderungen an technische Produkte hinsichtlich der drei Produktlebenszyklusphasen Produktion, Gebrauch und Entsorgung. Die Anforderungen spiegeln gleichzeitig wichtige Merkmale der industriellen Entwicklung in diesem Jahrhundert wieder: Nimmt man als Beispiel technischer Produkte das Automobil und betrachtet in Bild 12.14 als erstes die Anforderung "Technik", so fand der Automobilkonstrukteur an der Schwelle dieses Jahrhunderts nur das Handwerk des Wagners als Produktionskapazität vor. Seine Konstruktionen bzw. die ersten Automobile ähnelten eher Pferdekutschen und wurden weitgehend in kunstfertiger Handarbeit hergestellt.

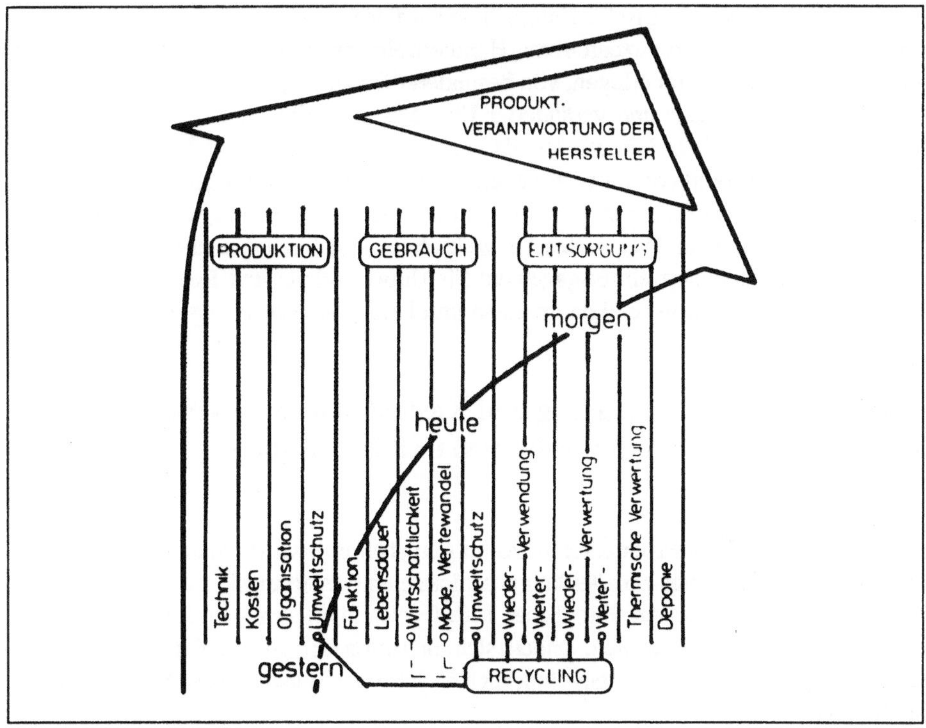

Bild 12.14 Entwicklung der konstruktiven Anforderungen an technische Produkte hinsichtlich der Produktlebenszyklusphasen

Als Antwort auf die nächste Anforderung "Kosten" führte Henry Ford 1915 das Fließband ein. Auch dies hatte Auswirkungen auf die Konstruktion der Produkte, die mit geringeren Fertigkeiten angelernter Fließbandarbeiter in Großserienfertigung herstellbar sein mußten. Das Organisationsprinzip der Großserie beherrschte dann für mehr als 50 Jahre die industrielle Produktion. Es wurde erst in den 70er und 80er Jahren in Frage gestellt, als der Markt zunehmend mehr Varianten und Innovationen forderte.

Dieses historische Wechselspiel zwischen Produktionstechnik und Produktgestaltung durch immer neue Anforderungen erhält in jüngster Zeit, vor allem durch die Notwendigkeit des Umweltschutzes, die stärksten Impulse. Dies gilt heute bereits für die beiden Lebenszyklusphasen Produktion und Gebrauch. Hier wirkten sich bisher in erster Linie neue Paragraphen aus: In bezug auf die Produktion forderten etwa verschärfte Abwasservorschriften, das Emissionsschutz- sowie das Abfallwirtschaftsgesetz den Verzicht auf manche problematische Werkstoffe oder auf bestimmte Fertigungsverfahren. Im Bereich des Produktgebrauchs wurden strenge Grenzwerte oder Verbote zum Schadstoffgehalt (z.B. asbestfreie Produkte, neue Abgasbestimmungen) bereits wirksam und hatten Auswirkungen auf die Produktgestaltung und Produktionstechnik.

Im Bereich der Entsorgung ist für Unternehmen in diesem Zusammenhang das Bestreben der Bundesregierung, Produzenten bzw. Händlern eine generelle Produktrücknahme und -verwertungspflicht aufzuerlegen, von besonderer Bedeutung.

Trotz neuer Gesetze und veränderter Einstellung zu Fragen des Umweltschutzes sollte jedoch nicht übersehen werden, daß der Markt von morgen sicher noch stärkere Kräfte auf die Produktverantwortung und auf die Entscheidungen des Herstellers ausüben wird als bestimmte Paragraphen heute. Zieht man in Betracht, wie schnell derzeit die Sensibilisierung für Fragen des Umweltschutzes in Fachwelt und Öffentlichkeit voranschreitet, so sichert ein Engagement für Umweltschutz und Recycling auch die Anerkennung des Marktes und damit einen unschätzbaren Vorsprung im Wettbewerb.

12.5.3 Life-Cycle-Engineering und Kostenbalance zwischen Produktion, Produktgebrauch und Entsorgung

Wer die gesamtheitliche Produktverantwortung ernst nimmt, wird bemüht sein, Recycling zur tragenden Säule eines ganzheitlich geschlossenen Gestaltungskonzepts technischer Produkte werden zu lassen. Für dieses Life-Cycle-Engineering muß man nicht nur gangbare Recyclingwege kennen, sondern sich auch mit der Frage beschäftigen, inwieweit eine Vorsorge für das spätere Recycling auch Mehraufwendungen in der Neuproduktion rechtfertigt.

Die Kosten einer umweltgerechten Entsorgung durch weitestmögliches Recycling werden für viele technische Großserienprodukte sehr bald respektable Größenordnungen an den Produktgesamtkosten erreichen.

Eines der anschaulichsten Beispiele hierfür ist das inzwischen obligatorische Recycling von Fluorchlorkohlenwasserstoffen (FCKW) aus Kühlgeräten [12.6]. Die Kosten hierfür betragen bereits 12,5 % der Produktgesamtkosten oder über ein Drittel der Produktionskosten einfacher Geräte (Bild 12.15).

Weitere Beispiele sind die heute von verschiedenen EDV-Herstellern zu veranschlagenden Entsorgungskostenanteile für Personal Computer und Laserdrucker sowie ein schon in nächster Zukunft steigender Entsorgungskostenanteil bei Kraftfahrzeugen. Er wird anfallen, wenn die bereits bestehenden Probleme beim Recycling von Kraftfahrzeugen konsequent angegangen werden. Zukünftig müssen die z. T. polychlorierte Biphenyle (PCB) enthaltenden Betriebsflüssigkeiten aus Kraftfahrzeugen (Motoröl, Getriebeöl, Kühlflüssigkeit, Bremsflüssigkeit, Hydrauliköle etc.) vor dem Shreddern restlos entsorgt und gesondert rezykliert werden. Ähnliches gilt für die Demontage von Kunststoffanteilen vor dem Shreddern, für die erste Pilotuntersuchungen an verschiedenen europäischen Fahrzeugen einen Zeitbedarf zwischen 40 Minuten und mehreren Stunden je nach Fahrzeugklasse und Modelljahr erwarten lassen. Solche Recycling- und Demontageaufwände müssen zukünftig nicht nur durch konstruktive Maßnahmen verringert werden, sondern rechtfertigen auch Mehrkosten in der Produktion. Mit geringen Erhöhungen der Herstellkosten dürften dann nämlich erhebliche Verringerungen an Entsorgungskosten erzielbar sein (Bild 12.16).

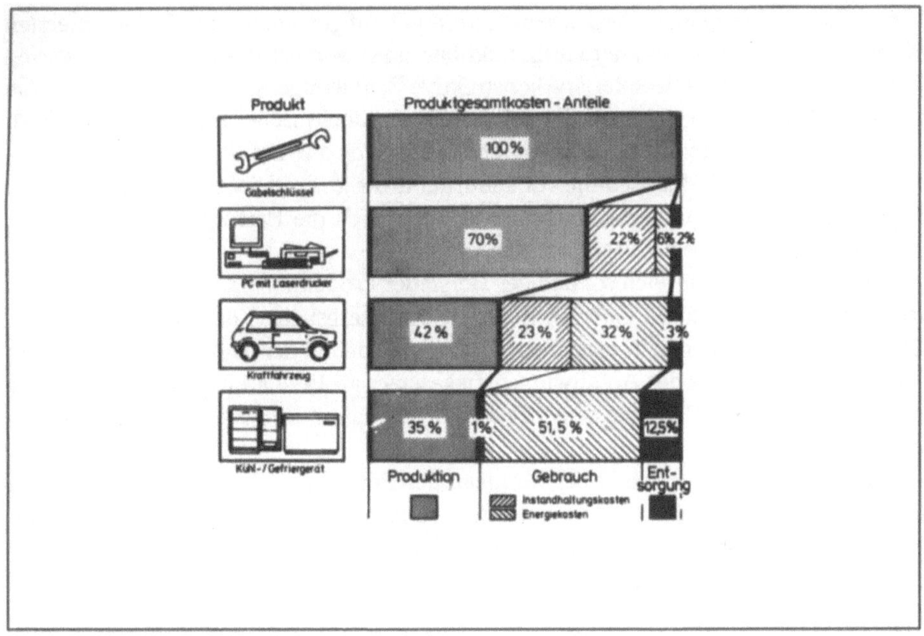

Bild 12.15 Bemerkenswerte Anteile der Entsorgungskosten an den Produktgesamtkosten von Großserienprodukten

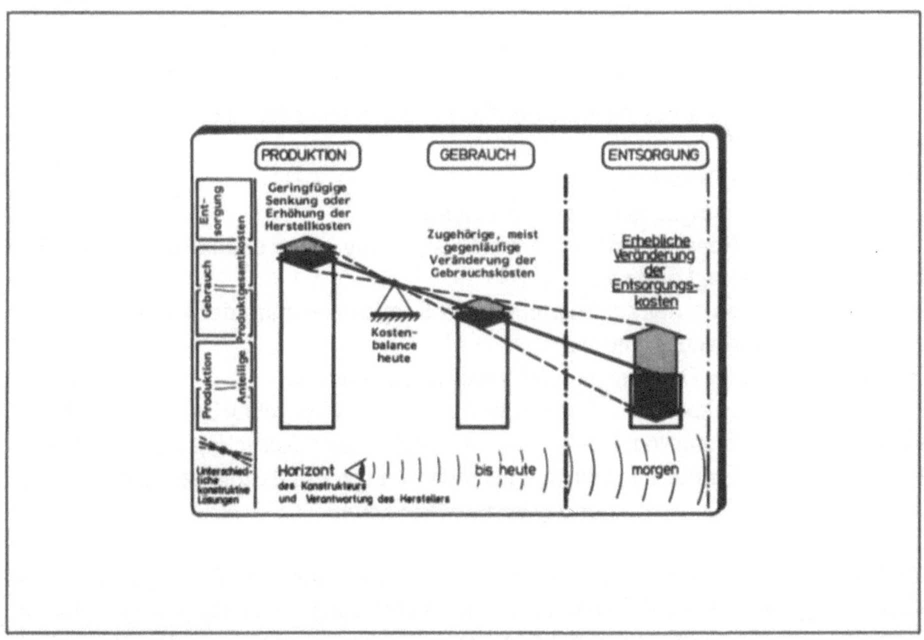

Bild 12.16 Ungleichgewicht der Kostenauswirkungen von konstruktiven Veränderungen am Produkt

Herstellkostenerhöhungen werden heute bereits in Kauf genommen, um die beiden ersten Produktgesamtkosten-Bestandteile Produktions- und Gebrauchskosten möglichst gering zu halten. Geläufigstes Beispiel sind konstruktive Bemühungen zum Leichtbau etwa von Kraftfahrzeugen: Zwar steigen die Produktionskosten, doch machen Energieeinsparungen im späteren Betrieb und damit geringe Gebrauchskosten dies um ein Mehrfaches wieder wett. Es wäre deshalb kurzsichtig, vor allem auf niedrige Produktionskosten zu achten. Zukünftig muß davon ausgegangen werden, daß auch die Entsorgungskosten in die Gesamtrechnung mit einbezogen werden.

Derzeit ist es zwar noch so, daß der Hersteller Produktionskostenvorteile für sich verbuchen kann, während Gebrauchs- und Entsorgungskosten dem Anwender bzw. letztere der Allgemeinheit entstehen. Allerdings denkt der Gesetzgeber über ein Inkraftsetzen von § 14 des Abfallwirtschaftsgesetzes ab 1994 nach, der dem Hersteller eine Rücknahmeverpflichtung seiner Produkte und damit auch die Entsorgungskosten aufbürdet.

Aus technischer Sicht und bei wertneutraler Betrachtungsweise kann es ohnehin außer Betracht bleiben, für wen erzielbare Gesamtkostenverbesserungen wirksam werden. Ziel muß es sein, ein gemeinsames Minimum zu finden.

12.6 Entwicklung von Recyclingkonzepten für Serienprodukte

Als methodisches Vorgehen zur Entwicklung eines Entsorgungs- und Recyclingkonzepts für Serienprodukte empfiehlt sich die Abarbeitung der folgenden Arbeitsschritte:

- Aufnahme und sorgfältige Analyse der Produktpalette und der Recyclingaufgaben,
- Produktanalyse,
- Werkstoff- und Teileanalyse,
- Analyse der Recyclingaufgaben und -probleme,
- Bestimmen von Repräsentanten für die Entwicklung eines umfassenden, produktbezogenen Recyclingkonzepts,
- Entwicklung von Kriterien zur Beurteilung der Recyclingeignung der Produkte und der angewandten Entsorgungsverfahren,
- Planung zukünftiger Demontage- und Verwertungsprozesse,
- Planung eines geschlossenen Informationskonzepts vom Recycling in die Konstruktion sowie in Gegenrichtung vom Konstrukteur zum Entsorger ("Recycling-Arbeitspläne"),
- Entwicklung und Einführung von unternehmens- und produktbezogenen Leitlinien zur recyclinggerechten Konstruktion zukünftiger Produkte.

Die Tatsache, daß ein Unternehmen sich intensiv um die Entsorgungs- und Recyclingeignung seiner Produkte sowie um Entsorgungs- und Recyclingverfahren kümmert, muß aber nicht unbedingt bedeuten, daß die Entsorgung später auch selbst anstatt von Fachbetrieben - ein neues Dienstleistungsgewerbe ist im Entstehen -

durchgeführt werden muß. Vielmehr sind hier eine enge Kooperation und die Bündelung von Produkt-, Methoden- und Entsorgungs-Know-how empfehlenswert.

12.7 Wiederholungsfragen

1. Welche drei Recycling-Kreislaufarten unterscheidet man nach VDI-Richtlinie 2243?

2. Erläutern Sie die Unterschiede zwischen den Recyclingprozessen Aufarbeitung und Aufbereitung hinsichtlich Ablaufmerkmalen und Rückgewinnungsergebnis.

3. Nennen Sie die fünf Fertigungsschritte beim Produktrecycling durch Aufarbeiten - beispielsweise in einer Kfz-Austauschmotorenfertigung.

4. Welche Werkstofffraktionen lassen sich beim Automobilrecycling in Shredderanlagen befriedigend zurückgewinnen? Nennen Sie die prozentuale Größenordnung der zugehörigen Recyclingquoten.

5. Man unterscheidet zwei Gruppen von Maßnahmen bei der demontagegerechten Produktgestaltung. Geben Sie diese an und erläutern Sie eine davon an Beispielen.

6. Welche Produkt-Lebenszyklusphasen werden beim Life-Cycle-Engineering berücksichtigt? Wie wirkt sich die seitens des Gesetzgebers geplante Produktrücknahmeverpflichtung auf die durch entsprechende Produktkonstruktion beeinflußbare Kostenverteilung aus?

12.8 Literaturhinweise

12.1 VDI-Richtlinie 2243 (Entwurf). Recyclingorientierte Gestaltung technischer Produkte. Düsseldorf: 1991

12.2 Steinhilper, R.: Produktrecycling im Maschinenbau. (IPA-IAO Forschung und Praxis). Berlin: Springer u.a.:1988

12.3 Riller, P.: Wege zur recyclingfreundlichen Konstruktion von Elektrogeräten. In: Produktrücknahme. Auswirkungen, Konsequenzen, Perspektiven. 21.-23. Januar 1992. München: 1992

12.4 Steinhilper, R.: Der Horizont des Konstrukteurs bestimmt den Erfolg beim Recycling. In: Konstruktion 42 (1990) Nr. 12, S. 396 - 404. Berlin u.a.: Springer 1990

12.5 Steinhilper, R.; Hudelmaier U.: Erfolgreiches Produktrecycling zur erneuten Verwendung oder Verwertung. Ein Leitfaden für Unternehmen. Eschborn: RKW, voraussichtlich 1992

12.6 Steinhilper, R.: Industrielles Produktrecycling - fester Bestandteil einer verantwortungsbewußten Produktionstechnik. FhG-Bericht (1990) Nr. 3, S. 9 - 16

Index

W. Kunerth (Hrsg.)

Menschen, Maschinen, Märkte

Die Zukunft unserer Industrie sichern

Festschrift zum 60. Geburtstag von
Prof. Dr.-Ing. Dr. h. c. mult. Hans-Jürgen Warnecke

1994. XIV, 259 S. 150 Abb. Geb. **DM 68,-**; öS 530,40; sFr 68,-
ISBN 3-540-57925-7

Viele Analysen von Wirtschaftsexperten bestätigen, daß die Umsetzung innovativer Erfindungen und Entwicklungen in marktfähige Produkte zu einer der wichtigsten Triebfedern einer funktionierenden Marktwirtschaft gehört. Hier darf der Prozeß aber nicht enden. In der heutigen Situation des internationalen Wettbewerbs gehören Marketingkonzepte und Überlegungen zur Marktdurchdringung auch zum Erfolg eines Produktes oder einer Dienstleistung.

Namhafte Autoren legen unter den Begriffen **Menschen, Maschinen, Märkte** ihre Ideen und Lösungsansätze zur Sicherstellung unserer industriellen Zukunft dar.

Preisänderungen vorbehalten

Tm.BA94.01.13a